山東大學中文專刊

曾繁仁学术文集

生态美学基本问题研究

第八卷

人民出版社

2018年10月，在文艺美学研究中心资料室

第三章 丰子恺的"人生一回憧记"美学与美育思想

丰子恺（1898年11月—1975年9月9日），名仁润，字子恺，我国现代著名的艺术家、教育家、翻译家，兼绘画、音乐、书法与文学诸方面均有精深造诣，被称为"中国最像艺术家的艺术家"。丰子恺于1898年11月9日生于浙江崇德县石门湾（今桐乡市石门镇）的一个书香之家，又逢实中这清朝废后一科举人，后应政令开馆授徒。丰子恺6岁时到父亲的私塾就读，9岁因父病故，故转入于云芝先生的私塾继续求学，后读私塾改为学校半工不清也。1914年初丰子恺高小毕业，同年秋天入浙江省立第一师范学校，从夏丏尊学习国文，从李叔同学到绘画、音乐与日文，受李、夏两师影响极大，确立了终身从了艺术之路。同时，丰子恺还在学校的"漫画研究会"与"金石篆刻研究会"刻苦学习，对人思宜真够。1919年，丰子恺从浙江第一师范毕业后到上海与朋友创办师范专科学校任教，同年参加中华美育会。1921年春，丰子恺在亲朋好友的资助下东渡日本"游学"10个月。1922年，丰子恺到浙江之虞白马湖畔春晖中学任教，画了年、批漫画，并同事夏丏尊、朱自清、丰子恺等合团"子恺漫画"欣赏者。1924年，丰子恺隐匿匡互生等人辞职到上海筹建立达中学，刻一之世名"（达政的立达学园）。其间，翻译了日本厨川的《苦闷的象征》习，出版第一部漫画集《子恺漫画》，出版《音乐的常识》、《音乐入门》等书。1927年，丰子恺加入与同学进马的记以"君化人会友"，2月，出版第二册漫画集《子恺画集》。同年9月丰子恺30岁生日时，正式从弘一法师（李叔同）皈依佛门，法名婴行。此时，丰子恺还开始担任书代编辑《子恺中学》之生达化艺书编辑，出版多部随笔、《西洋画派上于神》、《护生画集》（下集）、《西洋美术史》。1950年因病辞去教职，1955年离开立达中学回道画故乡剥居一缘之堂，开始了多部著述刊记，其人将的随笔、论著、译著等皆以时出版，成为一生中的学术"高峰期"。他的装书思想，贯穿必始，只见书笔章然燃可予刻代百见的我画。是以本图叙又保早等代书学
(1)

本卷编辑说明

本卷收录《生态美学基本问题研究》一部著作。

《生态美学基本问题研究》,2015年11月由人民出版社出版。本书是作者主持的2008年教育部人文社会科学重点研究基地重大项目"生态审美观基本理论问题研究"的结项成果。作者是该书主编,全书总体构架、撰写思路和基本观点由作者确定,作者完成了全书第一编和第二编的主要章节,第二编其他章节和第三编由课题组成员完成。该书2019年获得"山东省第三十三届社会科学优秀成果"二等奖。

此次收入本文集,以人民出版社2015年版为原本,对全书文字、表述进行重新校订,调整了若干论述,核实了全书的所有引文和出处。

目　录

第三编　中国传统生态审美智慧的当代意蕴

前　言

　　本书是 2008 年教育部人文社会科学重点研究基地山东大学文艺美学研究中心的重大项目"生态审美观基本理论问题研究"的结项成果。

　　本书从基本立场、基本论域与中国传统生态智慧三个方面论述了生态美学的基本理论问题。

　　从基本立场的层面说，本书主要论述了生态美学产生的时代根源与哲学基础。众所周知，以 1972 年斯德哥尔摩国际环境会议为标志，人类社会跨越了工业文明时代进入生态文明新时代。这是一个全新的时代，也是人类面临新的挑战与发展机遇的时代。在这样的时代，人类必须改变惯有的工业革命时代的经济、社会、思维与生存模式。如果不加改变，人类的前途命运就必然受到严重威胁，生态灾难将危及人类的生存！人类必须由传统的只顾发展经济的模式过渡到可持续发展，由传统的人与自然对立的思维模式过渡到人与自然共生的思维模式，由传统的"人类中心主义"过渡到生态整体观，由传统的"人化自然"的审美观过渡到人在自然世界中美好生存的生态审美观。生态美学是时代的必然产物，它不是一种具体的美学形态，而是新时代的审美观念。生态美学产生于全新的哲学基础，即生态存在论哲学。这种生态存在论哲学以生态现象学为其哲学方法。本书认为现象学从其诞生之日起就是对于工业文明时代人与自然对立的传统思维模式的突破,因此现象学本质上就是生态现象学,它经历了对工业文明主体性哲学的批判、"此在与世界"新的存在论下人与世界关系的建立以及"肉体间性"的身体哲学的产生这样几个阶段。在生态现象学的哲学立场之上,人们跨越传统认识论哲学进入全新的生态存在论哲学。可以这样说,没有生态现象学与生态存在论哲学就没有当代生态哲学与生态美学,而不了解当代生态现象学与生态存在论哲学也就不了解生态哲学与生态美学。

本书认为生态美学的另一个哲学基础是中国古代的"气本论生态生命观"。其原因是西方生态现象学与生态存在论哲学观在一定程度上吸收了中国古代生态生命论哲学智慧的成果,而中国古代这样的生态生命论哲学与美学智慧非常丰富,其艺术呈现五彩缤纷,至今仍有活力。而生态美学建设的本土化也要求我们重视吸收传统文化中的智慧。从生态美学的基本论域来说,本书认为生态美学是对传统美学着重于形式之美的一种根本性突破,生态美学所着力的是一种生存与生命之美,是一种栖居之美。

本书还探讨了中国古代儒释道各家的生态哲学与生态美学资源,认为它们是建设新的生态美学的重要前提。

本书的总体框架与基本思路由本人提出,本人写作了第一编和第二编的部分章节并进行了全书的统稿。祁海文、张义宾、赵奎英、傅松雪、李晓明与王仲凯参与了写作。

曾繁仁

2014 年 11 月 25 日

写于济南六里山寓所

第 一 编

生态美学的基本立场

第一章 生态文明时代的
文化与美学变革

一、"生态学"概念的提出

一定的理论概念是一定时代的产物,反之,一定的理论概念也反映了一定的时代。生态美学是生态文明时代的产物,只有从生态文明时代发生的社会与文化巨变,才能理解生态美学产生的必然性。"生态学"概念于 19 世纪中期的提出就是生态文明时代的先声。

1. "生态学"概念的提出

"生态学"概念到底是何人于何时提出的,这是一个学术界一度颇有争议的问题。主要的争议是,这一概念到底是由美国著名作家、《瓦尔登湖》一书的作者亨利·梭罗(Henry David Thoreau)于 1858 年提出还是由德国博物学家恩斯特·海克尔(Ernst Heinrich Philipp August Haeckel)于 1866 年提出?最后经过深入研究确定这一概念是海克尔于 1866 年提出。而梭罗提出一说则是一种因抄写错误所导致的误解。原来情况是这样的:美国纽约州立大学的沃尔特·哈丁(Water Harding)是梭罗的研究者,担任梭罗研究协会秘书长职务近 50 年。1858 年他编写了《梭罗通信集》一书，该书第 502 页有一封梭罗写给他表哥的信，哈丁在整理时由于原信字迹潦草，误将"Geology"（地质学）看作"Ecology"（生态学），导致学术界对于生态学原初提出的误解。但从该信涉及的梭罗旅行同伴霍尔对岩石和采石的兴趣应为"地质学"是顺理成章的；而最初的"生态学"一词是德语"Oecologie"，翻译成英语为"Oecology"，直到 1893 年才被简化为"Ecology"，而梭罗写这封信时是 1858 年，还没有"Ecology"这个词，最重要的是哈丁本人已经正式承认是自己的误读。由此，"生态学"概念不是梭罗所提已成定论。有充分材料显示，"生态学"概念是德国博物学家海克尔于 1866 年所提出。①

恩斯特·海克尔（1834—1919），德国博物学家，达尔文进化论的捍卫者与传播者，生于德国波茨坦，早年在柏林、维尔茨堡和维也纳学医，先后师从著名学者缪勒、克里克尔与微尔和。1866年海克尔在两卷本著作《普通生物形态学》的第一卷第 8 页的脚注里提出"生态学"一词，在第二卷中不仅对于"生态学"一词的来源与结构进行了阐释，而且对于该词的内涵进行了表述。他说："通过'生态学'一词，我们意在描述这样一种科学，即关于有机体与其存在环境之关系的整体科学，而所谓环境在广义上包含着全部'生存条件'。"②1869 年 1 月海克尔在耶拿大学哲学系所做的演讲中，提出了那个著名的有关"生态学"的定义："我们通过'生态学'一词来指涉这样一种学问：它涉及自然经济学的全部知识

---

①林群磊：《梭罗、海克尔与"生态学"一词的提出》，《科学与人文》2013 年第 16 卷第 2 期。

②Robert C. Stauffer, "Haeckel, Darwin, and Ecology", *The Quarterly Review of Biology*, Vol. 32, No. 2(Jun., 1957), pp. 138-144.

体系,包括动物及其有机环境之间的全部关联,即整个自然经济系统中动植物之间友好的与敌对的、直接的与间接的关联。一言以蔽之,生态学是一种研究达尔文进化论中作为生命体生存条件的复杂关联的学问。"①

2. 提出"生态学"概念的背景与意义

"生态学"概念的提出不是偶然的,而是人们对于工业革命时代工具理性与形而上学统治的一种反思与超越的尝试。具体表现为:其一,对于二分对立思维模式的试图超越与"一元论"哲学观的提出。海克尔在后来谈到他提出"生态学"一词的背景时,提到当时他是受到达尔文进化论中"一元论"哲学思想的启发。他说:"1860 年我从意大利回国之后,开始阅读并熟悉达尔文的著作。在我了解到当时流行以'一元论'或'系统论'去解决最为复杂的哲学问题时,我不禁产生一种想法,即我所钟爱的这部著作能够提供一种将生命有机综合起来的方法路径。"②其二,对于见物不见人的科学哲学思维的超越与"生存""栖居"观念的引进。海克尔于 1866 年在《普通生物形态学》一书中提出"生态学"概念时对"Ecology"一词的构成进行了词源学的阐释,该词前半部分"eco"来自希腊语"οικος",表示"房子"或者"栖居";后半部分"logy"来自"logos",表示"知识"或"科学"。这样,从词面上说"生态学"就成为有关人类美好栖居的学问,将人的生存问题带入自

①Robert C. Stauffer, "Haeckel, Darwin, and Ecology", *The Quarterly Review of Biology*, Vol. 32, No. 2(Jun., 1957), pp. 138-144.

②Robert C. Stauffer, "Haeckel, Darwin, and Ecology", *The Quarterly Review of Biology*, Vol. 32, No. 2(Jun., 1957), pp. 138-144.

然科学。这是对于见物不见人的工具理性进行突破的尝试。其三,对于"一就是一,二就是二"的割裂思维的试图突破与"自然家族"概念的提出。传统工具理性思维是一种僵化的"一就是一,二就是二"的割裂思维,而海克尔在提出"生态学"时引进了"自然家族"这一重要概念,从而使得"联系性""相关性"进入自然科学领域,意义重大。1866年海克尔提出"生态学"这一概念时,已经包含"有机体""关联性"这样一些重要内涵。他还进一步将"家属关系"引入"生态学"概念之中。他说,"我们由此可见自然选择论如何能够系统化地、从因果关联的角度解释有机体之间的家属关系,并由之将建构出生态学的'一元论'基础"①。他还在第二版的定义中加入了"自然家族"这一重要的关键词。其四,呈现了"生态学"这一自然科学概念向人文学科发展的重要态势。海克尔在提出"生态学"概念之初就已经明确指出,"生态学关涉到自然经济学的全部知识",这里已经必然地包含了人类的经济活动,而"生态学"词义中的"栖居"本身就是人类的生存。因此,"生态学"由自然科学发展到人文科学就是一种必然的趋势。诚如马里兰大学罗伯特·考斯坦萨在《生态经济学:复兴有关人类与自然的研究》一文中所说:"无论对生态学的界定如何演变,作为地球上占主导地位的人类及其与环境的关系显然一直被囊括在生态学的视野范围之内。"②这就预示着生态哲学、生态伦理学与生态

---

① Robert C. Stauffer, "Haeckel, Darwin, and Ecology", *The Quarterly Review of Biology*, Vol. 32, No. 2(Jun., 1957), pp. 138-144.

② Robert Costanza, "Ecological Economics: Reintegrating the Study of Humans and Nature", *Ecological Applications*, Vol. 6, No. 4(Nov., 1996), pp. 978-990.

文明理论的必然产生。总之,海克尔 1866 年提出"生态学"概念,其最大的贡献是创造了"生态学"(Ecology)这一重要概念,为新的生态文明时代作了重要的准备,表明了他突破传统思维的勇气与创新精神,但毕竟没有完全突破传统思维模式。

二、阿伦·奈斯与"深生态学"

如果说"生态学"的提出是新的"生态文明"时代的一种预兆,"深生态学"的提出则是"生态文明"时代来临的重要文化标志。可以说"深生态学"是一种新时代的哲学即生态哲学,也是一种新时代的理念即生态整体主义的共生理念,更是一种新时代的生活方式即"够了就行"的生活方式。总之,无论从哪个角度说,"深生态学"都为"生态文明"新时代进行了必要的文化与哲学准备。

1."深生态学"的提出

说起"深生态学",必须提到挪威著名哲学家阿伦·奈斯,他是"深生态学"的开创者与奠基人。阿伦·奈斯(Arne Naess,1912—2009)于 1912 年出生于挪威奥斯陆附近的斯勒姆达鲁,1933 年毕业于挪威奥斯陆大学,之后游学巴黎、维也纳,成为一度以重视科学的逻辑为其标志的维也纳学派的一员。之后在奥斯陆大学哲学系任教,27 岁担任该系教授与系主任,任职 30 年。1958 年创办哲学与社会科学杂志《探索》,1970 年辞去哲学系主任一职专心从事生态哲学研究。他于 1973 年在《探索》杂志上发表《浅生态学运动和深层长远的生态运动:一个概要》一文,提出"深生态学"的重要概念。所谓"浅生态学"是一种包含"人类中心主义"的哲学,主张在不削弱人类利益的前提下改善人与自然的关系，将人类的利益作为出发点与归宿。而"深生态学"则是"生态整体主义"的生态思想，将整个生物圈乃至宇宙看成一个生态系统，认为生态系统中的一切事物都是相互联系、相互作用的，人类只是这一系统中的一部分，与其他部分密切相连。生态系统的完整性决定着人类的生活质量，而生态危机是现代社会的生存危机和文化危机，其根源在于我们现有社会的机制、人的价值观念，因而必须对人的价值观念与社会机制进行根本改造。总之，所谓"深"就是对于造成生态问题的社会与人文原因进行深层的追问与探索。因此，"深生态学"就是一种以"生态整体主义"为其理论支点的生态哲学。其思想渊源是一种中西哲学的交融，包含了西方的斯宾诺莎、海德格尔所主张的非人类中心的神学思想与浪漫主义文化意识，同时也包含了东方的道家思想、佛教文化与印度甘地通过非暴力获得真理的思想，以及现代生态学理论与心理学等。在这里需要强调的是，"深生态学"是西方 20 世纪 60 年代以来风起云涌的生态环境运动的产物，具体言之就是阿伦·奈斯 20 世纪 60 年代在美国加州大学访学期间受到美国当时影响极大的蕾切尔·卡逊的《寂静的春天》所引起的生态环境运动的教育与感染的结果，回到挪威后致力于生态理论与实践研究，从而创立"深生态学"。

2."深生态学"的内涵

"深生态学"包含丰富的内涵，主要指"两大规范""八大行动原则"等。

首先说"深生态学"的"两大规范"。其一是"自我实现"。"自我实现"是人的潜能的充分展现，是使人成为真正人的一种境界。"深生态学"的"自我"是一种形而上的"自我"，是由大写字母"S"构成的"Self"，通常称为"大我"，与小写的"self"（自我）有着本质的区别。由"小我"到"大我"需要经历从"本我"到社会的"自我"再到形而上的"生态自我"（Ecological Self），这种"生态自我"只有在与人类共同体及大地共同体的关系中实现。这种"生态自我"的实现过程可以概括为一句话——"谁也不能得救，除非大家都获救"。阿伦·奈斯指出："我不在任何狭隘的、个体意义上使用'自我实现'的表述，而要给它一个扩张了的含义。这是一种建立在内容更为广泛的大写'自我'（Self）与狭义的本我主义的自我相区别的基础上的，在某些东方的'自我'（Atman）传统中认识到了。这种'大我'包含了地球上的连同它们个体自身的所有生命形式。若要表达这一最高准则，我将用'最大化的'（长远的、普遍的）自我实现！另一种更通俗的表述是'活着，让他人也活着'（指地球上的所有生命形式和自然过程）。如果因担心不可避免的误解不得不放弃这一俗语，我会用俗语'普遍的共生'来代替。"①很明显，"自我实现"的核心是"普遍共生"。

其二是"生态中心主义平等"。即指生物圈中一切存在物都有生存、繁衍和充分体现个体自身以及在大写的"自我实现"中实现自我的权利。而生物圈中存在物都有一种共同的特性就是"内在价值"，这是一种直觉，无须靠逻辑证明。这种生物圈中的平等不是绝对平等，而是生物系统赋予人和自然存在物的权利和利益的平等，因为人与自然存在物都是生态系统"无缝之网"上的一个"节"。阿伦·奈斯指出，生态圈的

①转引自雷毅：《深层生态学思想研究》，清华大学出版社2001年版，第48页。下引阿伦·奈斯言论均出自该书。

平等"它所限制的是对人类自身生活质量有害的人类中心主义。人类的生活质量部分地依赖于从与其他生命形式密切合作中所获得的深层的愉快和满足。那种忽视我们的依赖并建立主仆关系的企图促使人自身走向异化"。其倡导的道德原则是"手段俭朴，目的丰富"。很明显，"生态中心主义平等"倡导一种"生态整体主义"。

下面，我们再来看看"深生态学"所提倡的"八大行动原则"，或称"八大行动纲领"。这是1984年4月在美国自然保护主义者约翰·缪尔诞辰日那天，由两位"深生态学"的主要人物奈斯和乔治·赛欣斯在美国加州死亡谷野外宿营时共同起草的深层生态运动应遵循的八大原则性纲领。主要是：第一，地球上人类和非人类生命的健康和繁荣有其自身的价值（内在价值，固定价值）；第二，生命形式的丰富性和多样性；第三，除非满足基本需要，人类无权减少生命形式的丰富性和多样性；第四，人类生命和文化的繁荣与人口的不断减少是一致的，而非人类生命的繁荣必定要求人口减少；第五，当代人过分干涉非人类世界这种情况正在迅速恶化；第六，我们必须改变政策；第七，意识形态的改变主要是在评价生命的固有价值方面而不是在坚持日益提高的生活标准方面；第八，赞同上述观点的人都有直接或间接的义务来实现上述必要的改变。

3."深生态学"的实践及其影响

"深生态学"是一种实践性很强的理论形态，正如有的深生态主义者所言，当务之急不是哲学问题而是环境行动和社会变革。奈斯指出："从严格的意义上讲'深生态学'不是哲学，也不是约定俗成的宗教或意识形态。相反，实际所发生的是在运动和直接行动中各种人走到一起——由于这些理由,我用'运动'而不用'哲学'一词。"所以一般将"深生态学"分为理论与实践两部分。理论部分已如上述,实践部分介绍如下。

首先是"深层生态运动"。其一,口号。作为一种运动,"深生态学"的创立者将其理论通俗化,用口号的形式表达他们的理论主张。例如,"手段俭朴,目的丰富""活着也让别人活着""让河流尽情流淌""轻轻走在大地上""放眼全球,着手局部""你决不应该把生物只当工具一样使用",等等。其二,培养深层生态意识。奈斯认为要向公众说明在生态意识的培养上专家未必靠得住,因为专家或政府部门代言人,或是不把生态问题与社会问题相联系,或是迷信技术的作用。因此要依靠公众自身的力量,发掘公众自身对于非人类存在物的同情,将这种道德加以扩张。其三,个人生活方式。奈斯指出,"物质生活标准应该急剧降低,而生活质量,在满足人深厚的精神方面,应该保持和增加",在此原则下具体包括"使用简单工具""参与那些本身有价值和有内在价值的活动""反对消费至上主义""重视伦理与文化差异""关注第三世界、第四世界的状况""公正对待人类后代和其他物种""学会在生态社区中生活""尽力满足基本生活需要而不是尽力满足个人欲望""不伤害自然""尊重所有生物""不要把生物当作工具""完全或部分的素食主义",等等。①

其次是自然的保护和管理。其一是提出"顺应自然过程而不是控制自然过程""在生态区域范式中工作"的"深生态学"资源保护策略。其二是否定功利主义的资源管理方式,倡导顺应自然的

---

① 参见雷毅:《深层生态学思想研究》,清华大学出版社 2001 年版,第 98—
　100 页。

自然资源管理方式，特别是老子"无为而治"的资源管理方式。其三是"深生态学"的荒野保护理论是从强调荒野的内在价值出发，充分看到荒野特殊的价值，反对仅仅从经济学的角度看待荒野的保护。其四是"深生态学"的生态抵制运动，反对浅层次的改良的生态运动，倡导以承认生态内在价值为其原则的非暴力的生态抵制运动。最后，深生态学还正在成为西方绿色政治运动包括绿党的理论基础之一。

4."深生态学"的影响与评价

"深生态学"自产生以来其影响逐渐扩大，成为一种新的以"生态整体主义"为其代表的新的哲学范式，也是一种以对于现代性进行反思和超越的建构性的后现代世界观，同时它也为生态文明新时代的可持续经济发展提供了理论的支撑。但"深生态学"也受到来自各个方面的质疑，包括对其是否反人类的严重质疑。当然，"深生态学"的"生态整体主义"与生态系统理论应该能够回答这一质疑，因为人类与非人类的共生与关联就决定了"深生态学"的"生态人文主义"重要内涵。但"深生态学"也确实有其局限，其一是它对于直觉与经验的过度信奉使之具有某种神秘化色彩；其二是某种程度上离开人的主体位置，对于物种内在价值的论证使之缺乏更强的说服力；其三是它所谓的"生态平等"具有某种抽象性，使之缺乏更强的可信度。但"深生态学"作为一种新的生态哲学的确具有很强的时代性，它对于中西哲学智慧的吸收和交融也使之具有极大的理论深度，而创立者的虚怀若谷也使之理论具有很大的包容性。这是一种正在建设与发展的哲学理论形态，一定会为生态文明新时代的理论建设提供更多智慧资源。

三、生态文明时代的到来

　　1972年6月5日,世界第一次环境大会在瑞典斯德哥尔摩召开,发表《人类环境宣言》宣告环境问题成为人类共同的重要问题,标志着人类开始进入生态文明时代。2007年10月,我国有关会议正式提出"生态文明建设"目标,标志着中国进入生态文明新的发展阶段。这就说明,生态文明作为工业文明的反思与超越,必须在工业革命发展到一定程度才有可能提出。中国之所以到2007年才提出生态文明,那是因为我国大规模的工业化是1978年开始的,到2007年才进入工业化中期,各种生态问题凸显出来,生态文明建设应运而生。2012年11月,中国政府进一步提出经济、政治、社会、文化与生态文明建设"五位一体"总体布局,并明确提出建设"美丽中国"的目标。

　　生态文明时代的到来是社会历史发展的必然。人类社会形态均因资源的缺乏而发生更迭。原始人类是"狩猎时代",随着动物的缺乏开始代之以"农耕时代";而随着农业资源的紧缺,1782年瓦特蒸汽机的发明标志着人类进入工业革命时代。但随着化石能源的消耗加剧与地球的承载能力减弱,人类进入生态文明新时代。生态文明时代的到来面临着三个现实状况。

　　第一是"人类世"的到来。地质学上,依据所对应地层的生命特征将地球46亿年的历史分成了前后两个部分:前面是没有明显生命迹象的隐生宙,后面是有了明显生命痕迹的显生宙。显生宙中又根据动植物形态的重大变化划分出三个代,分别是古生代、中生代和新生代;中生代是裸子植物兴盛和恐龙等爬行动物横行的时代,分为三叠纪、侏罗纪和白垩纪三个纪。新生代则是被子植物和哺乳动物兴盛的时代,包括第三纪和第四纪两个纪。第四纪是现代动植物活动的时期,分为更新世和全新世。从地质学的角度看,我们人类生活的地质时期是显生宙新生代第四纪中的全新世。全新世是在一万多年前最近的一个冰川期结束后来临的,与其他的地质世动辄百万年甚至千万年的跨度相比,这似乎是一个刚刚开始的地质时期。然而,从2000年开始,越来越多的科学家们逐渐接受了这样的观点:地质史上一个新时期已经开始,这就是"人类世"。这是由诺贝尔化学奖得主保罗·克鲁岑提出的。他认为,人和自然的相互作用加剧,人类成为影响自然环境演化的最重要力量,特别在过去的一个世纪城市化速度加快了10倍,几代人将把几百万年形成的化石燃料消耗殆尽。

第二是"生态足迹"的空前紧迫。所谓"生态足迹",是指满足一个人的需要并吸收其产生的废料所需的土地面积。最近,一份《地球生命力报告》指出,人类劫掠自然资源的速度是资源置换速度的1.5倍,到2030年,要想生产出足够的资源并吸收掉人类活动所产生的二氧化碳,需要两个地球才够用。

第三是中国是一个资源相对贫乏的国家,而且环境污染空前加剧。中国以占世界7%的土地养活占世界22%的人口,森林覆盖率只有20%左右,不到世界30%的人均水平,人均淡水量是世界人均水平的25%,荒漠化土地相当于14个广东省并有扩大的趋势。而中国污染却相当严重,权威人士指出,发达国家几百年累积出现的问题在我国20年中一下子发生了,事故频发,问题严重,直接威胁到人民的生存健康与经济的可持续发展。瑞士达沃斯世界经济论坛有人预言,如果再不加以整治,人类历史上突发性环境危机对经济、社会体系最大的摧毁,很可能会在不久的将来发生在中国。下面有一组数据可以说明我国环境污染问题的

严重:1999 年世界资源研究所的一份报告列出全球污染最严重的
10 个城市,其中 9 个在中国;世界银行 2001 年发展报告列举的世
界污染最严重的 20 个城市中国占了 16 个;中国七大水系都已
经受到污染,完全没有使用价值的水质已超过 40%;全国 668
座城市,有 400 多个处于缺水状态;据中科院测算,近年来由环
境污染和生态破坏所造成的损失已占到 GDP 总值的很大比重;
全国三分之一以上城市人口呼吸着受到污染的空气,有三分之
一的国土被酸雨侵蚀。由此可见,由传统工业文明到生态文明
的转型,是我国当代经济社会发展的必由之路。美国南新罕布
什尔大学可持续发展研究中心主任罗伊·莫里森指出:"21 世
纪的中国正在迅速崛起为全球工业和经济的先导者,但同时也
面临诸多机遇和挑战,如果不能够实现从工业文明向生态文明
的成功转型,那么势必会陷入一场前所未有的生态危机之中,如
果能够抓住 21 世纪人类文明的转型机遇,那么就有可能成为经
济繁荣和可持续发展的先锋,因为生态文明强调经济发展与环
境改善的相互兼容。"[1]

四、"美丽中国"的建设目标

最近,国家明确提出"努力建设美丽中国,实现中华民族永续
发展"。这是有中国特色生态文明理论的新发展,为我们展示了
一幅山清水秀、人民健康幸福、无比美好的中华民族复兴的美丽
蓝图。这也是我国对于现代化建设必然包含生态现代化的清醒

---

[1] 转引自罗伊·莫里森、刘仁胜、何霜梅:《生态文明建设中的可再生能源与
生态消费构思》,《鄱阳湖学刊》2013 年第 3 期。

认识,告诉我们缺少了生态现代化、缺少了山河的美丽与人民的健康,现代化建设就不可能成功,我们国家也不可能永续发展并惠及子孙后代。这是一个具有战略意义的重大决策,也是一个无比美好的"中国之梦"。

第一,"美丽中国"的内涵。

"美丽中国"的内涵极为丰富。首先,应该是人与自然的"共生"。真正做到人与自然万物的共同繁茂昌盛,自然生态成为人类的美好"家园",人民得以美好地"栖居"。

其次,应该是经济社会发展与自然生态环境保护的"双赢"。不仅实现经济社会的高速发展,国家富强人民富裕,而且自然生态环境也得到极好保护,真正做到绿水青山与金山银山的统一。

再次,实现人的生存权与环境权的有机统一。生存权是我国宪法规定的公民基本权利的首要内容,而环境权则是《联合国环境宣言》规定的人权内容。宣言指出,"人类有权在一种能够过有尊严和有福利的生活环境中享有自由、平等和充足的生活条件的基本权利,并且负有保护和改善这一代和将来的世世代代的环境的庄严责任"①。"美丽中国"的提出,在我国第一次将在美好环境中生活作为人民生存之要义加以明确,从而将环境权纳入生存权之中,使得两者得以统一,意义非同寻常。

第二,"建设美丽中国"的途径。

事实告诉我们,在我国"努力建设美丽中国"的美好理想得以实现,必将面临巨大的困难与挑战。因为,我国目前还处于现代化建设的初级阶段,还是一个发展中的大国,不仅承担着极为艰巨的经济社会发展重任,而且人口众多、资源紧缺,不同地域存在

---

① 刘彦顺编:《生态美学读本》,北京大学出版社 2011 年版,第 25 页。

巨大的不平衡状态,环境压力巨大。在这样的情况下建设"美丽中国",实现中国梦的理想的确任务是十分繁重的。要使"美丽中国"目标由理想变成现实,就必须认真地将一系列有关"生态文明建设"的理论、方针与举措落到实处。

对此,笔者认为最重要的是,首先要明确我国已经进入了"生态文明"新时代。生态文明新时代是对于传统工业文明时代的反思与超越,具有传统工业文明时代所不具有的若干经济社会与文化特质。我们只有清醒地把握时代的巨大变迁,才有可能超越既往工业文明时代的过时理念与传统发展模式,并采取与生态文明相应的新的理论立场与发展举措。国家有关会议集中阐述了有关生态文明建设的一系列理论立场与重大经济社会举措,我们应该认真加以贯彻落实。生态文明新时代对于人与自然的关系这一最基本的理论问题有了新的理论论述,相异于传统的工业文明时代,我们必须将自己的自然观转变到国家有关会议的论述上来。有关会议指出,"必须树立尊重自然、顺应自然、保护自然的生态文明理念"。这是一种全新的自然观,是对于传统"人类中心主义"自然观的超越。所谓"人类中心主义",即认为人是宇宙的中心,人是一切事物的尺度,要根据人类价值和经验解释或认知世界等。① 这是工业革命的产物,导致"人对自然的控制""人定胜天""人有多大胆,地有多大产"等错误理念,以及人对自然的无度开发与严重的环境污染。国家有关会议所指出的人类对于自然的"尊重""顺应"和"保护",是与传统"人类中心主义"的"中心""尺度"和"根据"完全相反的,需要我们在自然观上作出根本性的

---

① 参见余谋昌、王耀先主编:《环境伦理学》,高等教育出版社 2004 年版,第48 页。

调整,才能自觉地执行我国有关生态文明建设的方针政策。

其次,可持续发展的"绿色经济"发展模式。我国明确提出了"绿色发展""循环发展"与"低碳发展"的经济发展模式,归根结底是一种"绿色经济"的发展模式。这种发展模式是追求经济的增长与污染物的零排放双重目标的经济发展模式,是一种"低投入、低消耗、低排放、可循环、高效益、可持续"的环境友好型发展道路。相异于传统的"高投入、高消耗、高排放、不循环、低效益",只顾发展不顾环境的"黑色经济"的发展模式。这种发展模式的转变是根本的转变,需要从既往的只注重经济增长一个指标的发展模式,到经济与环境兼顾而且是环保优先的模式,无论在理念上还是在实施上均需进行大的调整,需要付出艰苦而加倍的努力。

再次,优化国土空间开发格局的"城市化"道路。目前,我国已经进入城市化的高潮时期,城市化大约以每年一个百分点的增长率增长,将使我国发生巨大变化。这是"美丽中国"建设的重要机遇,但也可能产生极大负面作用,破坏"美丽中国"建设目标的实现。我国提出了"优化国土空间开发格局"的重要方针,具体提出了"生产空间节约高效、生活空间宜居适度、生态空间山清水秀,给自然留下更多修复空间,给农业留下更多良田,给子孙留下天蓝、地绿、水净的美好家园"的要求。这其实就是一种优化而绿色的"城市化"道路。这里的"节约高效""宜居适度""山清水秀"等等,就是对于城市化的"优化"与"绿色"的具体要求,而目前的某些盲目的非绿色的城市化行为是与这一要求背道而驰的,是需要立即矫正的。为了使关系民族发展大计的"美丽中国"建设落到实处,我们应该认真贯彻执行有关会议制定的优化而绿色的城市化方针。

复次,努力建设资源节约型社会。我国是一个人口众多与资源紧缺的国家。我国的人均物质资源紧张，"生态足迹"十分紧迫。"生态足迹"包括"源"与"汇"两个方面，从"源"的角度看，无论是可再生资源还是不可再生资源都十分紧迫；而从"汇"的角度看，我国紧张的土地面积化解13亿人口排解的废物也显得十分紧迫。因此，我国继续要求建设"资源节约型社会"，这应该成为全民的共识并化作行动。我们的"美丽中国"建设就要在这样紧迫的"生态足迹"之上实现，这是我们特别需要警醒的！

又次，牢牢树立艰苦奋斗的精神。"生态文明建设"不仅在生产方式上有明确要求，而且在精神状态上也有明确要求，那就是要求牢固树立艰苦奋斗的精神。我国始终强调目前还处于现代化建设的初级阶段，我国的经济社会发展和收入从人均的角度看还是处于低水平，因此始终要发扬艰苦奋斗的精神。这当然是由我们的国情所决定，同时艰苦奋斗也是生态文明新时代的一种道德要求。

最后，坚持社会主义生态文明建设原则。社会主义国家的性质决定了其生态文明建设有相异于资本主义国家的原则。按照马克思在《资本论》中的研究，资本主义国家在其发展过程中由资本无限扩张的本性决定，因此对于人与自然同时存在着两重"剥夺"，随着生产的发展自然的破坏是无可避免的。而按照列宁在《帝国主义论》中对于后期资本主义即帝国主义海外殖民性的研究，帝国主义在推行其殖民政策的同时也推行其生态殖民政策，将大量的污染企业与污染物移植海外殖民地或相对经济落后国家。我国是以马克思主义作为指导思想的社会主义国家，我国的生态文明建设是立足于国内的，绝对不会走某些国家将污染移植别国的道路。同时，我国也应该摒弃对于人与自然的双重剥夺，走人与自然和谐的道路。马克思曾经在《巴黎手稿》中预言未来的共产主义社会人道主义与自然主义将会走向统一；恩格斯也在《自然辩证法》中期待"一种能够有计划地生产和分配的自觉的社会生产组织"①，能够将人从其尖锐的社会矛盾与自然矛盾中提升出来。中国特色的社会主义制度应该具有这样的功能与作用，凭借自己的制度优势能够建设人与人的和谐以及人与自然的和谐的崭新社会。

　　建设"美丽中国"，无论在中国历史上还是在世界历史上都是伟大的创举，意义重大。首先，它将给 13 亿中国人民及其子孙带来福祉。我国自 1840 年鸦片战争以来就沦为半殖民地半封建社会，蒙受无尽的屈辱，长期处于一穷二白状态。"美丽中国"的建设，表明中华民族的伟大复兴将成为现实，中国将从此摆脱一穷二白，走向繁荣富强，不仅民富国强，而且山清水秀，生态环境良好，人民健康美丽。这是一百多年来无数仁人志士的梦想，并为之献出青春与生命。这样的梦想变成现实必将告慰于千万英烈并使具有 5000 年历史的伟大中华民族真正自立于世界民族之林；它也是对于全人类的伟大贡献。因为像中国这样人口众多、经济相对落后、资源紧缺、环境压力巨大的国家都能实现生态现代化，建成美丽中国，其本身就是对于人类的伟大贡献，并具有极大的影响力与示范性。说明所有经济相对落后的国家，只要像中国那样坚持"生态文明"建设，都有可能实现生态现代化，建设美丽国家；同时，它也进一步证明了中国特色社会主义制度的优越性，因为在中国这样极为艰难的条件与挑战的情况下，"美丽中国"的建设成为现实，恰恰说明了中国特色社会主义制度全心全意为人民服务的宗旨及其能集中力量办大事的优越性。

----

① 《马克思恩格斯选集》第 4 卷，人民出版社 1995 年版，第 275 页。

　　总之,建设"美丽中国"任重而道远,但只要认真贯彻有关"生态文明"建设的各项指导原则与方针,就一定能够克服万难使之由理想变成现实。

五、生态文明时代的文化变革

　　著名的罗马俱乐部负责人佩切伊认为,生态问题主要不是经济问题,也不是科技问题,而是文化问题、文化态度问题。所谓文化态度,就是对于人与自然生态所涉及的各个方面的立场、态度与处理方式,包括经济、艺术与生活方式等各个方面。生态文明时代的到来,使人与自然的关系发生根本性变化,人的文化态度必然相应地发生变化,得到调整。

　　生态文明时代新的文化态度建立的依据是我国政府提出的有关生态观。胡锦涛在中国共产党第八次全国代表大会上的报告中指出:"必须树立尊重自然、顺应自然、保护自然的生态文明理念,把生态文明建设放在突出地位,融入经济建设、政治建设、文化建设、社会建设各方面和全过程,努力建设美丽中国,实现中华民族永续发展。"这是与以往的"战天斗地"的自然观、GDP 至上的发展观相异的。据此,我们应树立如下崭新的文化态度。

　　第一,人对自然的部分"复魅",与工业革命时代人对自然的"祛魅"相对。

　　所谓"魅"即精怪、鬼魅与妖狐等,带有浓厚的迷信色彩。在古代农业社会由于科技不发达人们对于自然现象不了解,认为很多自然现象都有神灵凭附,因此有"魅"。工业革命时代随着人们科技水平的提高,认识自然的能力大大增强,自然开始退掉其神秘色彩,这就是所谓的"祛魅"。"祛魅"是德国著名社会学家马克斯·韦伯(1864—1920)于 1904—1905 年在《新教伦理与资本主义精神》一书中提出的,其具体表述是:"把魔力从世界中排除出去。"①而"复魅"则是美国当代哲学家大卫·雷·格里芬在《后现代精神》一书中提出的,他主张"世界的复魅"。什么是世界的"复魅"? 是否是重新回到农业社会的万物有灵时代? 当然不是,而是需要打破对于人的能力的过分迷信,打破人与自然的对立,部分恢复自然的神奇性、神圣性与潜在的审美性。自然"复魅"的典型代表是英国大气化学家詹姆斯·拉伍洛克于 1972 年提出著名的"盖亚定则",他将地球比喻为希腊神话中的大地女神"盖亚",认为大地不仅像母亲那样用乳汁哺乳了人类与万物,而且自身也是有生命的,能够进行光合作用等生命活动的有机体。所以,人类应该敬畏自然,关爱地球的健康。

第二,人与自然的"共生",是对传统的"人类中心主义"的否定。

较早对"人类中心主义"提出严肃批评的是美国著名生态理论家蕾切尔·卡逊(1907—1964)于 1962 年出版的生态保护经典之作《寂静的春天》。该书虚构了美国中部一个村庄因为化肥DDT 的污染而造成人死物亡,由繁花似锦的春天变成一片死寂的春天。在该书中,她对"控制自然"的人类中心主义提出严肃的批判。她说,"'控制自然'这个词是一个妄自尊大的想象的产物,是当代生物学和哲学还处于低级阶段的产物"。并进一步发出警告说,"现在我们站在两条道路的交叉口上":一条是人类熟悉的控制自然之路,却会将人类引向灾难;另一条是与自然共生的很

---

① [德]马克斯·韦伯:《新教伦理与资本主义精神》,于晓、陈维纲等译,生活·读书·新知三联书店 1987 年版,第 79 页。

少有人走过的道路,却"为我们提供了最后唯一的机会让我们保住我们的地球"①。为了批判所谓"控制自然"的人类中心主义,批判滥用农药的可恶行为,卡逊遭到前所未有的攻击并为此付出了生命。

第三,经济建设与环境保护的"双赢"与环保优先,是对于只顾发展的经济模式的否定。

这里有两个问题,第一个问题是增长到底有没有极限,地球是否可以无止境地为人类的发展提供资源。对于这个问题,在1972年由著名的罗马俱乐部负责组织出版的一本重要著作《增长的极限》给出了回答。这里要介绍一下佩切伊与罗马俱乐部。罗马俱乐部是1968年成立的一个民间机构,职能是从事有关全球性问题的宣传、咨询、预测与研究。其主要发起人为奥雷利奥·佩切伊(1908—1984)。佩切伊是意大利著名实业家、学者,他曾是菲亚特汽车公司高管、欧洲最大经济顾问公司"国际工程和经济顾问公司"总经理,在其事业如日中天之时毅然退身从事人类发展重大问题的关注,从1967年开始筹划并于1968年4月成立著名的罗马俱乐部。俱乐部委托麻省理工学院年轻科学家写作了著名的《增长的极限》一书,该书先后三次修改,并于1972年出版,第一次向人类发出在一个资源有限的地球上进行无限制的增长必然带来严重后果的警告,震惊世界!该书提出了著名的"生态足迹"理论,指出工业革命的缺失是"源"与"汇"的缺失,无限制发展必然导致严重后果。并向人类提出必须进行发展模式选择的问题:(1)无限制发展导致崩溃;(2)任其发展导致崩溃;(3)可

①〔美〕蕾切尔·卡逊:《寂静的春天》,吕瑞兰、李长生译,吉林人民出版社1997年版,第263、244页。

持续发展走向美好未来。总之，该书提出了一个逐步被国际社会接受的论题——"可持续发展"。所谓可持续发展，就是发展与环保的双赢。第二个问题是现代化是否只是经济现代化。这个问题，回答也是否定的。事实证明，现代化不仅是经济现代化，而且包括精神文明现代化，更为重要的是"生态现代化"。这是由血的教训得来的结论。发达国家曾经为此付出沉重代价，环境污染造成严重后果。大家都知道的"伦敦雾"与"水俣病"事件就是明证。所谓"伦敦雾"事件，是指1952年12月4日至10日伦敦城因冬季烧煤造成有毒雾蔓延，导致4000人死亡，此前也曾有过类似事件，英国为此采取了严格的环境法。所谓"水俣病"事件，则是指1956年日本熊本县水俣湾旁边的水俣镇4万人口中先后有1万人罹患一种奇怪的疾病，表现为中枢神经中毒的行动异常并导致死亡。原因是工业废水中汞污染鱼类，人食用鱼后造成此病。人们称这种病为"水俣病"。以上只是工业化污染病例的极小一部分，工业污染的严重事例很多。正是这类严重后果，才是发达国家将"生态现代化"作为现代化的必备条件，我国在2007年也将生态现代化作为发展的重要目标。所谓"生态现代化"，就是发展与环保的双赢。

第四，确立适度消费的生活原则，否定无度消费的生活原则。

首先要确立"适度消费"的生活原则，这不仅是由地球资源的紧缺造成，而且还涉及一种新的土地伦理问题。所谓"土地伦理"，是说人的伦理观念不仅要考虑个人与他人，而且要考虑土地与自然生态。对这一问题进行集中论述的是美国的生态学家奥尔多·利奥波德（1887—1948）。他是耶鲁大学林学专业毕业，曾任美国林业官、野生动物研究者、威斯康星大学教授，1948年因救火而发病辞世。其所著《沙乡年鉴》被称为"现代环境运动的一本新圣经"。在这本书中，利奥波德提出并论证了著名的土地伦理学，提出"土地共同体"①的概念，认为土地不仅是土壤，还包括气候、水、植物、动物与人，人只是共同体中平等的一员。而且，这种共同体其实是一种金字塔式的结构，最下层的也是最基础的是土壤，再就是植物，上面是动物，人处于金字塔之尖顶。人是最脆弱的，不能离开下面的任何一层。这个金字塔其实就是一种生命的环链，不能加以破坏。因此，他所概括的土地伦理学就是：当一个事物有助于保持生物共同体的和谐、稳定和美丽的时候，它才是正确的；否则，当它走向反面时，就是错误的。适度消费，保护共同体的稳定恰恰是土地伦理学的要求，也是保持生命环链的需要。生态文明时代始终倡导"够了就行"的生活方式与生活原则，反对无度地消耗地球资源，因为这必将导致对于地球生态环链稳定性的破坏。按照生态哲学的观点，地球之上由土壤、岩石、植物、动物与人类构成一种可以通过光合作用的有生命的生态环链即生物共同体，这种生态环链与生物共同体的稳定、平衡与美丽是地球生命力的体现。所以，"适度消费，够了就行"应该成为新的生态文明时代的道德准则。有一位真正实践适度消费的生态理论家，那就是亨利·梭罗。他是美国著名的生态理论家，他的作品《瓦尔登湖》成为现代生态哲学、生态伦理学与生态文学的启示性作品。他的经历非常简单，就读于哈佛大学，毕业后在家乡中学执教两年，此后做过著名作家爱默生的助手。他为了体验最简单的生活，于1845年3月至1847年5月，凭借着借来的一把斧头走进家乡的瓦尔登湖，以最简单的劳动独立生活了26个月。

---

① [美]奥尔多·利奥波德：《沙乡年鉴》，吉林人民出版社1997年版，第213页。

在这 26 个月中,他伐木建屋,开荒种地,泛舟钓鱼。在物欲膨胀、金钱拜物的潮流中,他试图通过一种原始本真的生活来思考疗救人类之路。他亲身感到,仅凭一把刀、一柄斧子、一把铲子与一辆手推车和辛勤的双手,每年只需工作 6 个星期,就足够支持一切生活开销,其余大部分时间可以用来读书和体验自然。他说:"绝大部分奢侈品及不少所谓的舒适生活,非但没有必要,而且毫无疑问,是阻遏人类进步的一种障碍。就奢华和舒适而言,智者过着一种较贫者更益简约质朴的生活。"①

第五,确立"绿色"的有机城市建设原则,否定"灰色"的无机非生命城市建设原则。

目前正值大规模城市化过程,执行什么样的建设原则是至关重要的。梁思成通过中国古建筑研究,对于中国传统建筑理念十分推崇,而其弟子吴良镛院士则在此基础上提出"有机生存论建设"思想。这是对于中国古代建筑思想的继承发扬,强调城市建设的有机生命性,背山靠水,面南朝北,地干通风,有机循环,有利于人的栖息修养和身体健康。整个人类的聚居地应该是充满生气的,有利于生命健康的,这就是建筑的基本原则。应该否弃清一色的水泥森林,到处因水泥灌注硬化而不透气,无法上下循环,不利于生命健康。这其实是一种无机的非生命的"灰色"建筑理念,是需要加以排除的。

第六,确立中华传统生态智慧的自信与自觉,走出欧洲中心主义。

在新世纪,人类进入生态文明新时代,中华传统文化中的生

---

①[美]亨利·梭罗:《瓦尔登湖》,仲泽译,四川文艺出版社 2009 年版,第 18 页。

态智慧正发挥新的作用。如果说在工业革命时代,中华传统生态文化中的模糊性与朦胧性难以被西方工具理性接受的话,那么这种与主客对立不相容的古代文化倒恰恰与后工业文明的生态文化相衔接。儒家的"天人合一""民胞物与",道家的"道法自然""万物齐一",佛家的"众生平等""佛心清净",等等,均具有当代价值,取其精华都能成为建设新世纪生态文化的重要资源。

六、生态文明时代的美学变革

随着生态文明时代的到来,哲学领域由"人类中心"到"生态整体"转变,美学领域也发生了一场重大的变革,生态美学与环境美学应运而生,中西皆然,只是时间有先后而已。

1.西方:由艺术美学到环境美学

长期以来,在西方占领统治地位的是艺术美学,以德国哲学家黑格尔为代表,他的《美学》一书将美学定义为"美学是艺术哲学"。这种将美学称为艺术哲学的观点是典型的"艺术中心论",彻底否定了"自然"在审美中的地位,实际上是"人类中心论"的反映。美国美学家赫伯恩于1966年发表《当代美学及自然美的遗忘》一文,批判了这种"艺术中心论"的"艺术哲学观",促进了西方环境美学的发展,产生了柏林特、卡尔松、瑟帕玛等著名的环境美学家,其中尤以美国美学家柏林特的"自然之外无他物"作为西方环境美学最具学术活力的观念。因为在柏林特看来,人与自然物一样,均为自然之一部分,自然之外并无他物,从而彻底颠覆了传统的"人类中心主义",走向了"人与万物共生"的生态文明之途,也为美学研究开辟了新天地。

2. 中国:由实践美学到生态美学

我国从 20 世纪 50 年代中期开始,在美学领域占据压倒性优势的就是"实践美学"。这是一种力图以马克思主义哲学为指导的,自身具有相当学术自洽性的美学理论体系。它以"人化的自然"为其理论标志,包括"人类本体""工具本体""积淀说"与"合规律与合目的的统一"等一系列观点,显然还是属于"人类中心论"的认识论美学。直到 20 世纪 90 年代中期,随着生态文明时代的逐步到来,生态美学在我国应运而生,到 21 世纪开始,形成较好发展趋势。生态美学力图以"生态文明"与"人与自然共生"的理论为指导,以中西"人与自然和谐"的生态智慧为资源,形成"生态存在论"与"生态生命论"等一系列崭新的审美观,目前正处于积极建设的过程中。

第二章　存在论生态哲学

　　生态美学的最重要的理论基础是存在论生态哲学,这是由工业革命时代主客二分的认识本体论世界观到后工业革命生态文明时代的"此在与世界"机缘性关系的存在论世界观的重要转型。正是基于这样的转型,人与自然生态的关系才从工业革命时代的二分对立到后工业革命的生态文明时代的两者须臾难离,生态哲学与生态美学从而得以成立。

一、海德格尔存在论哲学的生态意蕴

　　美国现代生态理论家早就将海德格尔看作是现代"具有生态观的形而上学理论家",也就是生态哲学家。这个判断是非常准确的。海德格尔实际上有前后期的问题,前期海德格尔在 1927 年写出的《存在与时间》中提出著名的"此在与世界"关系的在世模式,解构了传统的人与自然对立的哲学观,但仍然以其"天空与大地的争执"遗存了某些"人类中心主义"的痕迹;但到其后期,特别是在 1950 年发表的著名文章《物》中明确提出"天地神人四方游戏说"。这样就提出了三个问题:一个是海德格尔是当代西方最重要的生态理论家与生态美学家,"天地神人四方游戏说"就是当代的生态哲学观与生态审美观。在这里,他以此在与世界的

"结缘"代替了人与自然的对立。他说："因缘乃是世内存在者的存在；世内存在者向来已首先向之开放。存在者之为存在者，向来就有因缘。有因缘，这是这种存在者的存在的存在论规定，而不是关于存在者的某种存在者状态上的规定。"①就是说在人的在世生存之内所有的与之相关的存在者（世界之物）都是一种与人的机缘性关系，这正是这种包括自然之物的存在者的"存在论规定"，这里的"结缘"就是人与自然须臾难离的生态共同体关系；二是海氏前后期有一个转变，由前期的"人类中心主义"转到后期的生态平等论，同时他也以这种"此在与世界"的在世模式综合与调和了"人类中心"与"生态中心"的尖锐对立，是一种整体论或调和论的生态观。三是海氏的哲学美学思想受到东方哲学特别是中国古代"天人合一"等哲学观的影响，最重要的是他受到东方有机论哲学观的影响，从而将人的存在阐释为"生存"，而生存是在时间状态中的生命活动。他说，"此在的'本质'在于它的生存"②。又说："从对此在的分析而来的所有说明，都是着眼于此在的生存结构而获得规定的，所以我们把此在的存在特性称为生存论性质，以和我们称作为范畴的非此在式的存在者的存在规定严格区别开来。"③在这里，他划清了"此在"的存在者与"非此在"的存在者之间的界限。而海氏更以"此在"的阐释作为存在由遮蔽到澄明的必要途径，而这种阐释的过程就是时间性的生命过

---

① [德]马丁·海德格尔：《存在与时间》，陈嘉映、王庆节译，生活·读书·新知三联书店1987年版，第103页。

② [德]马丁·海德格尔：《存在与时间》，陈嘉映、王庆节译，生活·读书·新知三联书店1987年版，第52页。

③ [德]马丁·海德格尔：《存在与时间》，陈嘉映、王庆节译，生活·读书·新知三联书店1987年版，第55—56页。

程。因此,他说:"时间性构成了此在的源始的存在意义。"①事实证明,海氏是当代西方最重要的生态哲学家与生态美学家,他在论著中为当代西方生态哲学与生态美学提供了特别多的资源,值得我们很好地研究与继承发展。在哲学观上,海氏凭借现象学方法构筑了一个"此在与世界"的"人在世界之中"的生态整体观点。大家都知道,海氏的哲学出发点是反对西方传统哲学二元对立思维模式,反对科技主义的机械认识论,反对"人类中心主义"。他反对西方传统哲学中将存在者与存在分裂开来,只见存在者不见存在的旧的哲学观点。这种哲学观点实际上就是一种主客二分的,由主体反映客体的"人类中心主义"观点。他认为"主客二分"是对于人的在世模式的一种传统的同时也是错误的表达,而他所确立的人的"此在与世界"的在世模式,是一种现代的生存论的在世模式,即人与自然生态须臾难离、不可分割的在世模式。这种在世模式的表达就是"人在世界之中"。这是他在《存在与时间》这部论著中提出的。对于这个"在之中",他运用现象学与生存论的方法进行了全新的阐释。在他看来,这个"在之中"不是传统的一个事物在另一个事物之中。例如,椅子在教室之中,教室在学校之中,学校在城市之中,直至于椅子在宇宙空间之中,等等。他认为,这些都是"在某个现存东西'之中'的现成存在……它们属于不具有此在式的存在方式的存在者"②。这仍然是一种形而上学的认识论方法,人与环境是可以分离的,也可以是对立的,因为

---

① [德]马丁·海德格尔:《存在与时间》,陈嘉映、王庆节译,生活·读书·新知三联书店 1987 年版,第 282 页。
② [德]马丁·海德格尔:《存在与时间》,陈嘉映、王庆节译,生活·读书·新知三联书店 1987 年版,第 67 页。

椅子完全可以搬离教室而不受任何影响。但他认为,他所说的"在之中",是"我居住于世界,我把世界作为如此这般熟悉之所依寓之、逗留之"①。这里的"居住""依寓""逗留",是指人与这个自然生态环境已经融为一体,不可须臾分离,如鱼之离不开水,人之离不开空气。按我们的理解,就是人与包含自然生态的环境构成一个血肉交融的生态整体。这就是一种具有哲学色彩的当代存在论的生态整体观。前期,海氏在有关"世界与大地的争执"中,真理得以敞开的论述中还残留着某些"人类中心主义"的痕迹,但后期,大约以1936年为始,到20世纪中期愈加明显,开始从东方智慧中吸取大量营养,提出著名的"天地神人四方游戏说"。我们目前能看到的就是《物》与《语言》等著名篇章。在《语言》这篇文章中,海氏对特拉克尔的诗《冬夜》作了阐释,并提出了"四方游戏"。

冬　夜

雪花在窗外轻轻拂扬,晚祷的钟声悠悠鸣响,
屋子正准备完好,餐桌上正备满丰盛的筵席。
漫游的人们,从幽暗的道路走向大门。
恩惠的树木闪着金光,吮吸着大地之中的寒露。
漫游者静静地跨进,痛苦已把门槛变成石头。
在清澄耀眼的光明照耀中,是桌上的面包和美酒。②

　　海氏分析道:"落雪把人带入暮色苍茫的天空之下。晚祷钟

---

① [德]马丁·海德格尔:《存在与时间》,陈嘉映、王庆节译,生活·读书·新知三联书店1987年版,第67页。
② [德]马丁·海德格尔:《诗·语言·恩》,彭富春译,文化艺术出版社1991年版,第169页。

声的鸣响把终有一死的人带到神面前。屋子和桌子把人与大地结合起来。这些被命名的物,即被召唤的物,把天、地、人、神四方聚集于自身。这四方是一种原始统一的并存。物让四方的四重整体(das Geviert dervier)栖留于自身。这种聚集着的栖留(ver-sammelndes Verweilenlassen)乃是物之物化(das Dingender-Dinge)。我们把在物之物化中栖留着的天、地、人、神的统一的四重整体称为世界(welt)。"①海氏认为,《冬夜》这首诗中所有被命名的物体,都通过自己的物之物性的充分发挥而形成一个密不可分的整体,使天地神人构成四重整体的世界,使终有一死者(人)得以依寓与栖居。雪花、晚祷、屋子、餐桌、盛筵、大门、寒露、恩惠的树、门槛、面包、酒,以及冬夜中的漫游者已经融化为一,构成整体,形成漫游者的一个独特的得以栖居的冬夜。情境独特,语言独特,非常宜人。雪花飘飘,晚钟声声,寒露闪烁,痛苦如石。但没有这特有的冬夜情境,语言就会消失,而漫游者也不可能成为活生生的"此在"。

　　存在论生态哲学所遵循的主要研究方法是现象学方法。正如海德格尔所说,"存在论只有作为现象学才是可能的"②。这种方法就是通过对物质和精神实体的"悬搁","走向事情本身",对事物进行"本质的直观"。由此,解构了传统认识论,开辟了现代存在论。由于本书有专章论述生态现象学,在此不赘述。

---

①《海德格尔选集》下,孙周兴选编,上海三联书店1996年版,第992页。
②［德］马丁·海德格尔:《存在与时间》,陈嘉映、王庆节译,生活·读书·新
　　知三联书店1987年版,第42页。

二、"人类中心主义"的退场

存在论生态观的兴起必将意味着人类中心主义的退场。人类中心论者认为,存在论生态观是对人类中心主义的颠覆,而人类中心主义作为对人的利益的维护则是具有永恒价值的理论,反对人类中心主义就是反人类,如此等等。因此,厘清人类中心主义及其与当代哲学与生态美学的关系即是生态美学发展的当务之急。

什么是人类中心主义呢?《韦伯斯特第三次新编国际词典》指出,人类中心主义即指:"第一,人是宇宙的中心;第二,人是一切事物的尺度;第三,根据人类价值和经验解释或认知世界。"①这种人类中心主义包含着传统的人文主义内涵,萌生于文艺复兴之时市民阶层以人权对教会神权的对抗。但其真正的发展则是工业革命迅猛发展的启蒙运动时期。当时,由于蒸汽机的发明,科技的进步,大工业的出现,生产力的迅猛发展,人类充满了从未有过的自信,认为完全能够改造、控制并战胜自然。启蒙主义的最重要代表人物之一、著名的百科全书主持人狄德罗指出:"有一件事是必须得考虑的,就是当具有思想和思考能力的人从地球上消失时,这个崇高而动人心弦的自然将呈现一派凄凉和沉寂的景象。宇宙变得无言,寂静与黑夜将会显现,一切都变得孤独。在这里,那些观察不到的现象以一种模糊和充耳不闻的方式遭到忽视。人类的存在使一切富有生气。在人类的历史上,如果我们不去考虑这件事,还有什么更好的事情考虑吗? 就像人类存在于自然中一样,为什么我们不

---

① 参见余谋昌、王耀先主编:《环境伦理学》,高等教育出版社 2004 年版,第48 页。

能让人类进入我们的作品中？为什么不把人类作为中心呢？人类是一切的出发点和归宿。"①德国古典哲学的开山祖康德则明确地指出"人为自然立法"。他说："故悟性乃仅由比较现象以构成规律之能力以上之事物；其自身实为自然之立法者。"②

　　人类中心主义在审美领域同样得到表现。在作为西方古典美学高峰的德国古典美学，以理性主义作哲学根基，使人类中心主义得到集中的表现。康德明确地将美归结为"形式"的"合目的性"与"道德的象征"。自然在审美中几乎消失殆尽，只剩下人的"目的性"与"道德"。而黑格尔更是完全否定了自然美，将之放到"前美学阶段"，并将其内涵界定为对人的"朦胧预感"。中国当代的"实践美学"继承德国古典美学，成为我国当代美学领域人类中心主义的突出代表。这种美学观以"自然的人化"与"工具本体"作为核心美学观念，力主人在审美中对于自然的"控制"，从而成为过分张扬人类改造自然的力量、一味贬低自然地位的典型的人类中心主义的美学理论形态。而更令我们震撼的则是美籍华裔人文主义地理学家段义孚所深刻揭露和批判的"审美剥夺"（aestheticexploitation）现象。他指出，人类在人类中心主义指导下，凭借其丰富的想象力，在审美领域对自然进行粗暴压制与扭曲的行径，这种行径即为"审美剥夺"。他说："这是出于娱乐和艺术的目的对自然本性的扭曲。"③又说："我们为了寻求快乐正在对自

---

①转引自沃尔夫冈·韦尔施：《如何超越人类中心主义》注（14），《民族艺术研究》2004 年第 5 期。
②［德］伊曼纽尔·康德：《纯粹理性批判》，商务印书馆 1995 年版，第 136 页。
③转引自宋秀葵：《段义孚生态文化思想研究》，山东大学 2011 年博士学位论文，第 93—94 页。

然施加着强权——我们在建造园林、饲养宠物中都能体会到这种快乐。"①他还认为，将权势与"玩"相结合是件相当可怕的事，这种"结合"对环境的破坏力甚于经济对环境的破坏。因为"经济剥削有个限度……相反，玩是无止境的，自由随意的，仅凭操纵者的幻想和意愿"②。他对这种"审美剥夺"进行了具体的描绘，在植物方面就是花样翻新的所谓的"园艺"。人们"居然会使用刑具作为自己的工具——枝剪和削皮刀、铁丝和断丝钳、铲子和镊子、标绳和配重——去阻止植物的正常生长，扭曲它们的自然形态！"③例如：把独立的植株和整个一小簇树丛修剪成繁复的形状，为了娱乐而糟蹋植物的"微缩景园"与盆景，等等。对待动物，段义孚认为是"问题出现最多，人的罪过体现最深的方面"④。如通过驯化使动物成为负重的劳力，变成玩偶，经过选择性繁殖，使动物变得奇形怪状，机能失调，使鱼长出圆形外凸的大眼睛，将京巴狗改造得只剩下一小撮狗毛，重量不足 5 斤，等等。至于在建筑领域，人类的"审美剥夺"更是举不胜举。诸如，填海造地，挖山建城，断河造湖，等等。当然，这种人对自然的"审美剥夺"并不始于工业革命而在古代即已存在，但从工业革命以来，"人类中心主义"兴盛泛滥的背景下，"审美剥夺"的情况愈演愈烈，至今未止。特别

---

① 转引自宋秀葵：《段义孚生态文化思想研究》，山东大学 2011 年博士学位论文，第 96 页。

② 转引自宋秀葵：《段义孚生态文化思想研究》，山东大学 2011 年博士学位论文，第 49 页。

③ 转引自宋秀葵：《段义孚生态文化思想研究》，山东大学 2011 年博士学位论文，第 38 页。

④ 转引自宋秀葵：《段义孚生态文化思想研究》，山东大学 2011 年博士学位论文，第 125 页。

是随着大规模的工业化与城市化,在推土机的隆隆声响中,昔日美丽的自然早已不复存在而面目全非。表面上我们剥夺的是自然,实际上我们剥夺的是人类赖以生长的血脉家园,是人类自己的生命之根。

由上述可知,在"人类中心主义"观念基础上产生的"审美剥夺"是与审美的"亲和性"本性相违背的,是一种审美的"异化"。其结果必然是审美走向自己的反面——非美,从而导致审美与美学的解体。因此,告别"审美剥夺"及其哲学根基"人类中心主义",就是美学学科自身发展的紧迫要求。当然,对于"审美剥夺"的理解也不应过于绝对,而是应该在人与自然共生的背景下理解,并不是人类对于自然一点也不能改变。但压制与扭曲自然的现象则是不能允许的。

马克思主义唯物辩证法告诉我们,变化是万事万物发展的普遍规律,世界上没有永恒的东西,一切都在发展当中,都是过程,包括一切理论形态,也都在发展的历史进程之中。即便是作为西方古典哲学高峰的德国古典哲学也随着资本主义现代化过程中诸多弊端的暴露,而逐步退出历史。1886 年,恩格斯写了著名的《路德维希·费尔巴哈和德国古典哲学的终结》,指出,德国古典哲学时期"对德国现在一代人却如此陌生,似乎已经相隔整整一个世纪了"①。恩格斯在该文中宣告这个曾经无比辉煌的理论形态及其所包含的"人类中心主义"业已退出历史舞台。这当然首先是由历史时代所决定的,对于包括像"人类中心主义"那样的理论形态我们都不能孤立抽象地加以审视而必须将其放到一定的历史发展之中。"人类中心主义"作为一种理论形态并非自古就

---

① 《马克思恩格斯选集》第 4 卷,人民出版社 1995 年版,第 214 页。

有,而是在历史中生成并在历史中发展,最后完成自己的历史使命而必然地退出历史舞台。众所周知,在西方古代农耕社会之时,占统治地位的自然观仍然是万物有灵的"自然神论"。柏拉图关于诗歌创作的"迷狂说"就是古希腊诗神的"凭附",而诗神奥尔菲斯则是一名能与自然相通的占卜官,能观察飞鸟,精通天文等。而美学与文学理论中十分流行的"模仿说",也是将自然放在先于艺术位置的理论。诚如亚里士多德在《诗学》中所说:"一般说来,诗的起源仿佛有两个原因,都是出于人的天性。人从孩提的时候起就有模仿的本能(人和禽兽的分别之一,就在于最善于模仿,他们最初的知识就是从模仿得来的),人对于模仿的作品总是感到快感。"①这里所谓"模仿",就是对自然的模仿,在这里自然有高于艺术的一面。只是在工业革命以后,科技与生产能力的迅速发展,人类掌握了较强的改造世界的能力,"人类中心主义"才随之兴起。但19世纪后期以来,特别是20世纪开始,资本主义现代化与工业化过程中滥伐自然、破坏环境的弊端日益暴露,地球与自然已难以承载人类无所遏止的开发,不得不由工业文明过渡到后工业文明即生态文明。1972年6月5日,全世界183个国家和地区的政府代表聚会瑞典斯德哥尔摩,召开了人类环境会议。这是世界各国政府代表第一次坐在一起讨论人类共同面临的日益严重的环境问题,讨论人类对于环境的权利和义务。会议宣告"保护和改善人类环境关系各国人民的福利和经济发展","要求每个公民、团体、机关、企业都负起责任,共同创造未来的世界环境"。全世界各国将环境问题作为全人类共同面临的严重问题,并将保护环境作为全世界每个公民的共同责任,就意味着以开发

---

① 亚里士多德:《诗学》,罗念生译,人民文学出版社1982年版,第11页。

自然为唯一目标的工业革命时代的结束,而一个新的开发与环保统一的"生态文明"时代已经来临,同时也意味着"人类中心主义"这一理论形态已经完成自己的历史使命而退出历史舞台。人类中心主义曾经以其所高举的"人道主义"旗帜和对于人的主体性的张扬,而在历史上起过积极进步的作用。但随着历史的发展和其弊端的暴露,已无可避免地衰落并成为被批判的对象。恩格斯在《自然辩证法》中,曾对"人类中心主义"过度贬抑自然并将人与自然对立的倾向提出了批评。他说:"人们愈会重新地不仅感觉到,而且也认识到自身和自然界的一致,而那种把精神和物质,人类和自然,灵魂和肉体对立起来的荒谬的、反自然的观念,也就愈不可能存在了。"又说:"我们连同我们的肉、血和头脑都是属于自然界,存在于自然之中的。"①法国哲学家福柯则明确地宣布"人的终结"即"人类中心主义"的终结。他说:"在我们今天,并且尼采仍然从远处表明了转折点,已被断言的,并不是上帝的不在场或死亡,而是人的终结(这个细微的、这个难以观察的间距,这个在同一性形式中的退隐,都使得人的限定性变成了人的终结)。"②另一位法国哲学家德勒兹则以其别具一格的非人类中心的"块茎理论"取代人类中心的"根状系统"。他说:"块茎本身呈多种形式,从表面上向各个方向的分支延伸,到结核成球茎和块茎","块茎的任何一点都能够而且必须与任何其他一点连接。这与树或根不同,树或根策划一个点,固定一个秩序。"③至于美学

---

①《马克思恩格斯选集》第 4 卷,人民出版社 1995 年版,第 384 页。

②[法]米歇尔·福柯:《词与物》,莫伟民译,上海三联书店 2001 年版,第 503 页。

③[法]吉尔·德勒兹、费利克斯·瓦塔里:《游牧思想》,陈永国译,吉林人民出版社 2011 年版,第 127 页。

领域，从1966年美国美学家赫伯恩发表《当代美学及自然美的遗忘》开始，环境美学逐步在西方勃兴，宣告由"人类中心主义"派生而出的"艺术中心主义"也受到挑战并必将逐步退场。在我国，从20世纪90年代中期开始，生态美学与生态批评日渐兴起。

当然，我们对"人类中心主义"的批判绝不是一种简单的抛弃，而是一种既抛弃又保留的"扬弃"，恩格斯将这种"扬弃"解释为"要批判地消灭它的形式，但要救出通过这个形式获得新内容"①。这就告诉我们，我们批判"人类中心主义"并不是将其彻底抛弃而走到另一极端的"生态中心主义"。事实证明，"生态中心主义"将自然生态的利益放在首位，力图阻止人类的经济社会发展，否定现代化与科学技术的贡献。这不仅是一种倒退的反历史的倾向，而且因其与人类的根本利益相违背，所以在现实中也是一条走不通的路。我们与之相反，一方面批判了"人类中心主义"对人类利益的过分强调，同时又保留其合理的"人文主义"内核；另一方面批判了"生态中心主义"对自然利益的过分强调，同时又保留其合理的"自然主义"内核。由此，延伸出一种新的生态文明时代的人文主义和自然主义相结合的精神——生态人文主义（其中包含生态整体主义的重要内涵）。这是一种既包含人的维度又包含自然维度的新时代精神，是人与自然共生共荣，发展与环保的双赢。这种新的"生态人文主义"就是我们的新的生态美学的哲学根基，它的首先倡导者实际上是海德格尔。众所周知，认识论哲学采取"主客二分"的思维模式，人与自然是对立的，也是人类中心主义的，人文主义与自然主义永远不可能统一。只有在存在论哲学之中，以"此在与世界"的在世模式取代"主体与

---

① 《马克思恩格斯选集》第4卷，人民出版社1995年版，第223页。

客体"的传统在世模式,人与自然、人文主义与自然主义才得以统一,从而形成新的生态人文主义。海氏的存在论哲学与美学以现象学为武器,有力地批判了将人与自然生态对立,即此在与世界对立起来的人类中心主义,深刻地论述了现世之人的本质属性就是"在世"与"生存",也就是人对作为"世界"的自然生态的"依寓"与"逗留"。这就是生态存在论的哲学与美学,就是一种生态人文主义。生态人文主义的提出也与"生物圈"的存在密切相关。因为生物圈的存在告诉我们人类与地球上的其他物种甚至无机物密切相关,须臾难离,这其实也是人性的一种表现,是生态人文主义的重要依据之一。有论者认为,人类中心主义作为世界观是荒谬的,但作为价值观则应该坚持,对各种事物和行为的评价还应以人的需要为中心来进行。这种观点仍然是对传统人类中心主义的维护。因为价值观与世界观是一致的,根本不可能在荒谬的世界观基础上产生出正确的价值观。生态人文主义是对人类中心主义世界观与价值观的根本调整与扭转。尽管在价值评价上只有人类是价值主体,但评价的视角与立场却发生了根本的变化,由完全从人的利益和需要出发到兼顾人与自然的利益与需要,由只强调人的生存到强调人与自然的共生,由经济发展一个维度到发展与环保两个维度。这样的根本转变是过去的人类中心主义所不可想象的。

三、中西美学的对话与交流

当代存在论生态观与美学观的生成与发展,就是通过中西交流对话推动学科发展的典型例证。它是由中国学者在 20 世纪 90 年代中期明确提出的,是中国当代美学工作者的一个贡献。但生态哲学观与美学观的提出却是借鉴德国哲学家海德格尔后期理论的结果。大家都知道,在海德格尔早期,他认为存在得以自行显现的世界结构是世界与大地的争执,虽然在突破"主客二分"思维模式方面有了重大进展,但仍然具有明显的人类中心主义倾向。20世纪30年代以后,海氏开始由人类中心主义转向生态整体主义,提出著名的"天地神人四方游戏说"。关于海氏的生态转向,有充分的材料说明是他同中国古代道家生态智慧对话的结果。关于这一方面,中西有关哲学家进行了认真的研究和考证,以充分的材料说明从20世纪30年代以来海氏就能较熟练地运用道家的思想。他曾经使用过两个有关《老子》和《庄子》的德文译本,并在1946年与我国台湾学者萧师毅合作翻译《老子》八章。他曾较多地使用道家的理论来论证自己的观点。首先,海氏的"天地神人四方游戏说"的生态思想与"故道大,天大,地大,人亦大。域中有四大,而人居其一焉"(《老子·二十五章》)一脉相承。他还用老子的"知其白,守其黑"①来阐释其"由遮蔽走向澄明"的思想;用老子"三十辐共一毂,当其无,有车之用"②来说明其"存在者"与"存在"的区别。也就是说,他以车轮因辐条汇集形成空间方能转动来比喻存在是不在场的因而才能有用;用老子的"道可道,非常道"③来说明其"道说不同于说";用庄子的"无用之大用"说明其"人居住着"是不具功利性的;用庄子与惠子游于濠梁之上谈论鱼之乐的对话,来比喻站在通常的立场上无法理解水中自由游泳的鱼之乐,而只有从存在论的视角才能体味到这一点,

---

①《老子·二十八章》。
②《老子·十一章》。
③《老子·一章》。

由此说明存在论和认识论的区别,等等。还有其他一些理论观点的对话和影响,内容十分丰富,形成中西古今交流对话的一个带有专门性的领域。海氏曾将自己的理论比喻为由东西交流对话而形成的一种由共同本源涌流出来的歌唱。他在《从关于语言的一次对话而来》一文中说道:"运思经验是否能够使得语言的某个本质,这个本质将保证欧洲—西方的道说(Sagen)与东亚的道说以某种方式进入对话中,而那源出于唯一的源泉的东西就在这种对话中歌唱。"①我国有的哲学家则将海氏美学中的生态观念说成是"老子道论的异乡解释"。以上都从不同的视角体现了海氏理论的形成与发展所凭借的中西交流对话途径。同样,我国美学工作者从20世纪90年代中期以来致力于建设生态美学观就既从我国的实际出发,同时又极大地借鉴了西方,特别是海德格尔的包含生态内涵的哲学与美学观念。我们借鉴了蕾切尔·卡逊的充满终结关怀的生态批判精神、阿伦·奈斯的"深层生态学"、罗尔斯顿的"荒野哲学"以及日渐勃兴的生态批评。而且,更为重要的是吸取海德格尔当代存在论哲学—美学理论,将当代生态美学观归结为以马克思主义唯物实践观为指导的生态存在论美学观。特别是,充分借鉴了海氏后期有关"天地神人四方游戏"和"人诗意地栖居于大地上"的重要理论观念。

　　由此可见,我国当代生态哲学观与美学观的生成与发展正是中西交流对话的成果。当然,其进一步的建设与发展还需继续依靠中西交流对话的重要途径。要正视西方发达国家在生态理论建设方面的先进性,在我国当代生态美学观的建设中以更加开阔的胸襟和开放的态度吸收西方日渐蓬勃发展的各种生态理论资

───────────

①《海德格尔选集》下,孙周兴选编,上海三联书店1996年版,第1012页。

源,包括各种生态哲学和生态伦理学资源,日渐成为"显学"的生态批评理论和实践,各种环境美学资源等。同时,要立足于本土,着眼于建设。立足于本土是十分重要的,可以看作是中西交流对话的立足点与出发点。所谓立足于本土,包括立足于当代现实和古代资源。当代现实就是我国正在进行的规模宏大的现代化建设,发展是必要的,但要坚定不移地贯彻科学发展观,以"良好的生态环境是社会生产力持续发展和人们生存质量不断提高的重要基础"作为指导原则。在此前提下,对于西方生态理论中的神秘主义色彩和过分否定科技等相关观念予以必要的批判、改造。从古代资源来说,我国有着十分丰富的生态智慧资源。古代儒家有着"天人合一""和而不同""民胞物与"等生态思想。道家的生态智慧更为丰富。我们将其概括为这样六个方面:其一,"道法自然"之宇宙万物运行规律理论;其二,"道为天下母"之宇宙万物诞育理论;其三,"万物齐一"之人与自然万物平等关系理论;其四,"以形相禅始卒若环"之"天倪论"生物环链思想;其五,"心斋坐忘"所包含的"离形去智同于大道"之古典生态现象学思想;其六,"至德之世"所包含的"同与禽兽居,族与万物并"之古典生态社会理想。在艺术领域则有著名的"外师造化,内得心源"(《历代名画记》)等的包含某种生态观念的重要绘画理论。当然,还有数量众多的反映人与自然和谐协调的文艺作品。这些都是当代生态美学建设的重要基础。

当然,最后还要落脚于建设具有中国特色的生态美学观念。这种生态美学观应该通过中西交流对话的途径有所创新。首先是处理好生态观与人本观的关系,将两者结合起来,创立当代人的生态本性论与新的生态人文主义。长期以来,人们在把握人的本性时总是从本质主义的认识论出发,将人的本性概括为抽象的

"感性""理性""政治""爱"等等。但生态美学观却从当代存在论哲学出发，从人的"此在"的"在世性"视角来探索人的本性。诚如德国哲学家沃尔夫冈·韦尔施所说："人类的定义恰恰是现世之人（与世界休戚相关之人），而非人类之人（以人类自身为中心之人）。"①这种"现世之人"就是指现实生活中的人，而不是抽象之人。也就是说，作为现实生活中之人，一时一刻也不能离开自然与生态环境，是自然与生态环境中之人。因此，生态本性是人作为现世之人最基本的特性。它又包含这样三个方面：其一，人的生态本源性。也就是说人来自于自然，最后还要回归自然，自然是人的生命之源。其二，人的生态环链性。这就是说人是整个生态环链之一环，每个人一旦离开生态环链必将走向死亡，失去其作为人之生命的基本条件。生态环链性可以说是人的生态本性的最基本方面。一方面它反映了人与自然万物的共同性，人与万物均为生态环链之一环，须臾难离；另一方面它又反映了人与自然万物的相异性，人与自然万物各处于生态环链之不同的环节之上，各有其不同的地位与功能。其三，人的生态自觉性。也就是说人作为生态环链之中唯一有理性的动物，他不能像其他动物那样只管自己生存而不管其他。人不仅要维护好自己的生存，而且要凭借自己的理性维护好生态环链的良好循环，维护好其他生命的正常生存。只有这样，人才能最终维护好自己的美好生存。正是在这种人的生态本性的理论基础上，我们提出新时期生态人文主义的理论观念。这是人文主义精神在新时期的丰富和发展，是一种包含着生态纬度的新的人文主义。其内容为：其一，由人的

①［德］沃尔夫冈·韦尔施:《如何超越人类中心主义》,《民族艺术研究》2004
　　年第4期。

平等扩大到人与自然的"生物环链"之中的相对平等;其二,将人的生存权扩大到环境权;其三,将人的价值扩大到自然的价值;其四,将对于人的关爱扩大到对于其他物种的关爱;其五,由对于人类的当下关怀扩大到对于人类前途命运的终极关怀。

正是由这种人的生态本性和生态人文主义出发,我们才得以通过中西交流对话途径构筑生态存在论美学观,必将对新时期美学学科建设增添极富时代性的新内容。

第三章　生态现象学

我们曾在有关文章中指出:"生态美学的基本范畴是生态存在论审美观,其所遵循的主要研究方法是生态现象学方法。"①以上说明当代现象学的产生与发展就是为了克服现代工业革命过程中唯科技主义以及人与自然二分对立的二元论哲学观,因此整个现象学哲学都具有浓郁的生态内涵,均可称为生态现象学,经历了产生、发展与逐渐成熟的过程。而且,生态现象学反映了当代哲学的发展方向,是一种生态文明时代的主导型哲学。从其发展来看,到海德格尔已经是成熟形态的生态现象学,其表现为早期以"此在与世界"的生态存在论在世模式对"主客二分"的主体与客体的认识论在世模式的突破,后期是更加彻底的"天地神人四方游戏"在世模式的提出。而莫里斯·梅洛-庞蒂则以其身体哲学进一步沟通了天人、身心与东西。

---

① 曾繁仁:《生态现象学方法与生态存在论审美观》,《上海师范大学学报》2011年第1期。

一、胡塞尔:现象学必然走
导向生态现象学

1. 现象学产生于对欧洲唯科技主义哲学危机的批判

长期以来,我们片面地将生态现象学局限于 2003 年梅勒在生态现象学报告中所说的内容。其实,现象学本身就包含着浓郁的生态哲学内涵,就是生态哲学或生态现象学。早在 20 世纪初期,1900 年前后,胡塞尔提出现象学哲学之时,就是基于对长期以来占据统治地位的欧洲唯科技主义哲学的批判。这是一种以科技思维特别是数学思维压制人性、压制自然的理性主义传统和形而上学传统,"涉及人在与人和非人的周围世界的相处中能否自由地自我决定的问题,涉及人能否自由地在他的众多的可能性中理性地塑造自己和他的周围世界的问题"①。胡塞尔认为这种唯科技主义哲学导致的是一场哲学与文化的危机,当然也是一场社会的危机,并敏锐地预示着生态危机的到来。对于这种危机的批判与突破就是胡塞尔力创现象学的出发点,也是其现象学必然包含生态意识并走向生态现象学的明证。胡塞尔指出,这种危机表现为"对形而上学可能性的怀疑,对作为一代新人的指导者的普遍哲学信仰的崩溃"②。这里讲的"形而上学"与"普遍哲学信仰"主要就是指古希腊以来的理性主义与人类中心主义。这种形而上学和普遍哲学信仰的特点就是将精密科学特别是数学为代表

①《胡塞尔选集》下,倪梁康选编,上海三联书店 1997 年版,第 982 页。
②《胡塞尔选集》下,倪梁康选编,上海三联书店 1997 年版,第 988 页

的自然科学作为拯救哲学之途与方法的楷模。胡塞尔指出,欧洲从古希腊以来特别是 17 世纪以来的传统就是"对哲学的所有拯救都依赖于这一点,即:哲学把精密科学作为方法楷模,首先把数学和数学的自然科学作为方法的楷模"①。胡塞尔在这里指出传统欧洲文化将"数学和数学的自然科学作为方法的楷模"是非常贴切与重要的。因为,从古希腊以来由航海业的发达导致的几何学的发达,导致其后数学以及数学的自然科学一直是欧洲统领性的学科,渗透于一切学科之中,乃至工业革命以降将宇宙与人看作机器等等。这种机械的数学的思维是欧洲唯科技主义的主要特征,也是从算计的角度看待人与自然从而导致绝对的人类中心主义以及对于自然的滥发的重要文化原因。胡塞尔已经在自己的亲身经历中深感这种思维方式的危害,而力求创造一种新的哲学,"它需要全新的出发点以及一种全新的方法,它们使它与任何'自然的'科学从原则上区别开来"②。这种新的哲学就是包含浓郁生态内涵的现象学即生态现象学。这是胡塞尔与传统的一种决裂,也是他对传统之中错误的可贵反思。他在写于 1901 年的《逻辑研究》"前言"中引用了著名的歌德名言"没有什么能比对犯过的错误的批评更严厉了"。意味着他的"逻辑研究"及其现象学研究是对传统欧洲形而上学与人类中心错误的"批评"与纠正。

2. 现象学的"悬搁"与"现象学还原"是对传统的人与自然对立的二元论的超越

　　胡塞尔深刻地总结了欧洲哲学发展的历史,认为尽管古希腊

---

①《胡塞尔选集》上,倪梁康选编,上海三联书店 1997 年版,第 40 页。
②《胡塞尔选集》上,倪梁康选编,上海三联书店 1997 年版,第 41 页。

时期已经有理性主义与形而上学传统,但 17 世纪特别是工业革命之后主客二分、人与自然对立的二元论哲学观才愈来愈严重,特别是以伽利略与笛卡尔为其代表。他说,伽利略的几何学与数学说明"作为实在的自我封闭的物体世界的自然观是通过伽利略才第一次宣告产生的。随着数学化很快被视为理所当然,自我封闭的自然的因果关系的观念相应而生。在此,一切事件被认为都可一义性地和预先地加以规定。显然,这就为二元论开道铺路。此后不久,二元论就在笛卡尔那里产生了……可以说,世界被分裂为二:自然世界与心灵世界"①。这说明,近代以来,人与自然二分对立的二元论哲学不断发展,成为人类压榨自然的理论工具。胡塞尔的现象学则是对于这种二元论的重要突破。他提出的重要原则与方法就是"悬搁"与"现象学还原"。所谓"悬搁",他说道,"但我要使用'现象学'的'悬置'(停止判断),它使我完全放弃任何关于时空此在的判断"②。也就是说,所谓"悬搁"或"悬置"一切在时空中存在的实体性判断,包括物质的与精神的都加上括号,加以排除或进行中止或者是存而不论。最后是"现象学还原",即"回到现象本身"。他说,"所谓现象学的还原:这就是在客观实在的所有入侵面前彻底地纯化现象学的意识领域并保持其纯粹性的方法"③。也就是排除物质的与精神的实体回到现象本身即意向性,这就是一种"超越"。他说,"而纯粹现象学则是一门关于'纯粹现象'的本质学说……这就是说,它不立足于那种通

---

① 《胡塞尔选集》下,倪梁康选编,上海三联书店 1997 年版,第 1038—1039 页。
② 《胡塞尔选集》上,倪梁康选编,上海三联书店 1997 年版,第 383 页。
③ 《胡塞尔选集》上,倪梁康选编,上海三联书店 1997 年版,第 159 页。

过超越的统觉而被给予的物理的和动物的自然,亦即心理物理自然的基地之上,它不做任何与超越意识的对象有关的经验设定和判断设定;也就是说,它不确定任何关于物理的和心理的自然现实的真理(即不确定任何在历史意义上的心理学真理)并且不把任何真理作为前提、作为定理接受下来"①。在这里,胡塞尔机智地运用现象学的"悬搁"和"现象学还原"的方法,排除了任何物质或精神的实体性"真理",从而将主客以及人与自然二元对立导致的生态危机哲学根基加以根本动摇。

3. 现象学的"交互主体性"原则是克服"唯我论"与"人类中心论"的有效努力

胡塞尔对于交互主体性的研究开始于 1905 年,几乎与现象学的提出同步,一直延续至 1935 年之后,可以说交互主体性是与他的现象学研究一致的。而交互主体性理论是对于"唯我论"与"人类中心论"的有效克服,某种程度上消解了人与自然的对立,包含着浓郁的人与自然相并、人与自然为友的当代生态哲学内涵。首先,交互主体性是对"唯我论"的一种有效克服。因为,现象学理论通过"现象学还原"悬搁了各种物质与精神的实体,最后只剩下"意向",很容易被看作是"唯我论",而"唯我论"以及与之相关的"人类中心论"本来就是欧洲传统哲学特别是近代欧洲哲学的本有之义。因此,胡塞尔对此非常警惕,在创立现象学之初就开始注意这个问题。他在著名的《笛卡尔的深思》第五深思中指出,由于现象学的先验还原必然会引起"非常重要的异议",那就是"如果我这个沉思着的自我,通过现象学悬搁,把自己还原为

---

① 《胡塞尔选集》上,倪梁康选编,上海三联书店 1997 年版,第 688 页。

我的绝对先验自我时，我不就成为我自己的根据了吗？同时，只要我以现象学的名义继续前后一贯的自身说明，我不仍然还是那个我自己的根据吗？因此，要解决对象的存在问题并已经表现为哲学现象学，不就要打上先验唯我论的印记吗？"①为此，胡塞尔提出交互主体性的重要概念对之加以解决。他说："我所检验到的这个世界——并不是我个人综合的产物，而是一个外在于我的世界，交互主体性的世界。"其内涵是"把一切构造性的持存都看作只是这个唯一自我的本己内容"。也就是说，在意向性活动中的"自我"即唯一自我的本己内容与自我构造的一切现象即构造性的持存，都是同格的在意向性活动中构成"交互主体性"。胡塞尔还非常生动地运用现象学方法分析了"我"与"他人"的关系，指出在意向性活动中"他人"既是"主体"，"我"与"他人"的关系是一种交互主体性的关系。他说："他们同样在经验着我所经验的这同一个世界，而且同时还经验着我，甚至在我经验这个世界和在世界中的其他人时也如此。"他将此称作一种"陌生的交互主体经验"②。胡塞尔以上关于"我"与"他人"的交互主体性关系的论述非同寻常，解构了传统哲学中主客以及人与自然的二分对立，为新的"并存"与"共生"等生态哲学观念的产生发展奠定了基础。

二、海德格尔：成熟形态的
生态现象学

美国现代生态理论家将海德格尔称为现代"具有生态观的形而

---

①《胡塞尔选集》（下），倪梁康选编，上海三联书店1997年版，第876页。
②《胡塞尔选集》（下），倪梁康选编，上海三联书店1997年版，第878页。

上学理论家"，即生态哲学家。但学术界对于海氏的生态哲学思想还是有诸多误解，大多将其后期哲学思想看作是"生态哲学"思想。其实，海氏整个哲学思想都属于生态哲学思想，只是后期更加全面彻底。我们认为生态哲学思想不一定要标举出"生态"二字，而是只要在世界观上离开人类中心论力主人与自然的须臾难离，就是生态哲学思想。而海氏从 1927 年出版《存在与时间》一书，提出"此在与世界"的在世模式，就标志着他的生态哲学思想的形成。1946 年海氏又发表了著名的《论人类中心论的信》。宋祖良"根据海德格尔在《论柏拉图的真理学说》和《论 Humanismus 的信》中对 Humanismus 的使用，认为这个德文词应译为人之中心说（人类中心论）或人本主义"①。宋氏认为该文的主旨是对于人类中心论及其表现科技主义之束缚的突破，该文成为海氏后期较为彻底的生态世界观的纲领。他后期一再强调的"天地神人四方游戏说"则是对于此在与世界二分思维的进一步突破，走向更加彻底的人与自然友好相处融为一体的生态世界观，并包含了与东方"天人合一"的对话，说明其存在论生态观是更加成熟的生态现象学。

1. 建立人与自然须臾难离的"此在与世界"在世模式

海德格尔在《存在与时间》的开头即通过引用柏拉图的话对存在问题的"茫然失措"指出，"'存在着'这个词究竟意指什么？我们今天对这个问题有答案了吗？不。所以现在重新提出存在的这一意义问题"②。

---

① 宋祖良：《拯救地球和人类未来：海德格尔的后期思想》，中国社会科学出版社 1993 年版，第 228 页。
② ［德］马丁·海德格尔：《存在与时间》，生活·读书·新知三联书店 1987 年版，第 1 页。

他认为主要是解决哲学史上长期将"存在"与"存在者"加以混淆的问题，"把存在从存在者中崭露出来，解说存在本身，这是存在论的任务"①。海氏认为，"存在"是动词，是过程，是不在场；而存在者则是名词，是实体，是在场。将两者混淆，以存在者代替存在是一种主客二分、人与自然对立的传统认识论在世模式与世界观。只有通过现象学的"悬搁"才能将两者相分，走向主客不分、人与自然须臾难离的"此在与世界"的在世模式。海氏认为，"某个'在世界之内的'存在者在世界之中，或说这个存在者在世；就是说：它能够领会到自己在它的'天命'中已经同那些在它自己的世界之内同它照面的存在者的存在缚在一起了"②。说明这种"在世"模式是"此在与世界"的"相缚"，是人与自然的须臾难离。其表现形态为"在之中"，即"我居住于世界，我把世界作为如此这般熟悉之所而依寓之、逗留之"③。

2. 创建"天地神人四方游戏"的生态世界观

事实证明，海氏早期所提"此在与世界"的在世模式虽是对于传统认识论的突破，但仍然包含着此在与世界的二分因素，没有完全摆脱主客与天人二分模式，这就是海氏不断提出的"大地与世界的争执"。1936 年之后，海氏经历了新的哲学转型，更加彻底地运用现象学方法摆脱了二分模式，走向主客与天人的交

①[德]马丁·海德格尔：《存在与时间》，生活·读书·新知三联书店 1987年版，第 34 页。
②[德]马丁·海德格尔：《存在与时间》，生活·读书·新知三联书店 1987年版，第 69 页。
③[德]马丁·海德格尔：《存在与时间》，生活·读书·新知三联书店 1987年版，第 67 页。

融和谐,提出"天地神人四方游戏"之说。先是在其1936年前后所写的《哲学论稿》中就开始探索从此在与世界走向天人之际的课题。他说,"作为基本情调,抑制贯通并调谐着世界与大地之争执的亲密性,因而也调谐着本有过程之突发的纷争。作为这种争执的纷争,此在的本质就在于:把存有之真理,亦即最后之神,庇护入存在者之中"①。这里,已经包含了突破世界与大地的纷争走向人神相谐的重要内涵。此后,海氏沿着人神相谐之路继续前进。1950年写作了重要的《物》,以壶为例说明壶之物性不在其是一种器皿,也不在它是一种认识的表象,而是作为容器包含着被馈赠的大地之泉,天空的雨露,人之饮品与神之祭品等等天地神人四方交融的因素。海氏说,"这四方是共属一体的,本就是统一的。它们先于一切在场者而出现,已经被卷入一个唯一的四重整体中了"②。也就是说,壶之物性集中体现了天人交融、自然与人和谐的美好生存之境。1959年,海氏更在《荷尔德林的大地与天空》的演讲中明确提出"天地神人四方游戏"之说。他说,"于是就有四种声音在鸣响:天空、大地、人、神。在这四种声音中,命运把整个无限的关系聚集起来"③。"天地神人四方游戏"是更加彻底的生态世界观,是一种可以与东方"天人合一"相对话与交融的生态世界观,是中西交流对话的产物。

---

①[德]马丁·海德格尔:《哲学论稿》,孙周兴译,商务印书馆2013年版,第39页。

②《海德格尔选集》(下),上海三联书店1996年版,第1173页。

③[德]马丁·海德格尔:《荷尔德林诗的阐释》,商务印书馆2000年版,第210页。

3. 批判现代技术"促逼"与"座架"地破坏自然本质,呼唤救渡 生态危机的"诗意栖居"

海德格尔在胡塞尔批判欧洲危机的基础上,进一步指出了欧洲现代由唯科技主义与人类中心主义所导致的人类借助现代科技对于自然生态的极大破坏。他在著名的《技术的追问》演讲中以及其他篇章中进行了这方面的深入思考。他说,"现代技术之本质显示于我们称之为座架的东西中","我们以'座架'(Ge-stell)一词来命名那种促逼着的要求,这种要求把人聚集起来,使之去订造作为持存物的自行解蔽的东西"①。所谓"座架"与"促逼",实际上是凭借技术对于人与自然的一种机械的订造与摆置,是一种缺乏人性内涵的纯粹机械的与数学的对自然"提出蛮横要求"②的行为。海氏认为座架与促逼所导致的恶果是人类中心主义的泛滥与自然生态的破坏,实际上由于大规模无度开发导致自然对象的严重破坏,人已经失去了促逼与摆置的对象,但人还是以地球的主人自居,使自己处于非常危险的境地。他说,"但正是受到如此威胁的人膨胀开来,神气活现地成为地球的主人的角色了"③。海氏认为,地球破坏与人类的膨胀导致极为危险的境地,但人类并非无救,而是在极度危险之处恰恰蕴含着救渡。他引用荷尔德林的诗"但哪里有危险,哪里也有救渡",并说道"那么就毋宁说,恰恰是技术之本质必然于自身中蕴含着救渡的生长"④。

---

① 《海德格尔选集》(下),孙周兴选编,上海三联书店 1996 年版,第 941、937 页。
② 《海德格尔选集》(下),孙周兴选编,上海三联书店 1996 年版,第 932—933 页。
③ 《海德格尔选集》(下),孙周兴选编,上海三联书店 1996 年版,第 945 页。
④ 《海德格尔选集》(下),孙周兴选编,上海三联书店 1996 年版,第 946 页。

那就是呼唤一种与技术的栖居相异的"诗意的栖居"。这是一个相异于技术的新领域。他说,"此领域一方面与技术之本质有亲缘关系,另一方面却又与技术之本质有根本的不同。这样一个领域乃是艺术"①。艺术与技术的相同是它们都是一种制造,但其不同则是一种不受束缚的"游戏"与"自由"。在这种人与自然生态的自由的游戏中,走向诗意的栖居。

4. 生态语言学的创立

一般认为,生态语言学是 1972 年由美国语言学家艾纳尔·豪根(Einar Haogen)在一篇题为《语言生态学》的文章中正式提出的,而英国语言学家迈克尔·韩礼德(Michael Halliday)于 1990 年在国际应用语言学大会上作了有关"语言与生态学之间的连接"的发言,此后"生态语言学"才作为语言学的一个分支正式建立起来。但其实早在 20 世纪 20—30 年代海德格尔就已经创立了生态语言学,包含极为丰富的内容。海氏认为应该放弃"框架语言",恢复"天然语言"。他有力地批判了工业革命时代唯科技主义泛滥的情况下由于人的本质的丧失导致语言本质的丧失,使得语言失去其"天然语言"本性,成为"框架语言"。他说:"框架,向各方向进行支配的现代技术的本质,为自己预定了形式化的语言,一种消息,由于这种消息,人千篇一律地成为技术上算计的生物,即被安排成技术上算计的生物,并逐步放弃了'天然的语言'。"②这种所谓"框架语言"就是通过"逻辑"与"语法"对于"天然语言"进行霸占式的解

---

① 《海德格尔选集》(下),孙周兴选编,上海三联书店 1996 年版,第 954 页。
② [德]马丁·海德格尔:《通向语言之路》,转引自宋祖良:《拯救地球和人类的未来》,中国社会科学出版社 1993 年版,第 259 页。

释,这是一种形而上学的"统治",是使语言由存在之家变成"对存在者进行统治的工具"①。海氏还以著名的"语言是存在的家"②点出了语言的本质。所谓"语言是存在的家",这里的"语言"是反映存在的"道说"而不是具体的"言说"。所谓"道说"是一种自然形态的可以与自然对话的"无声之说",是德国早期浪漫派所力主的"自然语言"观,认为自然与人都有语言,可以对话。人与自然的对话说明人的本质"比单纯的被设想为理性的生物的人更多一些。……更原始些因而在本质上更本质性些"③。这就是人的生存本质,与自然一体,倾听自然的自然本质,正是人类应该长期忽视当前应该重视之处。语言是存在的家,也可以说语言是人与自然共同的生存之家。海氏认为,"思的人们与创作的人们是这个家的看家人"④。在这里,"看家人"是人的责任之所在,人要看护好"语言"这个家,保护好语言的自然本性,通过语言使人得以美好生存。"人不是存在者的主人。人是存在的看护者。"⑤也就是说,人不是通过语言对存在者(自然)施行暴力,而是保护好自然等存在者,使人得以美好生存。海氏还特别重视各种方言土语,认为它们反映了语言对于大地的归属性。他说:"在土语中,地方即大地在各个同地说话。但是,嘴不只是被想象为有机体的躯体的一种器官,而且躯体和嘴属于大地的涌动和生长。"⑥说

---

① 《海德格尔选集》(上),孙周兴选编,上海三联书店1996年版,第363页。
② 《海德格尔选集》(上),孙周兴选编,上海三联书店1996年版,第358页。
③ 《海德格尔选集》(上),孙周兴选编,上海三联书店1996年版,第385页。
④ 《海德格尔选集》(上),孙周兴选编,上海三联书店1996年版,第358页。
⑤ 《海德格尔选集》(上),孙周兴选编,上海三联书店1996年版,第385页。
⑥ [德]马丁·海德格尔:《通向语言之路》,转引自宋祖良:《拯救地球和人类的未来》,中国社会科学出版社1993年版,第268页。

明语言与大地的归属关系,说明一方水土养一方人,一方水土孕育一方语言的生命与语言之特性。

三、梅洛-庞蒂:身体现象学是
生态现象学的新发展

梅洛-庞蒂是继海德格尔之后欧洲最重要的现象学理论家。他有机会阅读了胡塞尔晚年的手稿得以继承其现象学的新成果,而且由于时代的发展,使他形成了自己特有的身体现象学。身体现象学是在海氏存在论现象学的基础上逐步发展起来的,成为崭新的生命论哲学。这种身体现象学是生态现象学的新发展,为我们提供了人与自然生态共生共荣新关系的新的理论支点。

1."身体本体论"是生态现象学的新发展

梅洛-庞蒂在海氏"此在本体论"的基础上将之发展为"身体本体论"。在这里,"此在"变成了"身体"。"身体"是人与世界的"媒介物",是人与世界关联的"枢纽",是人的存在的基础。他说,"身体是在世界上存在的媒介物,拥有一个身体,对一个事物来说就是介入一个确定的环境,参与某些计划和继续置身于其中"①。这里的"身体"并不是生理的身体,而是存在的身体,是意向的身体,也是生存的身体。所谓意向的身体就是意向性所达到的身体,所谓生存的身体就是人的生理机能与精神机能借以凭借的身体,由此,才产生了著名的"幻肢"现象。也就是截肢者仍然会在自己的意向

①[法]梅洛-庞蒂:《知觉现象学》,姜志辉译,商务印书馆2001年版,第116页。

中呈现其被截的肢体从而产生幻觉,当然这也是截肢者的一种生存的记忆与愿望。梅氏认为这是一种"习惯身体"而不是"当前身体的层次"。正是这种意向的存在的身体成为人与自然生态的"媒介物"与"枢纽"。梅氏认为这个身体就是真正的先验,就是生命。他说,"胡塞尔在他的晚期哲学中承认,任何反省应始于重新回到生命世界(Lebenswelt)的描述"①。这就将身体想象学推向了生命想象学,从而将生态现象学推向新的阶段。在生命的层次上,人与自然生态的平等共生就具有了更强的理论合理性。

2."肉身间性"(Intercorporedlity)是人与自然生态共生关系的深化

梅氏的理论中身体与自然生态的关系是一种间性的、可逆的关系,也就是所谓"肉身间性"的关系。这种肉身间性就是一种整体性的关系,共生共荣的关系。梅氏提出著名的"双重感觉"的观点,也就是著名的左手触摸右手的"触摸"与"被触摸"的双重感觉。他说,"我们的身体是通过它给予我的'双重感觉'这个事实被认识的:当我用我的左手触摸我的右手时,作为对象的右手也有这种特殊的感知特性",这是"两只手能在'触摸'与'被触摸'功能之间转换的一种模棱两可的结构"②。这种"双重感觉"存在于身体整体性之中,犹如左手与右手、身体任何部分与其他部分的整体关系。为此,他提出著名的"身体图式"概念。他说,"身体图

---

① [法]梅洛-庞蒂:《知觉现象学》,姜志辉译,商务印书馆 2001 年版,第459 页。
② [法]梅洛-庞蒂:《知觉现象学》,姜志辉译,商务印书馆 2001 年版,第129 页。

式应该能向我提供我的身体的某一部分在做一个运动时其各个部分的位置变化,每一个局部刺激在整个身体中的位置,一个复杂动作在每一时刻所完成的运动的总和,以及最后,当前的运动觉和关节觉印象在视觉语言中的连续表达"①。这其实是一种统一性或整一性的感觉能力,不仅身体各部分之间,而且包括身体各种感觉之间,都是一种整体的关系。不仅如此,梅氏还认为人与世界也是一种整体性共生共荣的关系。在这里,梅氏继承发展了海氏的"此在与世界"关系的理论,认为身体与世界的关系不是一个在一个之中而是须臾难离不可分离。他说:"不应该说我们的身体是在空间里,也不应该说我们的身体是在时间里。我们的身体寓于空间和时间中。"②他认为这其实是坚持现象学所必然导致的结果。他认为人与世界关系中的"身体"是一种"现象身体"即意向性中的身体,这种意向中的"现象身体"不仅包括意向所达到的整一性的身体,而且包括意向所达到的与身体紧密相连的世界。他说:"我们的客观身体的一部分与一个物体的每一次接触实际上是与实在的或可能的整个现象身体的接触。"③"现象身体"的提出是梅氏对于现象学的新创见,意义重大。

3. 生态语言学的新拓展

生态语言学虽是 1972 年提出,但前文已经说到其实海德格

---

① [法]梅洛-庞蒂:《知觉现象学》,姜志辉译,商务印书馆 2001 年版,第136 页。
② [法]梅洛-庞蒂:《知觉现象学》,姜志辉译,商务印书馆 2001 年版,第185 页。
③ [法]梅洛-庞蒂:《知觉现象学》,姜志辉译,商务印书馆 2001 年版,第401 页。

尔早在 1927 年的《存在与时间》中已经涉及生态语言学的有关问题。梅洛-庞蒂则在其写于 1945 年的《知觉现象学》中对生态语言学有了新的拓展,主要是他将语言与身体紧密相连并由此达到自然生态世界。在这里,梅氏实际上论述的是身体语言学,当然他这里的身体是现象学的身体,是寓于世界之中的身体。他明确提出"言语是身体固有的"[1],这就将言语与身体紧密联系。继而提出,言语"是身体在表现,是身体在说话"[2]。身体如何在说话呢? 梅氏认为是身体通过动作在说话。他说,"言语是一种动作,言语的意义是一个世界"[3]。这就揭示了言语的本质,说明无论作为言语的发声还是说话时的表情,言语都是一种身体的动作,当然这个动作并不局限于身体本身,而是从现象学的身体而言是与世界紧密联系的。他认为,动作具有深广的世界意义,不同地域人的动作都含有特殊的不相同的意义,"日本人和西方人表达愤怒和爱情的动作实际上并不相同"[4]。这当然有其环境、地域、文化与水土的差异,揭示了生成语言的自然生态背景。梅氏还进一步阐述了语言的文化本质,认为言语是对"身体本身的神秘本质的"揭示,明确说明言语通过身体所蕴含的深刻文化内涵,主要是言语与生存的紧密联系,"言语是我们的生存超过自然存

---

[1][法]梅洛-庞蒂:《知觉现象学》,姜志辉译,商务印书馆 2001 年版,第
　 252 页。
[2][法]梅洛-庞蒂:《知觉现象学》,姜志辉译,商务印书馆 2001 年版,第
　 256 页。
[3][法]梅洛-庞蒂:《知觉现象学》,姜志辉译,商务印书馆 2001 年版,第
　 240 页。
[4][法]梅洛-庞蒂:《知觉现象学》,姜志辉译,商务印书馆 2001 年版,第
　 245 页。

在的部分"①。

4. 现象学自由观是对人类改造自然生态的限制

关于自由观,传统认识论一直认为自由是对必然的认识与掌握。在传统认识论看来,只要认识并掌握了事物的必然规律人类就获得了自由,可以放手地去改造自然生态,肆意进行所谓"人化自然"的活动,由此产生一系列严重的破坏自然生态的环境事件,导致人类目前已经难以维持基本的生存权利。梅氏一反传统认识论自由观提出现象学自由观。现象学自由观是经过意向性悬搁之后的自由观,也就是经过意向性将客观的必然性与主观的选择性统统加以悬搁,最后剩下受到主客体限制的相对的自由性。梅氏认为,"没有决定论,也没有绝对的选择"②,将客观的决定论与主观的选择的绝对性全部加以悬搁。他认为现象学的自由则是:"自由是什么? 出生,就是出生自世界和出生在世界。"③在这里,无论"出生自世界"还是"出生在世界",都要受到出生与世界两个要素的制约,自由不是绝对的,不可能存在无任何制约的人对自然的"人化"。梅氏明确指出,"被具体看待的自由始终是外部世界与内部世界的一种会合"④。外部世界与内部世界都会对

①[法]梅洛-庞蒂:《知觉现象学》,姜志辉译,商务印书馆 2001 年版,第255 页。

②[法]梅洛-庞蒂:《知觉现象学》,姜志辉译,商务印书馆 2001 年版,第567 页。

③[法]梅洛-庞蒂:《知觉现象学》,姜志辉译,商务印书馆 2001 年版,第567 页。

④[法]梅洛-庞蒂:《知觉现象学》,姜志辉译,商务印书馆 2001 年版,第569 页。

自由形成约束,"甚至在黑格尔的国家中的介入,都不能使我超越所有差异,都不能使我对一切都是自由的"①。梅氏认为,黑格尔所推崇的作为最高理性体现的"国家"也不会具有绝对自由的权力。这就对工具理性时代的认识论自由观进行了深刻的批判,提出一种崭新的现象学相对自由观,对于人的肆意掠夺自然进行了必要的约束。

5. 现象学生命哲学走向东西生态哲学的融通

梅洛-庞蒂于 1960 年在《符号》一书中指出,东方的古代智慧同样应当在哲学殿堂中占据一席之地,西方哲学应当向印度哲学和中国哲学学习。梅氏甚至在对灵感的论述中提出艺术创作中呼吸的问题。他说,艺术创作的灵感状态中,"确实是有存在的吸气与呼气,即在存在里面的呼吸"②。这已经是与中国古代生命论艺术理论中的阴阳与呼吸相呼应了,进一步说明东西方艺术在生命论中的相遇。由此可见,梅氏在《符号》一书中有关中西文化的论述,说明他认识到现象学生命哲学充分体现了中西哲学的融通。他所说的生命哲学是相异于西方传统认识论语境下人类中心的生命论哲学,主客二分对立的生命哲学,而是力主万物一体、主客模棱两可与间性的生命哲学。这就与东方的万物齐一、生生不已与天人合一的生命论哲学具有了相通性,身体与生命成为沟通东西方哲学的桥梁。

①[法]梅洛-庞蒂:《知觉现象学》,姜志辉译,商务印书馆 2001 年版,第 569 页。
②[法]梅洛-庞蒂:《眼与心》,刘韵涵译,中国社会科学出版社 1999 年版,第 137 页。

四、梅勒:走向学科化的生态现象学

2003 年 3 月,德国哲学家 U.梅勒在乌尔兹堡举行的德国现象学年会上作了"生态现象学"的报告。他说:"什么是生态现象学? 生态现象学是这样一种尝试:它试图用现象学来丰富那迄今为止主要是用分析的方法而达到的生态哲学。"①对于生态现象学的具体内涵,我们尝试做这样几点概括:

1.摒弃工具理性的主客二分、人与自然对立的思维模式,将传统的人类中心主义观念与对自然过分掠夺的物欲加以"悬搁",诚如梅勒所说:"比起一种为人类的自我完善和世界完善的计划的自然基础负责的人类中心论来说,生态现象学更不让自己建立在将自然和精神二分的存在论的二元论基础之上。"②

2.回到事情本身,首先是回到人的精神的自然基础,探寻人的精神与存在的自然本性。梅勒指出:"对于生态现象学来说,问题的关键在于进一步规定这个精神的自然基础。"③

3.扭转人与自然的纯粹工具的、计算性的处理方式,走向平等对话的相互间性的交往方式。梅勒指出,在生态现象学道路上,"人们试图回忆起和具体描述出另外一种对于自然的经验方式,以及尝试指出,对自然的纯粹工具——计算性的处理方式是对我们经验可能性的一种扭曲,也是对我们的体验世界的一种贫化"④。

---

① [德]U.梅勒:《生态现象学》,《世界哲学》2004 年第 4 期。
② [德]U.梅勒:《生态现象学》,《世界哲学》2004 年第 4 期。
③ [德]U.梅勒:《生态现象学》,《世界哲学》2004 年第 4 期。
④ [德]U.梅勒:《生态现象学》,《世界哲学》2004 年第 4 期。

4.生态现象学只有在适度承认自然的"内在价值"的前提下才是可能的,正如梅勒所言,"只有当自然拥有一种不可穷竭其规定性的内在方面,一种谜一般的自我调节性的时候,只有当自然的他者性和陌生化拥有一种深不可测性的时候,那种对非人自然的尊重和敬畏的感情才会树立起来,自然才可能出于它自身的缘故而成为我们所关心照料的对象"①。

5.对自然内在价值的适度承认必然导致自然的祛魅与对机械论世界观的批判与抛弃。梅勒指出:"对自然内在价值的承认首先是对那种通过现代自然科学和技术而发生的自然祛魅的一种批评。"②

6.生态现象学的提出与发展,还可以导致将其与深层生态学的"生态自我"思想相联系。梅勒指出:"根据内斯,属人的他者与非人的他者是我们较大的社会自我与生态自我,因此,我自己的自我实现紧密不可分地、相互依赖地与所有他者的自我实现联系在一起:没有一个人得救,直到我们都得救。"③

五、生态现象学是生态存在论美学的基本方法与根本途径

诞生于 20 世纪初的现象学是人文学科领域的一场深刻的革命,它颠覆了工业革命以降的认识论哲学代之以存在论哲学,颠覆了主客二分的思维模式代之以整体性、关系性与间性的思维模

---

① [德]U.梅勒:《生态现象学》,《世界哲学》2004 年第 4 期。
② [德]U.梅勒:《生态现象学》,《世界哲学》2004 年第 4 期。
③ [德]U.梅勒:《生态现象学》,《世界哲学》2004 年第 4 期。

式,颠覆了人类中心主义代之以生态整体论。这就为新的生态哲学与生态美学的诞生开辟了道路。诚如梅洛-庞蒂所言,"真正的哲学在于重新学会看世界"①。现象学让我们确立了一种新的"看世界"的视角与方法,这就为新的生态哲学与生态美学提供了基本的方法。我们曾经多次说过,生态美学是一种新的生态存在论美学,只有从生态现象学与生态存在论哲学的崭新视角才能理解生态美学。生态美学的产生其实也是美学领域的一场革命,是对传统认识论美学、实体性美学、形式论美学的突破。而胡塞尔、海德格尔与梅洛-庞蒂随着他们在生态现象学上的逐步深入,生态美学也逐步走向深入。可以说,胡塞尔对于生态美学是一种开路与奠基的作用;到海德格尔则是生态美学的深入;而梅洛-庞蒂则是生态美学的走向成熟。

首先,胡塞尔的现象学是对于传统认识论的美学的突破,也是新的生态存在论美学的开启。

众所周知,传统认识论美学是一种实体性美学,力主美在客观物质或美在主观精神。而现象学则颠覆了这种实体性美学,开启了新的生态存在论美学。胡塞尔在其完成向先验现象学突破的同时,写下了有关艺术直观与现象学直观的一封信。在这封信中,胡塞尔为新的生态存在论美学开辟了道路、奠定了方法。他明确提出了现象学是把握哲学基本问题和解决这些问题的方法:"为了把握哲学基本问题的清晰意义和为了把握解决这些问题的方法,我曾进行了多年的努力,我所得到的恒久的收获就是'现象学的'方法。"②在这

———————

① [法]梅洛-庞蒂:《知觉现象学》,姜志辉译,商务印书馆 2001 年版,第 18 页。
② 《胡塞尔选集》下,倪梁康选编,上海三联书店 1997 年版,第 1201 页。

里，胡塞尔将现象学提到根本方法的高度并充分看到其在建设新的生态存在论美学形态中的重要作用。他首先运用了现象学直观的纯粹的方法，对于传统认识论哲学与美学的实体性思维进行了解构。他说："对一个纯粹美学的艺术作品的直观是在严格排除任何智慧的存在性表态和任何感情、意愿的表态的情况下进行的……或者说，艺术作品将我们置身于一种纯粹美学的、排除了任何表态的直观之中。"①说明现象学方法是一种排除凭借智慧对于客观存在物的审美以及凭借感情的主观性审美，它是一种纯粹的直观的意向性的审美。他说，"现象学的方法也要求严格地排除所有存在性的执态"，要求"把一切认识都看作是可疑的并且不接受任何已有的存在"。"剩下要做的只有一件事：在纯粹的直观中（在纯粹直观的分析和抽象中）阐明内在于现象之中的意义"②。他进一步对于美学与艺术的特点论述道，"现象学的直观与'纯粹'艺术中的美学直观是相近的"，而艺术家"他不是观察着的自然研究者和心理学家，不是一个对人进行实际观察的观察家，就好像他的目的是在于自然科学和人的科学一样。当他观察世界时，世界对他来说成为现象，世界的存在对他来说无关紧要，正如哲学家（在理性批判中）所做的那样"③。这说明，在他看来艺术与审美不是对于自然与人的科学研究，并不关心世界的实际存在，而是对于世界的一种纯粹的直观，世界以意向中的"现象"的形态呈现出来，世界与人是一种意向性的关系，不是实体的关系。这就对传统实体性美学进行了有力的解构，从而为新的生态

---

①《胡塞尔选集》下，倪梁康选编，上海三联书店 1997 年版，第 1202 页。
②《胡塞尔选集》下，倪梁康选编，上海三联书店 1997 年版，第 1202、1203 页。
③《胡塞尔选集》下，倪梁康选编，上海三联书店 1997 年版，第 1203、1204 页。

存在论美学的诞生进行了准备。胡塞尔还在后来的《笛卡尔的深思》一文中提出"相互主体性"的重要问题,为生态哲学的发展奠定了基础。

其次,海德格尔的生态存在论是生态美学理论的系统表达。

海德格尔第一次自觉地将现象学与存在论哲学紧密相连。他说,"存在论只有作为现象学才是可能的"①。在他看来,传统认识论将存在与存在者加以混淆,只有现象学才通过悬搁在意向性之中直观世界之本质,因而现象学与存在论是密不可分的,因为,只有现象学才真正突破了传统认识论哲学。海氏贯穿始终的一个观点就是"生存论"。他说,"此在无论如何总要以某种方式与之相关的那个存在,我们称之为生存"②。"此在"的存在就是在世界中生存,是一种具有时间性的生命过程,从而为梅洛-庞蒂的身体哲学与身体美学奠定了基础,也使生态美学成为异于传统认识论美学形式之美的更高级美学形态。他还借助现象学提出了"此在与世界"的存在论在世模式,以此与"主体与客体"的认识论在世模式加以区别。这种"此在与世界"的在世模式形成一种在人与世界之中的人与自然的须臾难离的间性关系。他说,"在之中"等于说"我居住于世界,我把世界作为如此这般熟悉之所而依寓之、逗留之"③。后期,海氏对于人与世界的关系进一步加以探讨,提出著名的"天地神人四方游戏"之说,从而为生态哲学与生态美学的人与自然生态的间性

①《海德格尔选集》(上),孙周兴选编,上海三联书店1987年版,第70页。
②《海德格尔选集》(上),孙周兴选编,上海三联书店1987年版,第41页。
③[德]马丁·海德格尔:《存在与时间》,陈嘉映、王庆节译,生活·读书·新　知三联书店1987年版,第67页。

关系充实了丰富的内涵。海氏又对美加以界定："美是作为无蔽的真理的一种现身方式。"①在这里，海氏将由遮蔽到澄明之真理的呈现作为美之发生过程，是在"世界与大地"的天人关系中，在"此在"的阐释中使美逐步呈现。美是过程，美是阐释，也是此时此刻的体验，这就赋予美以生态与体验的内容。当然，海氏对于美的更加具体的阐释就是著名的"家园意识"。早在 1927 年的《存在与时间》中，海氏就指出了当代严重存在的"无家可归"状态，成为人生之畏。此后，海氏于 1943 年纪念荷尔德林逝世 100 周年之际提出重要的"家园意识"。他认为，"'家园'意指这样一个空间，它赋予人一个处所，人唯在其中才能有'在家'之感，因而才能在其命运的本己要素中存在"②。"家园意识""在家""诗意的栖居"成为人与自然生态美好和谐关系的贴切表述，从而使得生态美学成为一种关系之美、栖居之美。

最后，梅洛-庞蒂使得生态存在论美学走向"身体—生命美学"。

梅洛-庞蒂的身体哲学不仅开启了生态哲学的新篇章，而且开启了生态美学的新篇章。他在晚年写作了非常重要的《塞尚的疑惑》一文，通过印象派画家塞尚对于艺术创作中现实与知觉关系的疑惑，将其身体哲学与现象学直观的方法成功地运用于艺术创作理论，创造了一种新的身体—生命美学，是一种新的生态美学形态。我们现在考虑，为什么梅洛-庞蒂选中塞尚作为阐释他的审美与艺术观的典型呢？通过研究我们发现，原来塞尚的作品与创作经验非常符合现象学，特别是知觉现象学直观的基本观

①《海德格尔选集》（上），孙周兴选编，上海三联书店 1997 年版，第 276 页。
②[德]马丁·海德格尔：《荷尔德林诗的阐释》，孙周兴译，商务印书馆 2000
　年版，第 15 页。

点。梅洛-庞蒂借助塞尚提出的这种"身体—生命美学",在"本质直观""身体本体"与"肉身间性"理论的指导下提出了"师法自然"与"原初体验"等极为重要的美学观点。所谓"师法自然",是梅氏所记塞尚在其晚年去世前的一个月所说的对于自己的疑惑和焦虑的看法。塞尚的一生除了绘画还是绘画,绘画是他的全部世界,他的存在之本。他没有门徒,没有家人的支持,没有评论家的鼓励,在母亲去世的那个下午,在被警察跟踪的时光,他都在画着,他不断地被人质疑,甚至说他的画是一个醉酒的清洁工的涂鸦,如此等等。面对这一切,塞尚在生命最后的回答是"我师法自然"。可以说这是他一生艺术创作的总结。在这里,梅洛-庞蒂引用这个观点,说明他非常赞同这个观点。这个"师法自然"包含极为丰富的内容,是梅氏特有的"自然本体"的观点。这里的自然既不是客观的大自然,也不是主观的意念中的自然,当然也不是中国道家的自然而然,是知觉现象学中的自然,即是作为整体性的"身体图示"中的自然,是知觉中身体与世界可逆性的自然,可以说是身体与世界共同的"自然"。梅氏曾说,"正是在把他的身体借用给世界的时候,画家才把世界变成绘画"①。他对"自然"极为推崇,借塞尚的话说道:"我们所有的一切皆源于自然,我们存在于其中;没有什么别的更值得铭记的了。"又说:"他们(指古典主义画家)创造绘画;而我们做的是夺取自然的片段。"他举出法国画家雷诺阿的油画《大浴女》,画面呈现给我们的是四位浴女浴后歇息与远景洗浴的景象,特别表现了河中蓝蓝的水。其实这幅画是雷诺阿对着大海画的,但茫茫的大海变成了河流,海水的蓝

---

① [法]梅洛-庞蒂:《眼与心》,刘韵涵译,中国社会科学出版社1999年版,第128页。

色变成河水的蓝色。这其实本真地道出了梅氏所谓"师法自然"
之"自然"的具体内涵,自然不是现实,不是观念,而是最原初的诗
性感受。在这幅画里,梅氏认为雷诺阿只是表现了一种对于海水
这种液体的询问与解释,雷诺阿之所以这样画,"是因为我们向大
海询问的只是它解释液体、显示液体并把液体与它自己交织在一
起,以便使液体说出这、说出那,简而言之,使之成为水的全部显
现中的一种方式"①。梅氏还对于这种"师法自然"作了进一步的阐
发,那就是艺术家需要一种"原初的体验"。他说,"在这里,把灵魂
与肉体、思想与视觉的区别对立起来是徒劳的,因为塞尚恰恰重新
回到了这些概念所由提出的初始经验,这种经验告知我们,这些概
念是不可分离的"②。这个"原初的体验"是一种未经人类的知识
和社会的环境所影响的体验。首先,这不是一些"人造客体",即
通常所谓的"环境"。他说:"我们生活在一个由人建造的物的环
境当中,置身家中,街上,城市里的各种事物当中,而大部分时间
我们只有通过人类的活动才能看见这些东西。对人类的活动,它
们能成为实用的起点。我们早已习惯把这些东西想象成必要的,
不容置疑地存在着的。然而塞尚的画却把这种习以为常变得悬
而未决,他揭示的是人赖以定居的人化的自然之底蕴。"③例如,
梅氏认为巴尔扎克在《驴皮记》中所写的"桌布的洁白""新落的
雪""对称的玫瑰红"与"黄棕色的螺旋纹"等都能在绘画中表现,

①[法]梅洛-庞蒂:《世界的散文》,杨大春译,商务印书馆 2005 年版,第
　69 页。
②[法]梅洛-庞蒂:《眼与心》,刘韵涵译,中国社会科学出版社 1999 年版,第
　49 页。
③[法]梅洛-庞蒂:《眼与心》,刘韵涵译,中国社会科学出版社 1999 年版,第
　50 页。

但诸如"簇拥"这样的人造景象就不好表现了。他还认为,"原初的体验"与科学的透视是不相容的,"激活画家动作的永远不会只是透视法、几何学、颜色配合或不论什么样的知识。一点点作出一幅画来的所有动作,只有个唯一的主题,那就是风景的整体性与绝对充实性——塞尚恰当地称这为主题"①,最后呈现给我们的是一个未经人类影响的前文明时期的风景。梅氏具体描写道:"而自然本身也被剥去了为万物有灵论者们预备的那些属性:比如说风景是无风的,阿奈西湖的水纹丝不动,而那些游移着的冰冷之物就像初创天地的时候那样。这是一个缺少友爱与亲密的世界,在那里人们的日子不好过,一切人类感情的流露都遭禁止。"②可见这是一个回到人类本源的原初世界,也是人的原初体验。这与维柯的"原始诗性思维"非常相像,也是万物有灵时期人凭借身体感官所进行的人与自然统一的思维。这正是一种生态的审美的艺术的思维,需要我们很好地借鉴与运用。梅氏的生态审美观是很彻底的,他借助胡塞尔的思想提出了"地球根基"的思想,说道:"当我们居住在其他星球时,我们能移动或搬动我们的思想和我们的生活的'地面'或'根基',然而,即使我们能扩展我们的祖国,我们也不能取消我们的祖国。由于按照定义,地球是独一无二的,是我们成为其居民时行走在它上面的土地,所以,地球的后裔能与之进行交流的生物同时成了人,——也可以说,仍将是独一无二的更一般的人类之变种的地球人。地球是我们

① [法]梅洛-庞蒂:《眼与心》,刘韵涵译,中国社会科学出版社 1999 年版,第 51 页。

② [法]梅洛-庞蒂:《眼与心》,刘韵涵译,中国社会科学出版社 1999 年版,第 50 页。

的时间和我们的空间的母体:由时间构成的任何概念必须以共存于一个唯一世界的具体存在的我们的原始时期为前提。可能世界的任何想象都归结为我们的世界观。"①这里的"地球"按照"肉身间性"理论也就是"身体",在这里,"地球根基"也就成为"身体根基"。"自然之外无他物"就成为真正的生态整体论,关爱地球与关爱身体是一个事物的两面,人与生态真正地统一了起来。

现象学开辟了生态哲学的新天地,也开辟了生态美学的新天地,在中西古今结合的背景下,我们还有许多工作要做。

---

① [法]梅洛-庞蒂:《符号》,姜志辉译,商务印书馆 2003 年版,第 224 页。

第四章　气本论生态生命
哲学与美学

　　生态美学的另一个重要理论支撑是气本论生态生命哲学与美学。这里主要是指中国传统的气本论生态生命哲学与美学。中国传统气本论生态生命论哲学与美学是非常重要的,但却是至今没有引起学术界高度重视的论题。它的原生性、彻底性与丰富性都是空前的,既是当代生态美学建设的最重要理论资源,也是中国当代美学建设的最重要理论起点。

一、气本论生态生命哲学与
美学的产生

　　中国传统气本论生态生命哲学与美学的发现与总结是 20 世纪 30 年代,正值世界哲学与美学由古典的工具理性的认识本体转向人生的生命哲学与美学之时,发生了叔本华与尼采的意志论生命哲学与美学,但那是以人的意志为其出发点的,留有明显的人类中心主义遗痕;而发端于 1900 年的胡塞尔的现象学哲学则力图通过"主体间性"的理论构想摆脱人类中心论,但直至 20 世纪 30 年代后期海德格尔的"天地神人四方游戏"的提出才迈出了摆脱人类中心论的坚实步伐。宗白华则在 20 世纪 30 年代就在中国古典哲学与美学之中发现并将之总结为具有当代价值与意义的气本论生态生命论哲学与美学。宗白华在20世纪20年代末和30年代初开始运用"生命论美学"对于中国传统美学进行概括。我们看到他第一次提出中国古代生命论哲学与美学传统的论文是写于1928年至1930年的《形上学——中西哲学之比较》一文。此时他已经结束了1919年至1925年在德国的留学,回到国内的东南大学哲学系从事美学与艺术学的教学工作。他在该文中说道,"西洋科学的真理以数表之。(《乐记》云:'百度得数而有常')中国生命哲学之真理惟以乐示之"①。在这里,宗白华在中西文化比较的广阔文化视野中将西方哲学与美学归结为"以数表之",而将中国传统哲学与美学归结为"生命哲学之真理以乐示之"。以数与生命作为中西哲学与美学的主要区别是非常准确的表达。他进一步将这两者加以区分,说"柏拉图取象于人体之相,而最后反达于数理序秩之境。中国取象于物体之鼎而达于'正位凝命'宇宙之生命法则"②。由此说明,古代希腊哲学与美学是从具体的人体的比例、对称与和谐出发的,而中国则是从祭祀之鼎出发在宏阔的背景中把握宇宙正位而人得以凝命生存的生命法则。当然,他还探寻了两者区分的原因是西方哲学与美学源自"测地形之几何学",而中国则源自"授民时之律历"。西方之数理科学与中国之测天时的律历正是两者区分之根基。而在写于1936年的《论中西画法的渊源与基础》一文中,以绘画为例深入论证了中国古代生命论美学之内涵。他说:"中国画所表现的境界特征,可以说是根基于中国民族的基本哲学,即《易经》的宇宙观:

---

① 林同华主编:《宗白华全集》第1卷,安徽教育出版社2008年版,第589页。
② 林同华主编:《宗白华全集》第1卷,安徽教育出版社2008年版,第623页。

阴阳二气化生万物,万物皆秉天地之气以生,一切物体可以说是一种'气积'(《庄子》:天,积气也)这生生不已的阴阳二气积成一种有节奏的生命。"①此后,宗白华锲而不舍地从多个角度论述了中国传统美学与艺术的生命论特点与内涵。而宗白华的学生、当代另一位美学家刘纲纪则进一步在《周易美学》一书中发展了宗白华生命论美学的论述,并认为《周易》"在没有'美'这个字出现的许多地方,同样是与美相关的,而且常常更为重要"②,从而将生命论美学在中国传统美学中的地位突出了出来。宗白华与刘纲纪的这一论述,以中西均能接受的学术语言科学地总结了中国传统美学的基本特征,意义深远。

首先我们应该弄清楚中国传统气本论生态生命美学产生的原因。其原因之一就是中国古代特有的不同于西方古代,特别是古代希腊的地理环境与经济社会情况。中国古代在地理上是处于亚洲内陆的温带,总体上是一种相对独立而封闭的内陆的自然与社会环境,土地肥沃,雨量充沛,适宜于农业;而古代希腊则濒临地中海,山多地少,适宜于航海与商业。所以古代希腊是一个以航海与贸易为主的国家,而古代中国则是一个农业古国,重农轻商成为其经济社会特点。这就形成了两种社会形态不同的价值目标与生活追求。古代希腊追求与航海贸易直接有关的科技、航运与海外拓展,而中国古代哲学则追求风调雨顺、万物繁茂与安居乐业。在古代希腊的地理环境与经济社会条件下较易发展实体性哲学思维,而中国古代那样的内陆与农耕条件则适宜于发展有利于农业生产与人的生存的生命论哲学思维。

---

① 林同华主编:《宗白华全集》第 2 卷,安徽教育出版社 1994 年版,第 109 页。
② 刘纲纪:《周易美学》,湖南教育出版社 1992 年版,第 18 页。

　　如上所述，在中西不同的自然地理社会环境下形成了古代希腊与古代中国不同的哲学诉求。古代希腊的哲学诉求可以概括为实体性哲学诉求，而中国古代则可以概括为气本论生命哲学诉求，两者之间有着极为明显的差异。首先从宇宙的本源性来说，古代希腊是一种实体性本源论，认为宇宙的本源是物质的"火"或"理念"，而中国古人则认为是一种混沌的"气"。老子有言，"道生一，一生二，二生三，三生万物，万物负阴而抱阳，冲气以为和"①。在这里指出了宇宙之初分为阴阳二气，冲气以和才产生万物，已经道出"气本论生命哲学"的要旨。其后，《周易·易传》进一步将之发挥提出"太极化生"的理论，所谓"是故易有太极，是生两仪，两仪生四象"②，并具体描绘了阴阳之气化生万物的过程："天地氤氲，万物化醇；男女构精，万物化生"③。这里的"氤氲"即指阴阳二气交感绵密之状，说出了阴阳二气化生万物的混沌之情态。庄子曾经在《应帝王》中讲了一个有关"混沌"的寓言："南海之帝为儵，北海之帝为忽，中央之帝为混沌。儵与忽时相遇于混沌之地，混沌待之甚善。儵与忽谋报混沌之德，曰：'人皆有七窍以视听食息。此独无有，尝试凿之。'日凿一窍，七日而混沌死。"这个寓言道出了作为宇宙本源的"中央之帝"混沌是七窍不分的，混沌一体的，如欲将之分开，必将置之死地。

　　由上述可知，中国传统气本论生态生命哲学与美学是产生于中国特有地理环境与经济社会文化背景之上的一种原生性文化形态，也就是说这种气本论的生态生命美学在中国是与其经济社

---

①《老子·四十二章》。
②《周易·系辞上》。
③《周易·系辞下》。

会紧密相连、从其经济社会之根上产生出来的文化与美学形态。

二、气本论生态生命哲学与
美学的生命论内涵

中国传统气本论生态生命哲学是一种有机的生命论哲学,阴阳二气与男女二性通过化醇与构精,诞育万物生命,这是气本论哲学的要义所在,所以《国语》说"和实生物,同则不继"①。而《周易》则指出"生生之为易"②,又言"天地之大德曰生"③,进一步强调了中国古代生命论哲学的特点。而古代希腊则是一种无机性的物质性的哲学,德谟克利特提出著名的"原子论",而亚里士多德的《物理学》也是对于物质的探讨。无机性与物质性必然导致对于数的重视从而出现明显的"逻各斯中心主义",并一直延伸至现代。

中国传统的气本论生命哲学是一种"万物一体"的哲学,是与人类中心论相悖的。庄子说"天地与我并生,而万物与我为一"④,又言"以道观之,物无贵贱"⑤。他还认为,稊稗、瓦甓、屎尿、蝼蚁与人都是平等的,因为道"无所不在"⑥。而古代希腊则是一种理性主义哲学,是将具有理性的人放在世界中心的,正如普罗泰戈拉所言"人是万物的尺度"。

中国传统气本论的生命哲学还是一种人生的哲学,而古代希

---

①《国语·郑语》。
②《周易·系辞上》。
③《周易·系辞下》。
④《庄子·齐物论》
⑤《庄子·秋水》。
⑥《庄子·知北游》。

腊实体性哲学则是一种带有物质性与科技性的哲学。中国传统气本论生命哲学起源于远古时代,后则体现于道家思想之中。在道家思想中,"天人合一"侧重于"天",但其后则着重体现于儒家思想之中,其时"天人合一"就侧重于人了。众所周知,作为儒家思想的继承与发展的经典《周易》是中国古代气本论生命哲学的集中体现,而《周易》则在"天地人"三维之中,主要侧重的是"人",是以解人世之安危为其主旨。诚如《易传》所言,"易之兴也,其当殷之末世,周之盛德耶? 当文王与纣之事耶? 是故其辞危。危者使平,易者使倾。其道甚大,百物不废。惧以终始,其要无咎,此之谓易之道也"①。由此说明,《周易》起源甚早,但完全成书则为殷商之时,国家人民危难之际。《周易》的写作就为借鉴于历史,使危者得以平息,使倾斜的形势得以扭转,国事不致荒废,人民得以安宁。所以《周易》将"保合太和,乃利贞"②作为其主旨之一,将"元亨利贞"四德作为其重要价值取向。

中国传统气本论生态生命哲学与美学的核心是"气本论",因气而产生生命,这就是老子的阴阳二气"冲气以和",《周易》的"天地相交"诞育万物,《黄帝内经》的"气交"之说等。这也说明,中国古代的气本论生态生命哲学与美学包括古代的养生之说,养生是中国古代哲学、医学中的一个极为重要的现实与理论的论题,而且这种养生的理论与实践深深地影响了中国古代人的审美与艺术观念与实践,所以中国古代养生的理论与实践也是一种人生与身体的生命美学。《庄子·养生主》提出通过"安时而处顺"得以"全生""养亲"与"尽年"等观点。而"天地之大德曰生"则成为《周

①《周易·系辞下》
②《周易·乾·彖》

易》的重要主旨,其六十四卦也都具有"避凶趋吉"之意,也应包含在养生的理论与实践之中。至于成书于秦汉之际的《孝经》,则明确提出"身体发肤,受之父母,不敢毁伤,孝之始也",也是一种重要的养生之理论观点。

我们现在要着重探讨的则是大约成书于春秋时期的重要中医学论著《黄帝内经》(以下简称《内经》)中的养生理论与实践。《内经》与《周易》一脉相承,所谓"易肇医之端,医蕴易之秘""是以易之为书,一言一字皆藏医学之指南"。而《内经》作为"至道之宗,奉生之始"①,包括丰富的养生内涵,成为中国古代养生理论的集大成者,必然包含极为珍贵的东方人生美学与身体美学。《内经·灵兰秘典论》中提出"故主明则下安,以此养生则寿",说明保护好心脏而其他脏腑与经络就会安全,以此养生就能长寿,点出了该书养生的要旨。另外,《内经》提出了养生的两个要诀:其一是圣人"治身"之法:"为无为之事,乐恬淡之能,从欲快志于虚无之守。"②这其实是倡导道家的"顺其自然"的养生之道。其二是"圣人不治已病治未病"③。这实际上是一种防患于未然的养生保健思想。《内经》将养生目标定位于"真人""至人""圣人"与"贤人"几个阶段,我们尽管做不到"真人""至人"与"圣人"的"寿敝天地",但完全可以像"贤人"那样通过"法则天地,象似日月,辨列星辰,逆从阴阳,分别四时,将从上古,合于同道,亦可使益寿而又极时"④,而其养生之要旨则可以将之概括为"天人合一

---

① (唐)王冰:《内经》注。
②《内经·阴阳应象大论》
③《内经·四气调神大论》。
④《内经·上古天真论》。

之整体论""阴阳相和之均衡论""形神统一论"与"合于四时之现实性"四个要点。首先是"天人合一之整体论"养生观。《内经》遵循中国古代"天人合一"思想,提出了极为重要的"气交"思想。《内经·六微旨大论》中借用黄帝与岐伯的对话,提出"气交"的论题。所谓"帝曰:愿闻其用也。岐伯曰:言天者求之本,言地者求之位,言人者求之气交。帝曰:何谓气交?岐伯曰:上下之位,气交之中,人之居也。"所谓"气交",是具体描述了"天人合一"即是阴阳二气,上升与下降之相交的过程。而这种"气交"之处即为人之居所。这就给人,也给人之养生一个非常重要的定位,那就是人之生存与养生都是在天人之际与阴阳相汇之中的。人与天地构成一个须臾难分的共同体。所以,人之养生必须在"天地人"的共同体之中,所谓"天地之间,六合之内,其气九州、九窍、五脏、十二节,皆通乎天气。其生五,其气三,数犯此者,则邪气伤人,此寿命之本也"。这说明人的脏腑经络关节都是与天地相联系的,养生与治病必须顾及天地之气,这是寿命之本,也是养生之本。这就将养生与天气以及自然环境紧密相连,是一种整体性的科学养生观。其次是"阴阳相和之均衡论"。阴阳相和达到均衡是中国古代养生的重要内涵。《内经》提出阴阳相和为养生与治病的"圣度"即最高的规范。它说:"凡阴阳之要,阳密乃固。两者不和,若春无秋,若冬无夏。因而和之,是谓圣度。"①众所周知,《内经》以阴阳五行作为其养生与治病的重要理论根据。它所说的阴阳范围非常广泛,包括天与地、南与北、春夏与秋冬、背与阴、脏与腑等等,阴阳之均衡成为养生与治病的要旨。《内经》还进一步论证了阴阳相和的重要性,认为"是以圣人陈阴阳,筋脉和同,骨髓坚固,

---

① 《内经·生气通天论》。

气血皆从。如是则内外凋和,邪不能害,耳目聪明,气立如故"①。这里充分阐明了阴阳相和的重要效果。其三是"形神统一论"。《内经》明确提出"形与神俱"的养生观念。所谓"上古之人,其知道者,法于阴阳,和于术数,食饮有节,起居有常,不妄劳作,故能形与神俱,而尽其天年,度百岁乃去"②。而在形与神两者之间,《内经》更加强调对于神的养护,所谓"恬淡虚无,真气从之,精神内守"③。当然,《内经》也没有忽视形体的养护,所谓"外不劳形于事,内无思想之患,以恬淡为务,以自得为功,形体不散,亦可以百数"④。在重视形体养护中还没有忘记"恬淡为务"的精神养护。《内经》养生的一个最普适性的目标就是使普通之人成为"平人"。所谓"平人"即为无病的健康之人。《内经》指出"平人者不病也"⑤。所谓"平",就是"平舒"之意。可见,阴阳均衡是《内经》养生论的重要内涵。其四是"合于四时"之现实性。非常可贵的是,《内经》所代表的中国古代养生理论与实践是一种在现实时空中生命运行的"合于四时"的理论与实践,所以具有极大的可操作性与价值。《内经》首先论证了生命自身不断地在动态中运动呼吸的观念。它指出:"夫物之生从于化,物之极由乎变,变化之相薄,成败之所由也。故气有往复,用有迟速,四者之有,而化而变,风之来也","成败依伏生乎动,动而不已,则变作矣"。又指出:"出入废则神机化灭,升降息则气立孤危。"⑥说明生命就是一个

---

① 《内经·生气通天论》。
② 《内经·上古天真论》。
③ 《内经·上古天真论》。
④ 《内经·上古天真论》。
⑤ 《内经·平人气象论》。
⑥ 《内经·六微旨大论》。

在时空中气息往复、升降与变化的过程，这一过程的停止就是生命的孤危与化灭。运动的生命就一定是现实的、在一定的时空之中的，那就要适应时空的变化才是养生之大要。《内经》阐述了客观时空的变化，所谓"春生，夏长，秋收，冬藏，是气之常也，人亦应之。以一日分为四时，朝则为春，日中为夏，日入为秋，夜半为冬。朝则人气始生，病气衰，故旦慧；日中人气长，长则胜邪，故安；夕则人气始衰，邪气始生，故加；夜半人气入脏，邪气独居于身，故甚也。"①具体阐述了春夏秋冬四节的节气变化状况，并阐述了一日四时的气候变化特点及其与人体的关系。《内经》还阐述了人体自身一日之中的变化状况。它以阳气为例指出："平旦阳气生，日中阳气隆，日西而阳气已虚。"②为此，《内经》提出了人要适应四时节气变化以养生的道理："四时阴阳，尽有经纪，外内之应，皆有表里。"③《内经》所论以上四点养生之道，即便在今天仍有其重要价值，一定会对当代生态美学与身体美学的建设提供富贵的营养财富。

纵览古代典籍，可知中国传统气本论生态生命哲学与类学具有相当的包容性。道家中的"养生"、儒家中的"爱生"以及佛家中的"护生"，均包含生命论的丰富内涵。

三、气本论生态生命哲学与美学的艺术呈现

根据宗白华、刘纲纪两位先生的相关论述，我们可以将中国

---

① 《内经·顺气一日分为四时》。
② 《内经·生气通天论》。
③ 《内经·阴阳应象大论》。

传统生命论美学的丰富艺术呈现作如下简要阐释：

第一，"保合太和，乃利贞"的生命本体之美。中国古代的生命本体是在"天人合一"这一哲学本体视野之中的，相异于西方古代实体论哲学本体。这种"天人合一"的哲学本体告诉我们，生命之美最根本的是一种天人相和所导致的风调雨顺、五谷丰登、安居乐业之美。《周易·泰卦·彖》曰："泰，小往大来。吉，亨，则是天地交而万物通也，上下交而其志同也。"泰卦乾下坤上，在天地之气的变化运动之中，阴阳二气相交相合，从而使天地相和，风调雨顺，五谷丰登，人民得以安居乐业。这是生命的本体之美。这也就是《周易·坤卦·文言》所谓的"天地变化，草木蕃。……君子黄中通理，正位居体，美在其中而畅于四肢，发于事业，美之至也"。这正是中国古代作为农业国家"以农为本"的根本要求。我们可以从传统年画中"五谷丰登""牧牛图""年年有鱼"等图案中清楚地看到这种审美追求。这种本体之美与西方古代的物体比例对称和谐之美与理念之美是完全不同的。

第二，"气韵生动"之书画之美。中西绘画差距较大，中国古代国画主要是一种写意之画，而西画则是写实之画。中国古代写意之观念体现在南齐谢赫的《古画品录》中所论"六法"之首的"气韵生动"。宗白华解释道："中国画的'气韵生动'，就是'生命的节奏'和'有节奏的生命'。"①这种"有节奏的生命"首先通过表层的山水、瀑布、烟云与草木加以装点，所谓"山以水为血脉，以草木为毛发，以烟云为神采"②。而深层的则是遵循"自然"之创作原则，

---

① 林同华主编：《宗白华全集》第 2 卷，安徽教育出版社 2008 年版，第 109 页。
② （宋）郭熙：《林泉高致》，王伯敏等编《画学集成·六朝—元》，河北美术出版社 2002 年版，第 297 页。

通过动与静、笔与墨、浓与淡、墨与采、黑与白的阴阳对立而产生一种生命力量。当然，最后还要借助画家通过长期的观察体悟把握自然之神韵，体现出"天地之真气"。齐白石著名的"虾图"就是他通过长期的观察体悟，以其"为万虫写照，为百鸟张神"之精神，画出的旷世杰作，画中的虾一个个活灵活现，跃然纸上。

第三，"大乐与天地同和"的音乐之美。中国古代音乐与西方古典音乐表现某种理性精神不同，是一种对于天人、社会相和的自然精神情感的表现。正如《乐记》所言，"大乐与天地同和，大礼与天地同节"。这是一种犹如自然生态的"和实相生，同则不继"①的审美状态。正如《国语·郑语》所言，"生一无听，物一无文，味一无果，物一不讲"，必须"和五味以调口，刚四肢以卫体，和六律以聪耳，正七体以役心，平八索以成人，建九纪以立纯德，和十数以训百体"。如古乐《高山流水》取"仁者乐山，智者乐水"之意，乐曲表现了对于高山的仰止与对于水之绵长的向往。在最开始，右手跨三个八度同时表现山的庄严和水的清亮；曲中部右手如水般流畅，左手在低音位置的配合如山耸立其间；后半部用花指不断划奏出流水冲击高山的湍急；最后用泛音结尾，如水滴石般的柔和清脆。

第四，"文以气为主"的诗文之美。魏晋时期曹丕所著《典论·论文》明确提出"文以气为主，气之清浊有体，不可力强而致"。这实际上提出了诗文的美学特征——必须贯穿一种生命之气。"文气"之说渊源深远，不仅孟子有"养浩然之气"之说，而且《老子》明确提出所谓"道"即是生命之气，所谓"道生一，一生二，二生三，三生万物，万物负阴而抱阳，冲气以为和"②。在这里，

①《国语·郑语》。
②《老子·四十二章》。

"道"与"生"（生命）紧密相连，"生"即"负阴抱阳冲气以和"，即阴阳相生。这里明确体现了中国古代"气本论生命观"的基本立场。"文气"就是一种阴阳相生的生命之气，是诗文的灵魂所在。诗文之文气有先天之禀赋，所谓"气之清浊有体，不可力强而致"，但更需人生与文学的修养。掌握作文的要旨，在言与意、意与象的相生相克中做到"诗家之景，如蓝田日暖，良玉生烟，可望而不可置于眉睫之前也。象外之象，景外之景，岂容易可谈哉"①。这种"象外之象，景外之景"就是一种感人肺腑的生命之气。例如，杜甫的《春望》："国破山河在，城春草木深。感时花溅泪，恨别鸟惊心。烽火连三月，家书抵万金。白头搔更短，浑欲不胜簪。"诗以破碎的山河、萋萋的深草、带露的花朵、惊心的鸟鸣、烽烟弥漫的战火、阻隔的乡关、满头白发不胜梳理的诗人等等形象，表达了形象之外的诗人关切国家与人民的浩然生命之气。这就是"意"与"象"的碰撞而产生的生命之气，是诗文特有的美境所在。

　　第五，元亨利贞"四德"之日常生活之美。中国传统生命论美学相异于西方古典美之处还在于，西方古典美是一种精英性的艺术之美，而中国古代则是一种深入人民生活的日常生活之美。《周易·乾卦·文言》云："元者，善之长也；亨者，嘉之会也；利者，义之和也；贞者，事之干也。……君子行此四德者，故曰：乾，元亨利贞。"《周易》将"元亨利贞"解释为"善、嘉、义、干"等等，都是一种美好的生存状态，是一种生存之美。这种生存之美普遍地存在于中国人民的日常生活之中。例如，窗花中的"喜鹊登枝""金鸡报晓""龙凤呈祥"，等等，而春节的门神那怪异惊人的面相恰是吉

①（唐）司空图：《与极浦书》，郭绍虞、王文生主编《中国历代文论选》（第2册），上海古籍出版社1979年版，第201页。

祥安康的保障，如此等等，深入日常生活，成为民间的风俗习惯，代代流传。

第六，"阴阳平衡，形神统一"身体之美。中国古代有着极为丰富的养生理论与实践经验。庄子在其著名的《养生主》中就提出了"安时而处顺"得以"全生""养亲"和"尽年"等。成书于春秋时期的《内经》是一本医学名著，也是中国古代的养生名著。它提出的"阴阳平衡""形神统一"的养生理论与实践就是极有价值的中国古代宝贵的身体美学。所谓"阴阳平衡"，首先是天人平衡相和。《内经》提出人之养生需求之"气交"，即"上下之位，气交之中，人之居也"。就是说，人必须在天地人相融相交的共同体中才能够得到阴阳相汇平衡，也就是说养生首先要处理好天地人三者阴阳平衡的关系，密切关心四季、四时、地理环境等，与之协调。其次，阴阳平衡是一种人体内部的平衡，所谓做到"经脉和同，骨髓坚固，气血皆从。如是则内外调和，邪不能害，耳目聪明，气立如故"，所谓"阴阳平衡"，还包括养生与"四时"的关系，春夏秋冬是一年之"四时"，而晨午昏夜则是一天中的"四时"，均与养生密切相关，即所谓"四时阴阳，尽有经纪，外内之应，皆有表里"。而形神统一则是更加重视神的养护，所谓"恬淡虚无，真气从之，精神内守"。当然也没有忽视形体的保护，所谓"外不劳形于事，内无思想之患……形体不散亦可以百数"。当然，最后追求的是做一个"平人"即健康之人。以上内容，前文已述，不再赘述。

第七，"虚拟表演与中庸乐生"的戏曲之美。中国传统生命论美学也反映在中国戏曲之中。如果说，西方古典戏剧是一幅幅实体性的油画，那么中国戏曲就是以虚拟见长的生命之乐。宗白华对中国戏曲非常重视，他说："中国戏曲也有自己的特点。京剧、昆曲历史悠久,值得研究一番。"又说:"中国舞台上一般不设逼真的布景(仅用少量的道具桌椅等)。老艺人说得好:'戏曲的布景在演员身上。''实景清而空景现',留出空虚来让人物充分地表现剧情,剧中人和观众精神交流,深入艺术创作的最深意趣,这就是'真境逼而神境现'。"①应该说,宗白华将中国戏曲虚拟表演的特征充分总结出来,从而也将其是中国古代生命论美学的呈现表达了出来。因为虚拟表演实际上是演员与观众的一种生命与情感的交流,这就是中国戏曲的"神境"所在,例如川剧《秋江》中青年道姑陈妙常乘老艄翁的船追赶情人潘必正的场面没有任何布景,只有老艄翁手中的一支桨,却将波浪起伏、时缓时急的江水与两位人物的心情表现无遗,真是一种充满生命的神境。当然,中国戏曲生命之乐的特点首先表现在它是一种乐的歌唱。诚如有的学者所言,中国戏曲是古中国的歌。它通过表演与程式之间的相生相克关系表现出一种生命之力,而且也通过中国戏曲特有的音乐,包括特有的锣鼓,精美的唱腔,起承转合的音韵,将一种民族精神深处的生命之歌唱了出来,扣人心弦,动人心魄。中国戏曲留下了一系列脍炙人口的唱段就是明证。而且,中国戏曲还是一种充满中国传统生存哲学与伦理的艺术形式。中国戏曲没有西方戏剧那样的悲剧,而常常是以大团圆结局,这一点为许多人所诟病。但中国古代"天地之大德曰生"的"乐生"之观,以及"执其两端用其中"的"中庸"思想则是中国戏曲大团圆的重要原因,也使得这样的戏曲被基层人民广为欢迎。所以,中国古代没有西方那样的"悲剧",但却有自己的苦情戏,同样是中国文化土壤中生

---

①宗白华:《中国艺术表现里的虚和实》,载林同华主编《宗白华全集》第3卷,安徽教育出版社2008年版,第388页。

长的生命之树。

第八,"阴阳相生,天人合一"的建筑之美。中国古代是一个没有占据主导地位宗教的国度,因此建筑之美主要是一种有利于人的生命生长繁衍的安居之美。这是中国古代建筑区别于西方建筑之美对神性的象征不同。《黄帝宅经》言道:"故宅者,人之本。人以宅为家,居若安,即家代昌。若不安,则门族衰微。"这就道出了中国古代建筑之美是一种人的安居之美,家族繁盛之美。建筑是凝固的音乐,中国古代建筑是歌颂人的美好生存安居的音乐。这种安居之美集中体现了中国古代哲学"天人合一,阴阳相生"的深刻哲理。《周易》泰卦《彖》之"天地交而万物通也,上下交而其志同也",可以说体现了中国古代建筑的深刻意蕴,而与天人相交紧密相关的"阴阳相生"则是中国古代建筑的神韵。《诗经·大雅·公刘》形象地记载了周族首领公刘带领族人遵循"天人合一,阴阳相生"的原则择地而居的过程。诗言:"笃公刘,既溥既长。既景乃岗,相其阴阳,观其流泉。其军三单,度其隰原。彻田为粮,度其夕阳,豳居允荒。"道出了公刘选择安居之所的原则为山水相依、阴阳相生、土地肥沃、宜居安乐。可见,有利于人民生命的繁衍生长就是中国古代建筑之美的根本所在。从祭祀之建筑来说是一种"天人合一"的对于生命长生不老福寿安康的向往。天坛是建筑于明代永乐年间皇帝祭天的场所,以求得风调雨顺、五谷丰登、安居乐业。其主要建筑祈年殿与圜丘暗合了传统的"天圆地方"与"阴阳相生"观念。长达600余米的白石路犹如一条通天大道构筑在建筑群的中轴线上,意味着祈求上天降福于苍生大地。诚如宗白华所言,"外国的教堂无论多么雄伟,也总是有局限的。但我们看天坛的那个祭天的台,这个台面对着的不是屋顶,而是一片虚空的天穹,也就是以整个的宇宙作为自己的庙宇。

这是和西方很不相同的"①。民居则是讲究"得水为上,藏风次之",所谓"坐北朝南,背山面水,山环水绕,绿树成荫",正是人的生命栖息的最好之地。皖南歙县唐模村檀干园镜亭上有一幅长联生动地描绘了这种人居之美:"喜桃露春稼,荷云夏净,桂芬秋馥,梅雪冬妍,地僻历俱忘,四序且凭花事告;看紫霞西耸,飞瀑东横,天马南驰,灵金北依,山深人不觉,全村同在画中居。"的确形象地描写了该村坐北朝南,依山傍水,树木葱茏,花香鸟语的"人在画中居"的生存之美。而我国的园林艺术更是追求一种模仿自然、借重自然、营造意境的如诗如画之美,成为人的休闲养性的最佳场所。苏州拙政园为明代进士王献臣所建,取晋代文学家潘岳《闲居赋》中"筑室种树,逍遥自得,灌园鬻蔬,以供朝夕之膳"之意,形成以水为主,疏朗平淡、近乎自然的园林风光,给人以自然而然、逍遥自得之乐。此外,宗白华还论述了中国古代建筑自身的富有生命力的"飞动之美"。

四、气本论生态生命哲学与美学的价值与意义

我们将宗白华对中国传统生命美学之研究概括为"气本论生命美学",这可以说是宗白华对中国美学价值与意义的重要发现。当然,这种气本论生态与生命美学是中国古代美学自身存在的,但将之发掘并总结出来却是宗白华独具慧眼。犹如温克尔曼将古代希腊艺术美归结为"高贵的单纯,静默的伟大",黑格尔将西

---

① 宗白华:《中国美学史中重要问题的初步探索》,载林同华主编《宗白华全集》第3卷,安徽教育出版社2008年版,第478页。

方古典美归结为"理念的感性显现"，以及尼采从古代希腊悲剧中发现酒神等，其价值是相同的。宗白华是在掌握中西艺术与美学发展态势的前提下，在整个世界哲学与美学转型的关键时刻进行这一总结与概括的。其时正值 20 世纪 30 年代前后，国际哲学与美学发生从认识本体到人生与生命本体的大突破并从轴心时代寻找资源的关键时期，宗白华作为中国美学家表现了应有的民族自信与学术自信，从中国传统文化特别是《周易》中探寻到与工业革命时代认识论美学相异的气本论生命美学精华，表现出前所未有的见识与气魄，作出杰出贡献。应该说，气本论生命美学是一种既具有国际视野又具有民族特色的理论概括，是一种运用国际通用话语的理论思考与表达，具有重要的价值意义。

宗白华对气本论生命美学的发现与研究等于回答了西方关于中国古代有无美学这样的诘难。从学科所必具的相对稳定的核心范畴、相对稳定的研究方法与相对稳定的学者群体考虑，气本论生命美学以其"天人合一"与"阴阳相生"为其哲学支点，生发出"太和""气韵""相生""文气""四德""养生""虚拟""安居"等贯穿美学本体、绘画、音乐、诗歌、身体、戏曲与建筑等各领域的特殊美学范畴，独具特色。而从方法上来说，中国古代美学是一种"究天人之际，通古今之变，成一家之言"的体验与历史相结合的方法，是一种相异于西方逻各斯中心主义科学方法的东方的体验的人文方法，独具特色。而且，宗白华气本论生命美学近年来越来越受到中国美学工作者的重视，研究者数量日益增长，逐步成为中国美学研究者的共同理论兴趣与追求，学者群体正在形成。这是中国古代美学学科化与话语体系形成的标志，也是其具有现代表达形态的标志，中国气本论生命美学被世界美学界所重视与倾听正在成为现实。从这个角度说，中国现代不是美学的"失语"而是美学学科中国化的重建。

　　宗白华的气本论生命美学是一种崭新的具有世界意义与价值的生命的生态美学。因为,中国传统气本论生命美学所说的生命并不仅仅是西方生命论美学所讲的人的生命,而是"万物一体"的万物的生命,天然地包含着生态观念;气本论生命美学将生命作为审美的第一要义,远远超出了西方古代的"比例、对称与和谐"的形式美学,这是非常重要的。诚如西方一些环境美学家所言,形式之美是一种浅层次的美,而生命之美是一种深层次的美。生命之美恰是 20 世纪哲学与美学大转型中受到重视的生命与生态的美学形态,在很大程度上与当下西方的环境美学与知觉现象学中身体美学研究相合拍,但宗白华总结的气本论生命美学,与以上美学形态相比可以说是更好地体现了当代美学的发展。当然,还需要我们对于这种前现代产生的哲学与美学形态进行进一步的总结、概括、改造与发展,这就是我们当今的工作重任所在。

第五章　西方环境美学与中国生态美学的对话

一、西方环境美学的兴起

西方20世纪逐步兴起了环境美学这样一种新的美学形态。关于环境美学的兴起，加拿大著名美学家艾伦·卡尔松（Allen Carlson）与芬兰美学家约·瑟帕玛（Yrjö Sepänmaa）都作了论述。卡尔松在《自然与景观》一书中认为，环境美学起源于围绕自然美学的一场理论论争，主要是赫伯恩（Ronald W. Hepburn）发表于1966年的一篇题为《当代美学及对自然美的遗忘》的文章。这篇文章主要就分析美学对自然美学的轻视予以抨击。卡尔松认为，"他这篇论文为环境审美欣赏的新模式打下了基础，这个新模式就是，在着重自然环境的开放性与重要性这两者的基础上，认同自然的审美体验在情感与认知层面上含义都非常丰富，完全可与艺术相媲美"①。瑟帕玛也认为，西方环境美学起源于赫伯恩对当代美学只讨论艺术的非难，但在20世纪中期之后就有了明显的改变。他说："在（20世纪）70和80年代组织的美学会议——

---

① ［加］艾伦·卡尔松：《自然与景观》，陈李波译，湖南科学技术出版社2006年版，第6页。

尤其是最近 1984 年在蒙特利尔的会议——中的一个主题就是环境美学。"①由此可见,环境美学在西方滥觞于 20 世纪 60 年代,而发端于 20 世纪 70 与 80 年代,其最主要的代表人物是芬兰的瑟帕玛、加拿大的卡尔松和美国的伯林特。

　　约·瑟帕玛,芬兰约恩苏大学教授,曾任十三届国际美学学会主席,连续五届国际环境美学学会主席,主要著作《环境之美》写于 1986 年,是较早的一部环境美学论著,1993 年出版。他在该书篇首的"致谢"中说明,他在 1970 年就开始环境美学的思考与研究,1982 年在加拿大艾伯塔大学得到导师艾伦·卡尔松"平等的同行式的态度——讨论,质疑,阐述其他可能"②,而芬兰美学会在 1975 年春季就组织了多学科的环境美学系列讲座,讲座的材料后来于 1981 年经过选择后结集出版。他对自己的《环境之美》这本书作了一个简要的概括。他说:"我这本书的目标是从分析哲学的角度出发对环境美学领域进行一个系统化的勾勒。"③这个勾勒包括:第一个问题就是关于本体论的:作为一个审美对象环境是什么样的;第二个问题就是关于元批评的:环境是如何被描述? 第三个问题就是讨论环境美学的实践维度。很显然,瑟帕玛是在传统的分析美学的基础上来研究环境之美的。全书的基本观点可以作如下概括:首先是他所谓"环境美学的本体论",也就是"核心领域"。他说:"环境美学的核心领域是关于审美对

①［芬］约·瑟帕玛:《环境之美》,武小西、张宜译,湖南科学技术出版社 2006
　年版,第 198 页。

②［芬］约·瑟帕玛:《环境之美》,武小西、张宜译,湖南科学技术出版社 2006
　年版,《致谢》第 2 页。

③［芬］约·瑟帕玛:《环境之美》,武小西、张宜译,湖南科学技术出版社 2006
　年版,第 1 页。

象的问题。"①也就是说，环境如何成为审美对象的问题。瑟帕玛认为，"使环境成为审美对象通常基于受众的选择"②。也就是说，受众可以选择艺术也可以选择社会事物作为审美对象，但却选择了环境作为审美对象，这样环境美学才得以产生，人与环境之间的审美关系才得以建立，所以受众是真正的艺术家。瑟帕玛指出："那么谁是艺术家？是受众，人。人选择将某物看作是自然的艺术品，而不管它是如何生成的。"③很显然，瑟帕玛在这里所谓的"本体论"仍然是"人类中心主义"的。因为，最终环境之美还是人创造的，是人的选择的结果，环境外在于人，人与环境还没有构成整体。当然，他借助于隐喻，将环境之美作为大自然的艺术品，以大自然作为艺术家来代替这个缺席的创造者。④ 这个缺席的创造者带有几分神秘性，成为神化的人。瑟帕玛从 12 个方面论述了环境之美与艺术品的差异：艺术是人工的，环境是给定的；艺术是在习俗中诞生的，环境则没有；艺术是为审美创作的，环境之美是副产品；艺术是虚构的，环境是真实的；艺术是概括的，环境是它自身；艺术是被界定的，环境是无边的；艺术的作者有名字，环境则没有；艺术是独特的，环境是重复的；艺术有风格，环境没有；艺术是感官的，环境是感官与理论的合一；艺术是静态的，

---

① [芬]约·瑟帕玛：《环境之美》，武小西、张宜译，湖南科学技术出版社 2006 年版，第 58 页。

② [芬]约·瑟帕玛：《环境之美》，武小西、张宜译，湖南科学技术出版社 2006 年版，第 59 页。

③ [芬]约·瑟帕玛：《环境之美》，武小西、张宜译，湖南科学技术出版社 2006 年版，第 110 页。

④ [芬]约·瑟帕玛：《环境之美》，武小西、张宜译，湖南科学技术出版社 2006 年版，第 136 页。

环境是动态的;观赏艺术是有限的,环境是自由的;等等。由此可见,瑟帕玛讲的环境美大多是指与艺术品相似的风景之美。第二个主要观点就是他的所谓"元批评"。从分析美学来说,与言说有关的批评是其主要部分,所以瑟帕玛说:"环境美学便是环境批评的美学。"①他将这种"元批评"分为描述、阐释与评价三项任务。瑟帕玛作为分析美学家,认为人与自然的关系就是一种元批评的关系,一种描述与阐释的关系。他说:"只有当自然被观看和阐释时,它对于我们来说才是有意义的。"②而且他断言:"但是在感知与描述之外便不存在环境了——甚至环境这个术语都暗含了人类的观点:人类在中心,其他所有事物都围绕着他。"③很显然,在这里,他是"人类中心主义"的。他还列了环境评价的四个前提条件:物质上不受制于自然需要;理智上转向科学世界观;具有自然和文化过程的知识;具有对自然进行归类的能力等。④ 这四个前提条件也包含着人类中心的内容,这是很明显的。但瑟帕玛在他的环境批评中也不完全是"人类中心主义"的,而是仍然包含着某种尊重自然、尊重生命的现代生态哲学的观点。他将自己的环境批评分为肯定美学与批评美学两类。所谓"肯定美学",他认为主要是评价未经人类改造的处于自然状态的任何事物。他认为,

①[芬]约·瑟帕玛:《环境之美》,武小西、张宜译,湖南科学技术出版社 2006年版,第 151 页。
②[芬]约·瑟帕玛:《环境之美》,武小西、张宜译,湖南科学技术出版社 2006年版,第 1 页。
③[芬]约·瑟帕玛:《环境之美》,武小西、张宜译,湖南科学技术出版社 2006年版,第 148 页。
④[芬]约·瑟帕玛:《环境之美》,武小西、张宜译,湖南科学技术出版社 2006年版,第 149 页。

"任何处于自然状态中的事物都是美的,具有决定性的是选择一个合适的接受方式和标准的有效范围"①。显然,瑟帕玛在这里受到卡尔松"自然全美"观点的影响。关于卡尔松"自然全美"的观点,我们在下面还要评述,在此不赘。但瑟帕玛的"自然全美"也还是有价值取向的,那就是因自然灾害而出现的自然自毁现象,如森林火灾、植物疾病、雪崩、火山爆发、飓风,等等。他认为,这些作为"一些例外的情况被视为丑陋的"。但他接着又说,"但如果把它们置于一个更宽广的背景下,也可以'解救'它们:把它们看作过程中的一个阶段,其中发生高潮与低谷的戏剧性变化。"②也就是说,从自然演变的一个过程来看,可以把这些现象看作是自然全美中的一个阶段或一次低谷,但并不影响自然美的全景。另外一种则是"批评美学",即为"评价人类活动的结果甚至在必要时进行否定的评价"。在这样的对于人类改造过的环境的批评中,瑟帕玛认为是有着明显的价值取向的。他说:"人类按照自己的目的来改造环境,所有价值领域都有这些目的。但行动有伦理学的限制:地球不只是人类使用也不只是人类的居住地,动物和植物甚至还有自然构造物也有它们的权利,这些权利不能受到损害。"③在这里,瑟帕玛使用了一个伦理学的准则,就是动植物的权利不能受到损害的准则。这自然是现代生态伦理学的标准。而在谈到审美价值与生命价值的关系时,瑟帕玛显然是更

①[芬]约·瑟帕玛:《环境之美》,武小西、张宜译,湖南科学技术出版社2006年版,第161页。

②[芬]约·瑟帕玛:《环境之美》,武小西、张宜译,湖南科学技术出版社2006年版,第170页。

③[芬]约·瑟帕玛:《环境之美》,武小西、张宜译,湖南科学技术出版社2006年版,第192页。

加重视生命价值的。当然,在这里需要说明的是,他所说的审美
价值还是传统的西方的和谐、比例对称的形式主义方面的审美,
而非深层的生命与生态主义上的审美。因此,他将这种审美的价
值看作是浅层次的,而将生命价值看作是深层次的,前者不能危
及后者。他说:"审美的目标不能伤害到生命价值,因此不计后果
的审美体系被排除在外。"又说:"在环境中,人不能从深层意义上
甚至在审美上认可与破坏力量相关的东西。任何事物……甚至
奥斯维辛的尸体堆……都能作为一种构成和颜色从表层来考察,
但这样做将是脱离由生命价值或意识形态给予的框架的畸形行
为。"①在这里,他明显地排除了纯形式的审美,而将生态的与意
识形态的价值评判带进了审美之中。同时,瑟氏还谈到了荒野的
价值,他认为西方与东方特别是中国和日本对于荒野的赞美不
同,在历史传统上对荒野的价值是普遍掩藏的。这主要是从自然
与人的生计关系考虑,将自然土地的肥沃与否及其对人的生计的
关系作为美丑的界限。但当人们摈弃这一切以后,审美的观念就
有了改变。他说:"而当人们摒弃了单一的对肥沃的土地和丰饶
的绿地的赞美后,荒芜的自然以简约清晰为特征的美便引起了人
们的注意。"②他还谈到了审美的生态原则问题。他认为,在自然
中,当一个自然周期的进程是连续的和自足的时候,这个系统是
一个健康的系统。……在这个意义上自然的平衡是动态的,不是
静态的,一个审美原则在系统的经验性和各部分的和谐之中得到

①[芬]约·瑟帕玛:《环境之美》,武小西、张宜译,湖南科学技术出版社 2006
　年版,第 161 页。
②[芬]约·瑟帕玛:《环境之美》,武小西、张宜译,湖南科学技术出版社 2006
　年版,第 170 页。

突破。在系统中，任何东西都是必要的，没有什么是多余的。在他看来，生态系统的连续性、自足性、动态性、平衡性、和谐性最后是健康性就是审美的最重要的生态原则。很明显，在这里瑟氏仍然没有完全做到从生态的科学原则到生态的哲学原则、再到生态的审美原则的必要转换。他在总体上还是倾向于或者说局限于生态的科学原则，这与前面谈到的生命价值是一致的。第三个主要观点就是他的"应用环境美学"。瑟氏一方面强调了美学的理论品质与哲学品质，同时也提到了环境美学的应用问题。他说："以下我将探讨由美学所产生的理论知识的传播方式和影响实践的方式。"①主要涉及环境教育，人对环境的影响，未来前景展望的具体化等。在这里，我们要特别强调的是，瑟帕玛环境美学中的生态原则不仅具有理论的品格，而且应具有实践的品格，这是值得充分肯定的。因为作为具有生态纬度的美学来说，最重要的就是要将生态审美的原则推行到现实生活中去，使人们掌握这些原则，并以审美的态度去对待自然。首先是环境教育，主要通过提供环境的知识、理想和目标，"为理解环境因此也为审美地理解环境创造一个基础"②。我们认为，所谓"审美地理解环境"就是指以审美的态度对待环境。瑟氏有关"人对环境的影响"，包括环境的理想、立法、积极美学与消极美学等内容。所谓环境的理想指人在改造环境的实践中所要遵循的"伦理的限制"与"对和谐、完整的要求"等；所谓立法，即环境的改造中"对整个变化也都必

①［芬］约·瑟帕玛：《环境之美》，武小西、张宜译，湖南科学技术出版社 2006 年版，第 192 页。

②［芬］约·瑟帕玛：《环境之美》，武小西、张宜译，湖南科学技术出版社 2006 年版，第 193 页。

须从审美的角度考虑，通过立法来保证把这个方面考虑在内"；所谓积极美学是试图对趣味与对象造成积极影响的美学，而消极美学就是一种力图消除内在矛盾的美学；所谓展望的具体化是指伦理学与环境美学的关系，前者为后者设计了界限，但没有决定界线之内的具体惯例，因此并不在严格的意义上具有规范地位。总之，瑟帕玛是西方环境美学的主要代表人物之一，他对西方环境美学的创建和发展贡献良多。但他的分析美学立场与生态原则是矛盾的，乃至出现人类中心与生态中心的立场混乱及其理论自身的内在矛盾。

艾伦·卡尔松，加拿大阿尔伯特大学哲学系教授，他所写的《环境美学》一书于 1998 年出版，整部书的写作历时 20 多年，最早的篇章写于 1976 年，其他篇章写于 20 世纪 80 年代与 90 年代，并且大部分都曾发表过。卡尔松是当今国际上著名的环境美学理论家。瑟帕玛就曾在他手下学习过环境美学，这一点在瑟氏的著作中已有交代。从这个角度来说，卡尔松可以说是西方环境美学的奠基人之一。《环境美学》一书共有一个引论二编十四章。引论主要论述美学与环境的关系，是对环境美学的界定，对其本质、取向与范围的论述。第一编主要讲自然的鉴赏，围绕对自然的审美鉴赏，从历史回顾、自然环境的形式特征、鉴赏与自然环境、自然的审美判断与客观性、自然与肯定美学、鉴赏艺术与鉴赏自然等方面来展开。第二编为景观艺术与建筑，包括在自然与艺术之间，环境美学与审美教育的困境，环境艺术是否构成对环境的侵犯以及园林、农业景观、建筑的鉴赏、景观与文学的关系等方面。

该书涉及的内容较多，主要有这样几个方面：第一个方面是关于环境美学的性质范围。卡尔松认为，环境美学的主题就是对于原始环境与人造环境的审美鉴赏。环境美学的审美对象就是我们的环境。这个对象具有非常重要的特点，就是"作为鉴赏者，我们沉浸在鉴赏对象之中……鉴赏对象构成了我们鉴赏的处所。我们移动时总是在鉴赏对象当中因而改变了我们与它的关系，也改变了它本身"①。环境美学的范围从荒野的诞生到乡村景观、郊区、城市景观、周边地带的更多场所、购物中心，等等。第二个方面是，环境美学的本体论问题。首先是自然对象的鉴赏模式。卡尔松列出了对象模式、景观模式、自然环境模式、参与模式、情感激发模式、神秘模式等。但卡尔松以利奥波德的《沙乡年鉴》为范例，强调一种"将恰当的自然审美鉴赏与科学知识最紧密地联系在一起的模式：自然环境模式"②。他认为，这种模式有利于克服传统美学理论中的"人类中心主义"。卡尔松认为，在自然环境的审美中面临着形式与内容的矛盾。所谓对自然的形式的鉴赏就是传统的风景画式的审美鉴赏，这种鉴赏仍然是人类中心的。他说："自然环境不能根据形式美来鉴赏和评价，也就是说，诸形式特征的美；更确切地说，它必须根据其他的审美维度来鉴赏和评价。"③这个其他的审美维度就主要包括以人与自然和谐平等的生态审美的维度，这就是自然环境的鉴赏模式。他认为这种模式强调两个明显的要点，那就是自然环境是一种环境，而且它是自然的。这当然是针对传统的以形式鉴赏为特点的景观模式的。

---

① ［加］艾伦·卡尔松：《环境美学：自然、艺术与建筑的鉴赏》，杨平译，四川人民出版社 2006 年版，第 5 页。
② ［加］艾伦·卡尔松：《环境美学：自然、艺术与建筑的鉴赏》，杨平译，四川人民出版社 2006 年版，第 27—28 页。
③ ［加］艾伦·卡尔松：《环境美学：自然、艺术与建筑的鉴赏》，杨平译，四川人民出版社 2006 年版，第 64 页。

这种景观模式的对象不是环境而是自然环境的形式,而且它不是自然的而是经过鉴赏者选取加工的。在卡尔松看来,这种景观模式是一种主客二分的人类中心主义。他引用斯巴叙特的观点说道:"这里我初步赞同斯巴叙特的一些评论。他认为在环境方面考虑某些事物主要依据'自我与环境'的关系而不是'主体与客体'或'观赏者与景色'之间的关系来考虑它。"①这反映了卡尔松的环境美学的思维模式已经力图突破传统的主客二分的"人类中心主义"。而在鉴赏什么和如何鉴赏上,他认为鉴赏所有的事物而且凭借所有的感觉器官去鉴赏。正因为人与环境构成一个整体,而不是"如画风景式"的有选择地鉴赏,所以这种自然环境的鉴赏模式是从人的生存的角度来鉴赏所有的环境并且是凭借所有的器官对作为人的生存环境的"气味、触觉、味道,甚至温暖和寒冷,大气压力和湿度"来进行鉴赏,这就是后来被伯林特进一步加以发展的"参与美学",是对传统的以康德为代表的静观美学的突破。对此,他总结道:"我们因而找到一种模式,开始回答自然环境中鉴赏什么以及如何鉴赏的问题,这样做,似乎充分考虑到环境的本质。因此,不但是对审美,而且对道德和生态而言,这也是重要的。"②卡尔松在进一步比较了艺术的鉴赏与自然的鉴赏之后,认为真正意义的自然环境鉴赏与艺术的鉴赏是有明显差异的,因为鉴赏的对象与鉴赏的方式都是不同的。因此,艺术的范畴本身无法运用于自然。"简而言之,自然不适合

---

① [加]艾伦·卡尔松:《环境美学:自然、艺术与建筑的鉴赏》,杨平译,四川人民出版社 2006 年版,第 16 页。

② [加]艾伦·卡尔松:《环境美学:自然、艺术与建筑的鉴赏》,杨平译,四川人民出版社 2006 年版,第 81 页。

艺术范畴。"①这就指出了自然环境鉴赏也就是环境美学的相对独立性问题。许多艺术美学的理论范畴是不适合环境美学的,环境美学面临着范畴重构的重大课题。正是在这种思想指导下,卡尔松提出了"自然全美"的重要理论观点,成为卡尔松《环境美学》一书的核心论点之一。他说:"全部自然界是美的。按照这种观点,自然环境在不被人类所触及的范围之内具有重要的肯定美学特征:比如它是优美的,精巧的,紧凑的,统一的和整齐的,而不是丑陋的,粗鄙的,松散的,分裂的和凌乱的。简而言之,所有原始自然本质上在审美上是有价值的。自然界恰当的或正确的审美鉴赏基本上是肯定的,同时,否定的审美判断很少或没有位置。"②为此,他通过正反等多个方面进行了论证,特别是借助于当代生态科学与生态哲学进行了论证。最后,他说道:"简而言之,这种异议表明既然在自然界中存在大量事物,我们不会觉得它们在审美上有价值,这种观点的任何辩护必定不正确。我同意在自然界中存在大量事物,对我们许多人来说,它们看似在审美上没有价值。然而,因为这种辩护提供阐明这种事实如何与肯定美学观点一致,所以这种事实本身并不构成一种决定性的反对。首先,正如罗尔斯顿评价所暗示的,他评论道,'我们没有生活在伊甸园,然而那种趋势在那里存在'。"③也就是说,在卡尔松看来,"自然全美"不仅仅是一种"给定的"、非人造的,而且是一种整

---

① [加]艾伦·卡尔松:《环境美学:自然、艺术与建筑的鉴赏》,杨平译,四川人民出版社 2006 年版,第 81 页。

② [加]艾伦·卡尔松:《环境美学:自然、艺术与建筑的鉴赏》,杨平译,四川人民出版社 2006 年版,第 110 页。

③ [加]艾伦·卡尔松:《环境美学:自然、艺术与建筑的鉴赏》,杨平译,四川人民出版社 2006 年版,第 150 页注①。

体的、理想的。在这里,卡尔松继承了达尔文的某些观点,同时又将其改造为环境美学的一个原则,那就是尊重原生态的自然,保护它的天然的审美价值而不要轻易改动它。

第二编主要阐释了介于天然与人造、自然与艺术之间的景观艺术与建筑艺术等。卡尔松首先讨论了环境艺术的评价问题,诸如用塑料造的绿树,毕加索用自行车部件构造的"牛头",张伯伦用汽车部件构成的雕塑艺术,等等。还有杜尚的著名的叫作"泉"的小便器如何评价?真是众说纷纭。卡尔松从生态整体观出发,用生命价值这一重要的标准给予界定。他说:"我希望,这依靠于我们作为诸个体的一个共同体。譬如,对我,路边小小的家庭农场可以表现毅力,而废弃汽车的车体却不能;一座城市的地平线可以表现眼界,而一处条形的矿山却不能。"①这里所说的"共同体"就是利奥波德所说的"生命共同体",作为一种生态原则,它成为卡尔松环境美学中最重要的审美原则。由此,卡尔松肯定了艺术家索菲斯特丹有关环境艺术的观点:"不改变而只是一步步地展示自然的审美特征……直到自然的本身即艺术。"②在以下有关日本园林、农业景观、建筑艺术、文学中的环境描写等的讨论中,他都是遵循"生命共同体"这样一个最基本的生态审美原则。这是对于西方传统的"形式之美"的重要突破,使得生命之美成为环境美学的重要生长点与亮点,意义重大。

---

① [加]艾伦·卡尔松:《环境美学:自然、艺术与建筑的鉴赏》,杨平译,四川人民出版社 2006 年版,第 150 页。

② [加]艾伦·卡尔松:《环境美学:自然、艺术与建筑的鉴赏》,杨平译,四川人民出版社 2006 年版,第 235 页。

　　阿诺德·伯林特（Arnold Berleant），美国长岛大学荣誉退休教授。曾任国际美学学会主席，国际应用美学咨询委员会主席，国际美学学会秘书长，美国美学学会秘书长等职，著名现象学美学家，环境美学家。我国已经翻译介绍了他于1992年所著的《环境美学》一书和2002年主编的《环境与艺术：环境美学的多维视角》，最近程相占教授又在《学术月刊》2008年第3期翻译发表了他的《审美生态学与城市环境》。可以说，伯林特是一位为中国美学界所熟悉的著名美学家。伯林特的《环境美学》一书共十二章，包括环境美学的基本理论与环境批评、城市美学等实践领域。在基本的理论方面，伯林特首先与传统的主客二分的"人类中心主义"将环境作为外在于人的客体针锋相对，提出了自己的有关环境的概念。他说："我的观点则是：环境就是人们生活着的自然过程，尽管人们的确靠自然生活。环境是被体验的自然，人们生活其间的环境。"又说："也得时刻警惕它们滑向二元论和客体化的危险，比如将人类理解成被放进（Placed in）环境之中，而不是与事与环境共生（Continuous with）。"①为此，伯林特从生态整体观的角度提出一个非常重要的观点："自然之外无他物。"这是他在批判"自然保护区"的设立而说的。所谓"自然保护区"，其设立是为人的所谓观赏和休闲服务的，仍然将自然看作是外在于人的。所以伯林特说："就这一点而言，自然保护区的设定完全没有必要，因为自然之外并无一物。这里所指的自然已经涵盖万事万物，它们隶属于同一个存在层次，沿袭同样的发展进程，遵循同样的科学规律，并能激发相似的惊叹或沮丧之情，而且最终都

---

① ［美］阿诺德·伯林特：《环境美学》，张敏、周雨译，湖南科学技术出版社2006年版，第11页。

被人所接受。"①这里他明显受到斯宾诺莎关于人与自然统一观点的影响。他还进一步将环境美学与传统美学进行了区别。在范围上，传统美学仅限于自然美，而环境美学必须打破自身防线而承认整个世界。而在审美方式上，传统美学是一种静观美学，凭借视听等感官，而环境美学则是一种"参与美学"（Aesthetics of engagement）。他认为，这是本书重点解决的问题。② 伯林特还将环境美学称作是一种"文化美学"（Cultural aesthetics）。这就是说，他除了强调人对环境的审美感知之外，还强调环境美学的文化向度，强调了审美感知中所混合的记忆、信仰、社会关系等。但是，他认为，"关键问题是：如何保持理性意识对当下感受力的忠诚，而不去人为地编辑它们以适应传统的认识"③。伯林特站在现象学的立场，将环境美学称作是一种"描述美学"，它是一种"对环境和审美经验的理解，以及它们之间的一体性"④。在这里，所谓环境就有两重意思，即原始的自然环境与被描述的环境。这种被描述的环境就是"一系列感官意识的混合、意蕴（包括意识到和潜意识的）、地理位置、身体在场、个人时间及持续运动"⑤。

①［美］阿诺德·伯林特：《环境美学》，张敏、周雨译，湖南科学技术出版社
　2006 年版，第 9—10 页。
②［美］阿诺德·伯林特：《环境美学》，张敏、周雨译，湖南科学技术出版社
　2006 年版，第 12 页。
③［美］阿诺德·伯林特：《环境美学》，张敏、周雨译，湖南科学技术出版社
　2006 年版，第 23 页。
④［美］阿诺德·伯林特：《环境美学》，张敏、周雨译，湖南科学技术出版社
　2006 年版，第 29 页。
⑤［美］阿诺德·伯林特：《环境美学》，张敏、周雨译，湖南科学技术出版社
　2006 年版，第 33 页。

其实,这正如伯林特在另外的文章中所说的,对自然环境鉴赏式审美是主观的构成与对象的审美潜质的结合。他并且举了黑羚羊的例子,说明黑羚羊优美的跳跃是潜在的审美素质,也是自然环境的审美的必要条件。在后面的几章中,伯林特还对"参与美学""家园意识""场所意识"环境现象学以及作为未来哲学核心的关于自然哲学,即生态哲学与美学都作了十分重要的论述,许多内容我已经在有关生态美学审美范畴的论著中加以讨论,在此不赘。而在环境美学的实践领域,伯林特提出了"城市美学"的问题:"当我们致力于培植一种城市生态,以消除现代城市带给人的粗俗和单调感,这些模式会成为有益的指导,因而使城市发生转变,从人性不断地受威胁转变为人性可以持续获得并得到扩展的环境。"①而且论述了,"城市设计是一种家园设计",建设"以人为本的城市"。此外,伯林特十分前沿地提出了"太空社区"的设计问题。他指出,人类进入太空探索时代,一系列与地球重力有关的基质、层次、轻重、上下等概念都将发生变化,因而应以全新的观念进行太空社区设计。他说:"研究太空社区设计已经持续了几十年,但这类研究很少从美学角度进行探索。然而,我们不仅要思考在新的环境条件下人类生活如何进行,还要认识和指导这种生活所具有的不同性质的条件,这一点是很重要的。在未来的人类环境,尤其是在太空环境之中,其社区对艺术的本质和作用甚至包括审美都提出了质疑。"②这种论述应该说是很前沿的。

①［美］阿诺德·伯林特:《环境美学》,张敏、周雨译,湖南科学技术出版社2006年版,第56页。

②［美］阿诺德·伯林特:《环境美学》,张敏、周雨译,湖南科学技术出版社2006年版,第89页。

而且,他还从环境美学的角度对博物馆展品的陈列提出看法,要求"用体验美学取代目前的物体的美学。这要求我们把博物馆当作一种环境。像其它环境一样,博物馆这种环境,只有当它作为人与环境相结合的场所发挥作用时,它才真正实现了自身。但博物馆是有特定目的的环境,这个目的就是促进审美的欣赏,促进审美参与的体验"①。这种将环境美学运用于博物馆,有利于观者参与的见解,对我们来说也是颇富启发的。伯林特与瑟帕玛一样从现象学的角度来论述环境批评,将其概括为描述阐释与评价的过程,并对其作用进行了充分的肯定,认为环境批评能使环境的审美价值获得和其他环境价值同等的地位,有助于形成同艺术一样的对环境的审美欣赏,能促进设计水平的提高并人为地塑造环境等。② 该书的最后题为"改造美国的景观",实际上是伯林特欲将其环境美学理论应用于改造家园的设想与蓝图。他认为,"审美价值是理解环境和采取行动的一个必要的部分,并且审美价值必须被包含在任何环境改造的建议之中",而环境美学的最终实践目的就是"使我们在地球上的存在更人性化,就是在所有的景观中弘扬家的价值"③。

　　西方环境美学从 20 世纪 70 年代兴起迄今已有近 40 年的时间,已从不被重视发展到今天被西方学术界承认是与艺术美学、日常生活美学相并立的当代三大美学维度之重要一维。这也是

---

① [美]阿诺德·伯林特:《环境美学》,张敏、周雨译,湖南科学技术出版社 2006 年版,第 106 页。
② [美]阿诺德·伯林特:《环境美学》,张敏、周雨译,湖南科学技术出版社 2006 年版,第 128 页。
③ [美]阿诺德·伯林特:《环境美学》,张敏、周雨译,湖南科学技术出版社 2006 年版,第 161、170 页。

一种历史的进步。当然,我们认为西方美学界的这一界定仍然是不彻底的。因为,环境美学的兴起实际上是美学领域的一场革命,主要针对工业革命与启蒙运动以来"人类中心主义"的勃兴到独霸天下,以其"美学是艺术哲学"与"审美的主体性原则"将自然生态彻底地排除出美学学科。从1966年赫伯恩对"美学是艺术哲学"的命题发难,提出"自然美学"的重要命题,拼力恢复自然生态在美学中的地位,从而导致了环境美学的兴起与兴盛。直到将利奥波德的"生态整体观"作为环境美学的重要原则,以及将生态现象学引进环境美学,"参与美学"的提出及其对康德"静观美学"的颠覆,这场美学领域的革命实际上越走越远。其实,环境美学的出现何止是美学之一维,实际上它是彻底颠覆了西方古典美学的所有重要美学范式。在这样的情况下,难道还能仅仅将其称作是美学学科三足鼎立之一翼吗?因此,当代西方环境美学目前仅仅被归结为美学之一翼,不能充分发掘其普适性价值,应该引起我们的深思!这只能说明传统的工具理性思维以及与之相关的学术体制是如何的顽强!

与西方的环境美学相呼应,我国从20世纪90年代开始,特别是新世纪以来,逐步兴盛起生态美学。特别在当前以"和谐社会""环境友好型社会"以及"生态文明"为社会建设目标的新形势下,我国的生态美学发展遇到了前所未有的极好机遇。在这种情况下,我们应该从西方环境美学的发展中吸取宝贵的经验教训。首先是吸收其冲决传统"主体性美学"与"美学即艺术哲学理论"扭曲美学真谛与独霸天下的不正常现象,学习其抗争精神与解构策略。同时,还要学习环境美学所提供给我们的丰富学术营养。例如,它们对于传统自然审美"如画风景论"的批判,对于"自然之外无他物"的倡导,生态现象学的熟练运用,"参与美学"的有价值内涵，以及对于"景观美学"与环境美学实践的倡导，都值得我们很好地学习借鉴。同时，西方环境美学的命运也应给我们以启示，那就是它们迄今的被归于一翼的地位说明传统"主体性美学"及其学术制度的顽强。因为迄至今天西方仍然只将环境美学视作实践形态的"应用美学"的范围，而并不将其视作美学理论的本体。正因此，我们认为，不能仅仅将环境美学与生态美学称作是一种美学形态或新的分支学科，而应该将其看作是美学学科的新发展与新延伸，是一种相异于以往的当代形态的包含生态维度的新的美学理论。

再进一步思考，西方 20 世纪环境美学虽有其产生的历史必然性与存在的学术合理性，但其毕竟是西方社会的产物，其产生的土壤是欧美等西方发达国家，因此，对于其某些学术立场我们很难完全接受。例如，作为哲学立场的"荒野哲学"，在西方发达国家具有辽阔的国土与丰饶的资源的情况下可以加以推行，保留大量的荒野，使人们欣赏完全原生态的美。那么，对于我国这样的国土资源相对紧缺的国家，生态足迹相对有限，那就很难保留大片荒野不去开发。再如西方的"生态中心主义"哲学立场，包括将人权延伸到大猩猩等动物中，我们只能有限度地实行，走人与自然双赢的道路，持生态人文主义立场。与之相关的西方环境美学所坚持的"自然全美论"，力求维持原始自然的原生态之美。但"自然全美"，我们不仅在理论上难以苟同，在实践上也难以完全接受。我们的立场是"环境友好"、开发与保护共存。而从理论资源来说，西方环境美学凭借的是西方资源，并不时借鉴东方资源。而我国作为东方文明古国，"天人合一"是我们的文化传统，在儒释道等文化理论中蕴含着丰富的生态审美资源，是我们建设当代生态美学的主要理论支撑，等待我们发掘整理与实行当代转换。

我们相信，在中西与古今对话交流的基础上，我国当代生态美学一定能得到更好的发展。

二、中国生态美学的产生及其
原生性的东方色彩

20 世纪 90 年代以来，生态美学在中国悄然兴起。先是 1992 年由署名由之的译者在《哲学研究》上翻译介绍了俄国曼科夫斯卡娅所写《国外生态美学》一文，该文全面地介绍了西方的环境美学。1994 年李欣复教授发表《论生态美学》一文，初步论述了自己对于生态美学建设的看法。2000 年 12 月，陕西人民教育出版社出版了徐恒醇的《生态美学》一书，提出区别于自然美的"生态美"概念。2002 年 6 月，笔者在《陕西师范大学学报》发表《生态美学：后现代语境下崭新的生态存在论审美观》一文，提出生态美学"是一种人与自然和社会达到动态平衡、和谐一致的处于生态审美状态的崭新的生态存在论审美观""后现代在精神与文化上的特色就是对生态精神的倡导，这就为生态美学的产生与发展提供了土壤，创造了条件""生态美学的发展可以使我国早期的这些生态学智慧同当代结合，重新放射出夺目的光辉"等看法，阐明了生态美学产生的后现代生态文明时代特点、崭新的生态存在论审美观内涵及其与中国古代生态审美智慧的密切关系。2010 年，笔者出版《生态美学导论》，融汇中西，以西方生态存在论与中国古代"天人合一"理论为两个基本支点初步建立了较为系统的生态美学理论体系。2007 年 7 月，我国政府正式提出建设生态文明社会的重要决策。2012 年 11 月，中国政府首次将建设"美丽中国"、永续发展作为生态文明建设的重要内容。中国包括生态美学在内的生态理论得到长足的发展,进入快速发展时期。

　　生态美学的发展是中国的现实需要,也是中国传统文化当代发展的必然结果。事实告诉我们,生态美学对于中国这一农业古国是一种原生性的文化形态。20世纪80年代中期崛起的生态美学具有鲜明的东方色彩,是包括中国在内的东方学者对于世界美学的贡献,是东方古代生态审美智慧在当代的重放光彩。诚如美国当代建设性后现代理论家小约翰·B.柯布所说,当代"科学进一步发展所需之基本世界观与其说接近第一次启蒙之世界观,不如说更接近古典的中国思维,那么让大多数中国古典思想获得新生,此其时也!"①下面,我们要着重论述生态美学的东方色彩及其与西方环境美学的区别。在这里我想借用几个概念,那就是文化人类学的原生性文化概念,是指族群原初创造的文化形态即"族群原初性文化"。所谓"族群原初性文化是指族群最初创造的文化事项经过了漫长历史演进仍然保持其本质特征和基本状态的文化现象。它具备原创时代的本真意义,保留着诞生时的基本状态,在历史长河中具有相对的稳定性。因自成体系而独立,又被世界所接纳"②。这里的"族群原初性文化"是与文化人类学的"文化区域"以及"调适"的概念相关联的。按照文化人类学的观点,一定的文化形态是与一定的地理区域与经济生活模式密切相关的,是人类调适周围地理生活区域而形成的文化形态,这就是一种"族群原初性文化"。诚如文化人类学家哈维兰所说,"文化区域是不同的社会遵循相同生活模式的地区。因为不同的地理

---

① 转引自王治和、樊美筠:《第二次启蒙》,北京大学出版社 2011 年版,"序二"第 11 页。
② 傅安辉:《论族群的原初性文化》,《吉首大学学报》2012 年第 1 期。

区域在气候和地貌上往往是不一样的……"①而一定的文化形态正是人类对这种特定的地理环境与生活模式"调适"的产物。哈维兰指出:"调适意味着生活需要与其环境潜能之间存在着动态平衡。调适也指有机体(不管是人还是其他动物)与其环境的相互作用,任何一方在他方之中引起变化。"②由于中西之间因地理环境与生活模式的差异,因而形成不同的文化形态。钱穆认为,中西文化之差别在于中国是典型的农业文化,而西方古希腊则是典型的商业文化。他说:"中国是一个文化发展很早的国家,他与埃及、巴比伦、印度,在世界上上古部分里,同样占到很重要的篇幅。但中国因其环境关系,他的文化,自始即走上独自发展的路径。……中国文化不仅比较孤立,而且亦比较特殊,这里面有些可从地理背景上来说明。"他得出结论说:"中国文化自始到今建筑在农业上面的,西方则自希腊、罗马以来,大体上可说是建筑在商业上面。一个是彻头彻尾的农业文化,一个是彻头彻尾的商业文化。这是双方很显著的不同点。"③农业文化必然导致的是重视天人相和的"生态文化",而商业文化必然是重视天人相分的"科技文化"。由此说明,生态文化对于中国是一种"族群的原生性文化"。在人类社会早期的西方是没有生态文化的,它在西方的产生是工业革命之后的事情,而且是受到中国等东方生态文化影响的结果。所以,我们说,生态文化在西方是一种后生性、外引性的文化形态。它

---

① [美]威廉·A.哈维兰:《文化人类学》,瞿铁鹏译,上海社会科学院出版社2006年版,第189页。
② [美]威廉·A.哈维兰:《文化人类学》,瞿铁鹏译,上海社会科学院出版社2006年版,第189页。
③ 钱穆:《中国文化史导论》,九州出版社2011年版,第1、14页。

的产生是工业革命之后的事情,只有在外引的条件下才会产生;而对于东方,生态文化则是原生性文化。而西方学术界于 20 世纪 60 年代才出现环境哲学、环境美学与文学生态批评,这些生态文化形态其实都是一种后生性文化,是接受东方文化外引的结果,包含着明显的东方元素。现举其重要者加以说明。

首先是德国哲学家海德格尔,他被称为形而上的生态理论家,在生态哲学与生态美学方面具有开创性的建树。他将存在与存在者加以区别,实现了从传统认识论到现代生存论的转变,以"此在"的概念包含了人与自然生态的机缘性统一,从而突破"人类中心主义"走向生态存在论。而其生态思想的形成就受到中国古代道家思想的影响,前已介绍,在此不赘。另外,美国著名的"过程哲学家"怀特海力倡有机哲学,他以作为过程与生成的"动在"代替了主客二分的"实体性哲学",以生命的有机性作为美的最主要特征。他说:"所需要的是有机体在恰当的环境中所取得的生动价值的无限多样性的欣赏。男女虽然掌握了关于太阳,关于大气层,关于地球旋转的所有知识,但你依然会错过日落的辉煌。"[1]而怀特海这种在西方 20 世纪 20 年代非常另类的有机论哲学的形成,无疑也受到东方特别是中国哲学的影响。怀特海曾经对亲自登门拜访的三位中国年轻学者贺麟、谢幼伟与沈有鼎说道,"我喜欢东方思想。我的书英语学生不易懂,中国人会感兴趣。我的思想中有中国人的天道思想,美极了"[2]。由此说明怀

---

[1] 转引樊美筠《怀特海过程美学及其生态意蕴》,载乐黛云等主编《跨文化对话》第 31 辑,生活·读书·新知三联书店 2013 年版,第 73 页。
[2] 转引自王治和、樊美筠:《第二次启蒙》,北京大学出版社 2011 年版,"序言"第 16 页。

特海有机哲学的东方色彩。再就是挪威著名生态哲学家、当代深生态学的创始人阿伦·奈斯。他的深生态学就是对于原初作为自然科学的生态学从人文价值角度的深度追问,是一种当代的生态哲学,具有极大的影响力。深生态学的最大特点是对于西方占据统治地位的"人类中心主义"的批判与超越,力主"自我实现"与"共生"。而这是对于作为西方主体哲学的主客二元对立理论的突破。诚如西方生态理论家德韦尔和塞欣斯所说,"深层生态学始于统一体而非西方哲学中占支配地位的二元论"①。奈斯师承荷兰哲学家斯宾诺莎,倡导其实体性一元论哲学思想,同时吸收了印度甘地的哲学思想与佛学及中国的道家思想,由此构成其特有的深生态学。其关键词"自我"就意蕴深刻,东方色彩浓郁。奈斯认为他所说的"自我"不是西方传统哲学中的主客二分的自我,也不是作为"本我"的个人欲望满足的"自我",而是东方佛教中的万物一体的"大我"。他说:"我不在任何狭隘的、个体意义上使用'自我实现'的表述,而要给它一个扩展了的含义。这是一种建立在内容更为广泛的大写的'自我'(Self)与狭义的本我主义的自我相区别的基础上的,在某些东方的'自我'(Atman)传统中已经认识到了。这种'大我'包含了地球上的连同它们个体自身的所有生命形式。"②由上述可见,西方现代生态哲学与生态美学是一种对于传统"人类中心主义"哲学的突破,是吸收东方思想的成果,在所有西方现代比较彻底的生态理论中无不包含着东方色彩。

---

① 转引自雷毅:《深层生态学思想研究》,清华大学出版社 2001 年版,第 27 页。
② 转引自雷毅:《深层生态学思想研究》,清华大学出版社 2001 年版,第 47 页。

　　20世纪后期以来，在中国产生了生态美学。在此之前，即1984年12月10日，日本美学家今道友信在东京皇家宾馆与杜夫海纳、帕斯默举行的"美学的将来的课题三人谈"，其重要主旨就是生态美学的建立与东方美学范畴的发扬问题。尽管会议只是问题的提出，但意义非同寻常，交谈中涉及佛教、基督教与儒学等东西方文化问题。这说明，国际美学界在新的历史条件下，对于东方美学在解决现代包括生态问题在内的现实问题中应当发挥更大作用的期许。中国学术界于1987年开始关注生态美学问题，1994年首次提出生态美学论题，2001年西安第一届生态美学学术研讨会之后，生态美学逐渐在中国学术界成为热点问题之一。这里就出现了一个中国生态美学是原生的，还是引入的。当然毋庸讳言，我们在生态美学建设中借鉴了大量的西方资源。但从根本上来说，生态美学在中国现代具有原生性特点，而且也只有这种原生性才能使中国的生态美学建设符合中国的国情与特点，也才能走上健康发展之路。中国生态美学的原生性可以从现实的需求与古代的文化根基两个方面加以说明。

　　首先是中国现代生态美学的产生是一种发自自身的内在需求。它是中国现代化进程进入后工业时代即生态文明时代的一种文化需要与表征。众所周知，中国的现代化进程始自1978年改革开放，历经40多年的发展历程，已经从一个经济不发达的国家跨越进入世界经济总量第二大的实体。但在这一过程中也付出了沉重的代价，其中就包括自然生态的污染，西方发达国家200多年现代化出现的污染问题中国在短短的30年中集中出现了，问题的严重性是有目共睹的。由此说明中国实际上已经进入后工业文明的生态文明时代，必须将可持续的绿色发展作为今后长期发展的道路。这就是2007年10月中国正式将"生态文明"列入国家建设发展重要目标的缘由。在这种情况下,生态哲学与生态美学的建设就成为中国经济社会发展的必然选择,是一种内在的自身的需要。这也就是为什么在 1972 年国际社会在斯德哥尔摩召开第一次环境会议并发表《人类环境宣言》,尽管中国也派代表团参加了会议,但却并没有提出生态文明建设问题,而只有到 2007 年经过将近 30 年工业化历程后才提出生态文明建设的原因,说明生态文明建设是中国的内在现实需要。

　　而从中国传统文化的角度来看,生态哲学与生态美学建设则在中国具有自身原生性的理论根基。因为中国作为大陆国家,素以农业文明为主。这种"以农为本"的经济社会形态必然产生人与自然相谐的生态文化,而且长期的农业社会也使这种古典形态的生态文化得以基本保存,从而成为现代生态哲学与生态美学的根基,因此可以说中国现代生态哲学与生态美学是具有原生性的。从哲学基础来说,"天人合一"成为现代生态哲学与生态美学的哲学基础。"天人合一"力主"天地人"三才之说,认为三者构成须臾难离的共同体。这其实就是一种人与自然共生的生态的共同体。而且,"天人合一"之说力主"天父地母""阴阳相谐""万物繁茂",构成一种富有生机的宇宙大家庭,这就是一种东方式的生态文化的"家园意识"。总之,"天人合一"就是一种中国式的古典生态观;而"万物平等观"则成为中国生态文化的价值取向。无论是中国古代的儒家,还是道家和佛家,均力主万物平等。儒家的"民胞物与",道家的"万物齐一",佛家的"众生平等",都是力主万物具有均等的价值;而儒家的"己所不欲,勿施于人"则成为生态哲学与生态美学必具的终极关怀的仁爱情怀,这就是生态文化所不可离开的超越性;而"生生之为易""天地大德曰生"则成为生态哲学与生态美学的生命论重要内涵。包括人类在内的万物之生命的繁茂旺相是生态哲学与生态美学的最重要范畴，是生态文化区别于单纯的科技文化的最重要表征。而中国古代生命论哲学与美学却有着极为发达的资源，无论是作为六经之首的《周易》所力倡的"生生之为易"，《黄帝内经》的"四气调神"的养生之道，还是艺术中的"气韵生动"等等都包含丰富的生命论内涵。在这里需要说明的是，生命之美是生态美学的最重要范畴，是区别于并高于传统"比例、和谐与对称"的形式之美的更高的美学形态。而且，中国古代的生命之美区别于西方之处还在于中国古代的生命之美不仅包含万物，而且是一种活生生的现实生活中的人的生命之美，具有"天地人"的"空间性"与"四时"的"时间性"，价值非同寻常。上述中国古代生态文化已经成为当代中生态哲学与生态美学建设发展的重要支撑，证明生态哲学与生态美学在中国发展的原生性。

三、生态美学与环境美学之辨

中国生态美学的发展吸收了西方环境美学的诸多资源，因此环境美学是生态美学的重要资源与学术同盟，但中国生态美学始终坚持人与自然构成共同体的"生态学立场"却是毋庸置疑的，而环境美学坚持"与人呈围绕之态"的"环境学立场"也是十分明显的。目前，环境美学与生态美学均呈现良好发展态势。但将两者相混淆以及对于两者关系显示疑义的情形却时有发生，因此从学术的角度将两者加以适当区分则是必要的。何况，对于生态与环境两者的关系已经在国内外学术界形成不同表达的态势。著名的美国环境批评家劳伦斯·布伊尔就在2005年出版的《环境批评的未来》一书中对于"生态"概念加以批评并主张代之以"环境"。他说:"我特意避免在书名中使用'生态批评',尽管文学—环境研究是通过这个概括性术语才广为人知的;尽管我自己在本书的许多语境中特多次使用该词;尽管我期望本书获得注意和评论时,该词被用作基本的查询词。在此我想简要说明理由:首先,'生态批评'在某些人的心目中仍然是一个卡通形象……知识浅薄的自然崇拜者俱乐部。这个形象树立于这项运动的青涩时期,即使曾经属实,今天也已不再适用。第二,也是更为重要的,我相信,'环境'这个前缀胜过'生态',因为它更能概括研究对象的混杂性……一切'环境'实际上都融合了'自然的'与'建构的'元素;'环境'也更好地囊括了运动中形形色色的关注焦点,其种类不断增长,对大都市和受污染的景观,还有环境平等问题的研究越来越多……它们突破了早期生态批评对自然文学和着重提倡自然保护的环境主义文学的集中关注。第三,'环境批评'在一定程度上更准确地体现了文学与环境研究中跨学科组合……其研究对人文科学和自然科学都有所涉猎;近年来,它与文化研究的合作多于与科学学科的合作。"①尽管我们已经在一些文章中谈到了两者的区别,但布依尔的理论还是不自觉地导致"西方中心主义",因为,"环境"无疑是一个现代的科学概念,而中国的"天人合一"等传统理论无论如何是与环境难以搭界的,这样就排除了生态哲学与生态美学在东方特别是在中国的原生性,排除了中国古代"天人合一"等生态智慧在当代生态文化建设中不可取代的重要价值。这已经是一个学术的是非问题,是需要认真加以澄清的。我们在论述之前想说明的是,我们从来不反对"环境批评"和

---

① [美]劳伦斯·布伊尔:《环境批评的未来》,刘蓓译,北京大学出版社 2010 年版,"序言"第 9 页。

"环境美学",从来都认为这些研究也有其自己重要的价值与意义,完全可以独自存在与发展,并与"生态批评"与"生态美学"结成学术同盟。但既然布伊尔教授已经明确地将"生态"二字排除出学术研究范围,那我们就不得不就"生态"与"环境"之区别明确发表自己的看法。

我想首先需要说明的是,所谓"环境"概念用于人文学科必然包含着西方"人类中心主义"的内涵。从词义上来说,英文"环境"(environment)一词具有第一,围绕、周围;第二,环境、四周、外界等两义。这种"人类中心主义"表现在"环境美学"则特别明显,著名环境美学家约·瑟帕玛在其《环境之美》一书中在对"环境"进行解释时写道,"环境围绕我们(我们作为观察者位于它的中心),我们在其中用各种感官进行感知,在其中活动和存在。问题在于感知者和外部的关系,就算没有感知者,外部世界仍然存在。"又说,"甚至'环境'这个术语都暗示了人类的观点:人类在中心,其他所有事物都围绕着他"①。这是一种"天人相分"的人类中心主义的观点。即便是布伊尔也认为,环境"它成了一个更加物化和疏离的环绕物"②。海德格尔曾经严厉地批评了这种人与自然疏离的观点,他认为这种"一个在一个之中"的环境概念"它们属于不具有此在式的存在方式的存在者"。③ 即是一种物理性的僵化的物性的关系,而不是活生生的现实的人的生存关系。相反,"生

①[芬]约·瑟帕玛:《环境之美》,武小西、张宜译,湖南科学技术出版社 2006 年版,第 23、136 页。

②[美]劳伦斯·布伊尔:《环境批评的未来》,刘蓓译,北京大学出版社 2010 年版,第 69 页。

③[德]马丁·海德格尔:《存在与时间》,陈嘉映、王庆节译,生活·读书·新知三联书店 1987 年版,第 67 页。

态学"（Ecological）有"生态学与生态保护"之意。其词头 eco 有"生态的，家庭的，经济的"之意，也就是具有"在家庭中"之意。海德格尔在阐释"在之中"的生态意蕴时说道，"'在之中'不意味着现成的东西在空间上'一个在一个之中'；就源始的意义而论，'之中'也根本不意味着上述方式的空间关系。'之中'（in）源自innan，居住，habitare，逗留。'an'（于）意味着：我已经住下，我熟悉、我习惯、我照料"①。而"生态学"一词则是德国生物学家海克尔于 1869 年将两个希腊词 okios（家园或家）与 logos（研究）组合而成。可见，"生态的"含义的确包含"家园、居住与逗留"之意，比"环境"更加符合人与自然一体的情形。很显然，海德格尔批评了"一个在一个之中"的"环境"概念而力主具有"家园"意识的"生态"概念。与之相应的是中国古代"天人合一"的古典生态智慧则是完全符合"生态"之内涵的，这里的天与人是须臾难离的家园，构成"混沌"一体的"太极"，而绝不是具有某种"中心"的天人两分。庄子曾经在《应帝王》中讲了一个儵、忽与混沌的故事，说明中国古代哲学是天人不分的，是一种天地人共同体的生态哲学思想，是与天人相对的"环境"概念不一致的。如果使用"环境"代替"生态"，必然将中国古代生态哲学与生态美学排除在外。

　　再就是环境美学尽管从分析美学脱颖而出，但却最终没有摆脱分析美学。国际环境美学的重要代表卡尔松在为《斯坦福哲学全书》所写"环境美学"的条目中写道："环境美学是哲学美学的一个重要分支领域。它发生在分析美学之内，产生的时间是 20 世

---

①［德］马丁·海德格尔：《存在与时间》，陈嘉映、王庆节译，生活·读书·新　　知三联书店 1987 年版，第 67 页。

纪后30年。"①另一位西方著名环境美学家瑟帕玛则更为明确地在自己的《环境之美》一书的导语中写道,"我这本书的目标是从分析哲学的基础出发对环境美学领域进行一个系统化的勾勒"②。而他在这本书中所论述的两个基本理论问题——本体论探讨中提出的"环境世界"观念即为分析美学"艺术世界"观念的翻版;另一个关于元批评的"环境如何被描述"则完全使用分析哲学的描述之法。由此可见,环境美学尽管始于赫伯恩发表于1966年的那篇著名的批评分析美学的《当代美学及自然美的遗忘》,但连赫伯恩自己也还是使用了与艺术美相应的"自然美"(Natural beauty)概念,没有能够真正摆脱传统西方分析美学,而仅仅是在其框架之内论述研究环境之美。而中国现代生态美学将古代的"天人合一""万物一体"以及"冲气以和"的生命论思想包括在内,它不仅与以概念与语言的辨析为其特点的西方分析美学相异,而且也相异于西方以人为中心的生命哲学,而是一种万物一体的有机的生命哲学与美学,包括在东方儒释道各种古典哲学形态之中。

再就是西方环境美学还表现出明显的"艺术中心论"思想,这在他们的具体审美论述中得到进一步的反映。他们对于环境审美分别了对象模式、景观模式与环境模式三种。所谓对象模式即是将对象从环境中独立出来考察;景观模式则是将环境当作具有边框的风景画欣赏;而环境模式则是直接进入环境运用所有感官

---

①转引自程相占:《环境美学对分析美学的承续与拓展》,《文艺研究》2012年第3期。

②[芬]约·瑟帕玛:《环境之美》,武小西、张宜译,湖南科学技术出版社2006年版,第1页。

欣赏。但这三种模式用瑟帕玛的观点来看并没有超出艺术的审美范围。他说，"人们根据三种模式来行事——即对象模式、风景模式或景观模式和环境模式。当将对象社会化并为它们创造接受规范时，它们都接近于艺术"①。这里需要说明的是，"环境模式"的审美中运用了各种感官类似于自然生态审美，但由于这种审美模式在"环境美学"中还是依赖于人工的各种规约，诸如公园、博物馆与人造森林的进入、参观路线与导游说明，等等，都使其具有艺术的人工性质。还有一种需要我们认真对待的是卡尔松的肯定美学，即著名的"自然全美"观点。在这里，卡尔松运用了生物学与生态学的科学视角，认为从这样的视角对于自然对象进行描述可以发现其特殊的美。他说："科学知识以及重新描述使我们看到不曾见到的美，看到模式与和谐而不是无意义的混乱"②。很明显，这里还是科学在起作用，是一种运用科学所进行的"描述"，其实质还是分析美学的描述的方法。但生态美学则是一种东方式的人与自然融为一体的生命的生存的审美模式。生态美学将"生"或者"生生"即生命，作为最基本的美学命题，包含与西方相异的"元亨利贞""吉祥安康"与"保合太和"等追求美好生命与生存的审美模式。至于布伊尔所说的生态是一种"卡通形象……知识肤浅的自然崇拜者的俱乐部"，那是某些使用者的问题，而不是"生态"这个重要概念自身的问题，绝不能因此而废弃"生态"这个包含丰富内涵的重要概念。

---

①［芬］约·瑟帕玛：《环境之美》，武小西、张宜译，湖南科学技术出版社 2006 年版，第 64 页。

②［加］艾伦·卡尔松：《环境美学——自然、艺术与建筑的鉴赏》，杨平译，四川人民出版社 2006 年版，第 137 页。

　　以上，我们论述了西方环境美学与人类中心主义以及其传统分析美学的密切关系。环境美学是西方学术土壤上具有原生性的理论形态，它是与生态美学有着原则的区别的。当然，我们从来也没有否认环境美学作为一种新的美学形态的特殊价值与意义。而生态美学尽管具有明显的原生性的东方特色，但目前仍然处于发展的过程中，需要在对话交流，特别是所有东方学者的共同努力中使之走向成熟。

第六章　生态美学视野中的自然之美

自然美问题是美学中的难点与热点。李泽厚在《美学四讲》中指出:"就美学的本质说,自然美是美学的难题。"①叶朗在《美在意象》中指出:"自然美问题,在美学史上是一个引人关注的问题。"②也有人更为形象地将自然美说成是美学的"斯芬克斯之谜"。最近有的学者认为,"生态美学虽然这几年相对来说比较热闹,但是,它的哲学基础和核心命题都还是空缺"③。这个问题提得很好也很尖锐,其实所谓"核心命题"主要就是"自然之美"问题。也就是说,自然何以会美,传统的艺术哲学认为,自然只有在像是艺术时才美;但生态美学却认为,自然只有在成为人类美好栖居的家园时才美。自然之美涉及的另一个根本问题是,在生态美学的理论体系之中,自然审美的对象是什么,是与人类相对的自然环境吗? 传统美学是这样认为的。但生态美学从不承认具有独立于人类之外的自然环境,只认为自然环境只有在与人构成须臾难离的生态系统时,才有可能成为生态美学的对象。对象是与主体密不可分的,不存在脱离主体的对象,这就是生态美学在审美对象问题上的基本立场。

①李泽厚:《美学四讲》,生活·读书·新知三联书店1998年版,第73页。
②叶朗:《美在意象》,北京大学出版社2009年版,第178页。
③徐碧辉:《从实践美学看生态美学》,《哲学研究》2005年第9期。

一、"实体"之美与"关系"之美

自然之美不是实体之美,而是生态系统中的关系之美。它不是主客二分的客观的典型之美,也不是主观的"精神之美",而是生态系统中的关系之美。事实告诉我们,自然界根本不存在孤立抽象的实体的客观"自然美"与主观"自然美",西文中的"自然"(Natural)有"有独立于人之外的自然界"之意。它与中国古代"道法自然"中的"自然"内涵是不同的,它主要讲的不是一种状态而是指物质世界。早在古希腊的亚里士多德就在其《物理学》一文中论述了"自然"。他说:"只要具有这种本源的事物(即因由于自身而存在)就具有自然。一切这样的事物都是实体。"①可见,在西方历来是将"自然"看作是相异于人、独立于人之外甚至是与人对立的物质世界的。这就必然推导出自然之美就是这种独立于人之外的物质世界之美。但这种独立于人之外的物质世界之美实际上在现实中是不存在的。因为,从生态存在论的视角来看,人与自然是一种"此在与世界"的关系,两者结为一体,须臾难离。而且,人与自然是一种特定的时间与空间中此时此刻的关系,构成一刻也不可分离的系统,从不存在相互对立的实体。正如美国生态哲学家伯林特·阿诺德所说,"自然之外并无一物",人与自然"两者的关系仍然只是共存而已"②。恩格斯对二种将人与自

①《亚里士多德全集》第 2 卷,苗力田译,中国人民大学出版社 1991 年,第 31 页。

②〔美〕阿诺德·伯林特:《环境美学》,张敏、周雨译,湖南科学技术出版社 2006 年版,第 9 页。

然割裂开来的观点进行了严厉的批判。他说，"而那种把精神和物质、人类和自然、灵魂和肉体对立起来的荒谬的、反自然的观点，也就愈不可能存在了"①。因此，在现实中只存在人与自然紧密相连的自然系统，也只存在人与自然世界融为一体的生态系统之美。那就是利奥波德在《沙乡年鉴》中所说的"生物共同体的和谐、稳定和美丽"②。在这里，"生态"有家园、生命与环链之意，所以生态系统之美就有家园与生命之美的内涵。但对于是否有实体性的"自然美"则是一个在国际上普遍有争论的问题。就拿环境美学与自然美学的开创者赫伯恩来说，在他那篇著名的批判艺术中心论的文章《当代美学及自然美的遗忘》中，仍然有"自然美"（Natural beauty）这一自然之美为实体美的表述。③

那么，在自然之美中对象与主体到底是一个什么样的关系呢？如果从生态系统来看，它们各自有其作用。荒野哲学的提出者罗尔斯顿认为自然对象的审美素质与主体的审美能力共同在自然生态审美中发挥着自己的作用。而从生态存在论哲学的角度来看，自然对象与主体构成"此在与世界"共存并紧密相连的机缘性关系，人在"世界"之中生存，如果自然对象对于主体（人）是一种"称手"的关系，形成肯定性的情感评价，人处于一种自由的栖息状态，是一种审美的生存，那人与自然对象就是一种审美的关系。对于自然之美中实体性美之消解以及生态系统之美能否成立，有学者认为，"美学作

<hr />

① 《马克思恩格斯选集》第 3 卷，人民出版社 1972 年版，第 518 页。
② ［美］奥尔多·利奥波德：《沙乡年鉴》，侯文蕙译，吉林人民出版社 1997 年版，第 213 页。
③ 参见［加］艾伦·卡尔松：《环境美学——自然、艺术与建筑的鉴赏》，杨平译，四川人民出版社 2006 年版，第 17 页。

为感性学,它的最重要的特点就是必须指涉具体对象,审美活动必须在具体的活生生的感性形象中进行。生态学强调的有机整体无法成为审美对象,因为整体不是对具象的凸显,而是湮没;生态学强调的关系无法成为审美对象"①。这位学者的问题是具有普遍性的。因为在传统的认识论美学之中,从主客二分的视角来看,审美主体面对的倒确实是单个的审美客体;但从生态存在论美学的视角来看,审美的境域则是"此在与世界"的关系,审美主体作为"此在"所面对的是在"世界"之中的对象。"此在"以及这个在"世界"之中的对象,与世界之间是一种须臾难离的机缘性的关系,所以这是一种关系性中的美,而不是一种"实体的美"。海德格尔对于这种"此在"在"世界"之中的情形进行了深刻的阐述。他认为这种"在之中"有两种模式;一种是认识论模式的"一个在一个之中",另一种则是存在论的此在与世界的机缘性关系的"在之中",这是一种依寓与逗留。他说:"'在之中'不意味着现成的东西在空间上'一个在一个之中';就源始的意义而论,'之中'也根本不意味着上述方式的空间关系。'之中'(in)源自 innan,居住,habitare,逗留。'An'(于)意味着:我已住下,我熟悉、我习惯、我照料。"②这说明,生态美学视野中的自然审美中"此在"所面对的不是孤立的实体,而是处于机缘性与关系性中的审美对象。所以,阿多诺认为,"若想把自然美确定为一个恒定的概念,其结果将是相当荒谬可笑的"③。

---

①刘成纪:《生态学时代的新自然美学》,《光明日报》2005 年 2 月 18 日。

②[德]马丁·海德格尔:《存在与时间》,陈嘉映、王庆节译,生活·读书·新知三联书店 1987 年版,第 67 页。

③[德]阿多诺:《美学理论》,王柯平译,四川人民出版社 1998 年版,第 125 页。

二、"人化自然""自然全美"与 "诗意栖居"之美

　　自然之美有别于认识论的"自然的人化"之美,也有别于生态中心论的"自然全美",而是生态存在论的"诗意的栖居"与"家园之美"。它有别于认识论的美是"自然的人化"。众所周知,李泽厚先生曾提出自然美的"自然的人化"说。他说,对自然美这个问题,"我当年提出了'美到客观性与社会性相统一'亦即'自然的人化'说"①。但这种美是"自然的人化"说是难以成立的。第一,"自然的人化"并不都是美的。太湖周围"人化"的结果是严重污染了太湖,造成生态灾难。其实,这种非美的所谓"人化"是非常多的而且是非常严重的。整个华北地区无限制地开采地下水,已经接近枯竭,人们形象地说如果世界上的人平均喝一壶水,中国人只能喝一杯水,那么华北人只能喝一口水。如果继续无限制地开采下去,我们甚至连这一口水都喝不上。这样的"人化"难道也是一种美吗? 第二,这一理论误读了马克思的哲学观与美学观。马克思并不是在美学的意义上讲自然的人化与劳动创造美的。马克思在《1844年经济学哲学手稿》中在谈到对象与人的感官的互相创造关系时说道:"一句话,人的感觉、感觉的人性,都只是由于它的对象的存在,由于人化的自然界,才产生出来的。"②显然,这里说的是人的感觉是社会的,是在具有社会性的对象的创造中形成的,并不是讲自然美。而劳动创造美的问

---

①李泽厚:《美学四讲》,生活·读书·新知三联书店1998年版,第74页。
②《马克思恩格斯全集》第42卷,人民出版社1979年版,第126页。

题,马克思则是在"异化劳动"部分批判资本主义劳动对于人的压迫时提出的,他指出:"劳动创造了美,但是使工人变成畸形。"①如果仅仅引用以上这些话,似乎给人的感觉马克思是力主人在自然美创造中的主导作用,是一种人类中心主义。但恰恰相反,马克思不仅在论述共产主义时讲道了"彻底的自然主义与彻底的人道主义的统一":"这种共产主义,作为完成了的自然主义,等于人道主义,而作为完成了的人道主义,等于自然主义,它是人和自然之间、人和人之间矛盾的真正解决,是存在和本质、对象化和自我确证、自由和必然、个体和类之间斗争的真正解决。"②而且又在"异化劳动"部分讲道,"而人却懂得按照任何一个种的尺度来进行生产,并且懂得怎样处处都把内在的尺度运用到对象上去;因此,人也按照美的规律来建造"③。以上论述包含着浓厚的生态维度。此外,马克思还在《手稿》写作的同时也对过度的"自然的人化"进行了尖锐的批判。他以化工工业对河流的污染为例指出,河水的污染剥夺了鱼的"本质",使河水成为"不适合鱼生存的环境"。为此,他对过度的"人化"发出了警告:"每当工业前进一步,就有一块新的地盘从这个领域划出去……"④普列汉诺夫与李泽厚还以狩猎时代没有对植物的欣赏为例证明生产实践是审美的唯一决定因素以及"自然的人化"的有理。其实,这也是不完全符合实际的。事实证明,生产方式是审美意识的终极根源但不是唯一根源。甚至连普列汉诺夫也

①《马克思恩格斯全集》第 42 卷,人民出版社 1979 年版,第 93 页。
②《马克思恩格斯全集》第 42 卷,人民出版社 1979 年版,第 120 页。
③《马克思恩格斯全集》第 42 卷,人民出版社 1979 年版,第 97 页。
④《马克思恩格斯全集》第 42 卷,人民出版社 1979 年版,第 369 页。

说,在狩猎时代,"这种生活方式使得从动物界吸取的题材占据着统治的地位"①。他并没有说这是"唯一的地位"。恩格斯曾经针对当时的经济决定论说,"根据唯物史观,历史过程中决定性因素归根结底是现实生活的生产和再生产。无论马克思或我都从来没有肯定过比这更多的东西。如果有人在这里加以歪曲,说经济因素是唯一的决定性的因素,那么他就是把这个命题变成毫无内容的、抽象的、荒诞无稽的空话"②。事实告诉我们,审美与艺术不仅起源于劳动而且起源于巫术。弗雷泽在《金枝》中详细记述了原始人对树神的崇拜,中国甲骨文中的"艺"就有植树之意③,而《诗经》中桑间濮的记述也说明植物在古代人生活中的重要作用。由此可见,以生产决定论来证明"自然的人化"的正确是没有充分理由的。第三,这一理论依据康德的"合规律性与合目的性统一"的理论是以形式符合人的需要为标准,是人类中心主义的。而且康德所说的"形式的合目的性"也是现实中不存在的,因为康德所说的毫无内容的形式在现实生活中是没有的。该理论的倡导者认为,"合规律性与合目的性相统一,这个'通向美的问题'和直觉,在社会美之中更多是规律性服从目的性,而在自然美中则更多是目的性从属于规律性"④。众所周知,从欧洲启蒙主义开始,主体性与人类中心主义就占据了主导性地位,康德哲学与美学是一个时代的

①王荫庭编:《普列汉诺夫读本》,中央编译出版社2008年版,第247页。
②《马克思恩格斯选集》第4卷,人民出版社1972年版,第477页。
③"藝,种也。《齐风》毛传曰:"藝,犹树也。"《说文解字注》,上海古籍出版社1988年版,第113页。
④李泽厚《美学四讲》,生活·读书·新知三联书店1998年版,第81、83页。

高峰,但也同样是主体性与人类中心主义的。他力主"人为自然立法",力主审美中形式的符合主体的目的最后导致"美是道德的象征",包括他的"自然向人的生成"等等都是明显的主体性与人类中心主义的。"自然的人化"理论凭借康德哲学与美学理论,强调合目的性和合规律性相统一,其主体性与人类中心主义的哲学根基是明显的,必然导致主体的目的性压倒自然的规律性。康德是伟大的,但历史是前进的,他毕竟是18世纪后期那个特定时代的产儿。时代要求发展,当然也要求继承,但主要是发展,对康德哲学与美学的发展就是对他最好的纪念,包括对一切其他的理论家都应是如此。特别需要指出的是,"自然的人化"论者将康德的观点附加到马克思身上,提出了一个以"康德—席勒—马克思"的新公式代替"康德—黑格尔—马克思"旧公式的所谓理论创新。① 但这样的新公式不仅违背了马克思自己所一再强调的他的哲学与黑格尔哲学具有直接继承关系的观点,而且忽略了马克思唯物实践论与康德人类中心主义的"自然的人化"论的本质区别。

　　自然之美有别于生态中心论的"自然全美"。西方当代环境美学的主要代表人卡尔松认为,"全部自然界是美的。按照这种观点,自然环境在不被人类所触及的范围内具有重要的肯定美学特征"②。这一种"肯定美学"完全从自然的角度出发而不考虑人的需要,按照这一理论,罂粟花也是美的,地震也是美的,海啸

---

①李泽厚:《批判哲学的批判》,生活·读书·新知三联书店2007年版,第435页。

②[加]艾伦·卡尔松:《环境美学——自然、艺术与建筑的鉴赏》,杨平译,四川人民出版社2006年版,第109页。

也是美的,这难道能够为人类接受吗? 这其实是违背了生态整体论的"共存""共生"与"稳定、和谐与美丽"的原则,不利于人类的生存与生态共同体的平衡,也是行不通的。

　　自然之美应该是生态存在论的"诗意栖居"的"家园之美",就是海德格尔后期所论述的人在"天地神人四方游戏"中获得犹如"在家的诗意地栖居"。俞吾金最近在《形而上学发展史上的三次翻转》一文中认为,海氏后期的从"人类中心"到"生态整体"的这个"翻转"是哲学界研究形而上学发展史,尤其是海氏形而上学观念发展史得出的"新结论"。在这里,我们明确地将"诗意栖居"的"家园之美"作为生态美学基本的美学范畴提了出来,以区别于传统美学中有关自然美是对现实的反映与认识之美。"诗意栖居"的"家园之美"作为美学范畴提出应该讲是一种革命,它不仅超越了传统的认识之美与形式之美,而且超越了传统的主体性的凭借科技的理性栖居之美。这是一种生态存在之美。海德格尔曾经在他那篇著名的论述"天地神人四方游戏"生态审美观的演讲《荷尔德林的大地和天空》中讲到荷尔德林的诗与思相统一的生态审美的"运思经验"是传统的文学与美学范畴所无法掌握的。他说,"而对于这个诗人世界,我们依据文学和美学的范畴是决不能掌握的"①。这就告诉我们,生态存在论美学运用生态现象学的"运思经验",是一种超越了传统的形式论美学的崭新的美学形态,以"诗意的栖居"与"家园之美"为其旨归。在这里,生态现象学的"运思经验"是十分重要的。它使生态存在论美学与一切对象性、主客二分的传统认识论美学与形式论美学划清了界限。

---

① [德]马丁·海德格尔:《荷尔德林诗的阐释》,孙周兴译,商务印书馆 2000 年版,第 186 页。

它超越了工业革命时代主体性的理性的栖居。这种工业革命时代主体性的理性栖居就是所谓"自然的人化",是一种凭借人的意志与工具对自然的开发甚至是滥发,必然导致人类家园的破坏,最后是无家可归,是一种非美的生活。沙尘暴之中人的生存难道是美好的吗?当然,"诗意的栖居"也有别于"纯自然的栖居"。这种"纯自然的栖居"就是所谓"自然全美",这实际上是一种前现代对自然膜拜的状态,也是对于工业革命的否弃,实际上是一种乌托邦,是行不通的。我们现在难道能够须臾离开科技与现代生活方式吗?因此,"诗意的栖居"与"家园之美"是保留了理性栖居现代生活的长处,而否定其破坏自然的缺陷。它是一种新的生态文明时代的生活方式,当然这种生活方式需要重建,需要刷新目前的理念与许多做法。"诗意的栖居"与"家园之美"包含着十分丰富的人的"生存"内涵,恰恰就是由于人与自然共生中的"美好生存"才将生态观、人文观与审美观统一了起来。"生存"成为理解生态美学视野中自然之美的"关键",这就将其与所有的反映论美学、认识论美学与形式论美学区别了开来。在这里,如果用一个简洁的语言表述生态美学视野中的自然之美,我们可以说就是"在家",就是对于"天地神人四方游戏"的生态系统的保护。因此,所谓"在家"就是人诗意的栖居,美好的生存,这正是生态存在论美学的主旨所在。审美与生存的必然联系,是生态存在论美学的要旨。海德格尔指出,"此在总是从它的生存来领会自己本身"。又说,"此在的'本质'在于它的生存"。① 是的,只有作为有生命同时又有理性的"此

---

① [德]马丁·海德格尔:《存在与时间》,陈嘉映、王庆节译,生活·读书·新知三联书店1987年版,第16、52页。

在"——人，才有历史，有畏与烦，有痛苦与幸福，有生与死，也才有生存。所有的真善美，特别是美与丑，都紧密联系着人的生存状态，与人的生命与生存息息相关。海德格尔在他的著名的论文《物》中，在谈到物品"壶"时，认为壶的物性不在于它作为陶瓷"器皿"，也不在于它的"虚空"，而在于它的"赠品"（酒或水），因为这赠品与此在的生存紧密相连。他说，"倾注之赠品乃是终有一死的人的饮料。它解人之渴，提神解乏，活跃交游"①。正因此，作为此在的人只有真正具有"在家"之感时才是一种"诗意的栖居"与"审美的生存"。海氏说道，"在这里，'家园'意指这样一个空间，它赋予人一个处所，人唯有在其中才能有'在家'之感，因而才能在其命运的本己要素中存在"②。当然，这种生态存在论美学视野中的家园之美在审美过程中不是完全客观存在的，而是需要审美主体通过语言去创建的。海氏说道，"诗乃是存在的词语性创建"③。他以荷尔德林著名的诗《返乡——致亲人》为例向人们具体展示了生态美学视野中自然之美的创建。该诗描写1801年春作为家庭教师的荷尔德林从康斯坦茨旁边的图尔高镇经由博登湖回到故乡施瓦本的情形。诗中写道："回故乡，回到我熟悉的鲜花盛开的道路上……群山之间有一个地方友好地把我吸引。"诗中，故乡的山林、波浪、山谷、小路、鸟儿与花朵都与诗人紧密相连，以空前的热情欢迎诗人返乡。诗人以深情的笔触勾画了一幅

---

① 《海德格尔选集》（下），孙周兴选编，生活·读书·新知三联书店1996年版，第1173页。

② ［德］马丁·海德格尔：《荷尔德林诗的阐释》，孙周兴译，商务印书馆2014年版，第23页。

③ ［德］马丁·海德格尔：《荷尔德林诗的阐释》，孙周兴译，商务印书馆2014年版，第44页。

无比美好的"家园"图景："在宽阔湖面上,风帆下涌起喜悦的波浪/此刻城市在黎明中绽放鲜艳,渐趋明朗/从苍茫的阿尔卑斯山安然驶来,船已在港湾停泊/岸上暖意融融,空旷山谷为条条小路所照亮/多么亲切,多么美丽,一片嫩绿,向我闪烁不停/园林相接,园中蓓蕾初放/鸟儿的婉转歌唱把流浪者邀请/一切都显得亲切熟悉,连那匆忙而过的问候/也仿佛友人的问候,每一张面孔都显露亲近。"①诗人在这里没有直接写热情欢迎的家人,但一草一木又都仿佛家人,以亲切的姿容欢迎浪迹外乡的游子。诗人在这里写到"喜悦的波浪"、鲜艳明朗的"城市"、"暖意融融"的河岸、被照亮的"条条小路"、闪烁不停的"嫩绿"、初放的"蓓蕾"以及"婉转歌唱"的鸟儿,这一宗宗自然物仿佛都是家人,每一张面孔都显露亲切,都是对流浪者的"邀请"。游子在这样的自然世界中就是一种"返乡"与"到家",但最根本的就是透过这一切返回到"本源近旁"。这就是生态存在论美学视野中的自然之美。我们还可以举一个大家熟悉的例子——英国劳伦斯所著《查泰莱夫人的情人》中主人公康妮对于"家"的截然相反的感受。先是对于她丈夫的那个豪华的贵族之家的感受。那是一座18世纪修建的褐色石筑的老屋,坐落在煤矿之旁。不仅有着煤矿中硫黄臭味、隆隆的机器响声以及飞扬的煤灰的污染,而且需要面对那残废的只知营利而无任何生活情趣的丈夫克利夫。这座屋子尽管有着数不尽的"空房子"、机械式维持的"整齐清洁"以及"一切都很有秩序地、很干净地、很精密地甚至很正常地在进行着",但康妮感觉这不是自己的"家"。在她看来,"这只是有次序的无政府状态罢了。那儿

---

① [德]马丁·海德格尔:《荷尔德林诗的阐释》,孙周兴译,商务印书馆2000年版,第6—7页。

并没有感情的热力在互相维系。整个房子阴郁得像一条冷清清的街道"。在她的眼里自己的"家"成了于己无关的"街道"。相反，那森林旁村庄中的小屋，因为有了她的情人守林人梅乐士以及他们的令人陶醉的爱情，所以变得无比美妙而充满生命力。房子是简陋的，屋里飘着羊排煎过的味道，用过的炉子还在防火架上，地上放着盛着马铃薯的黑锅子，桌子上散乱地摆着碟子……完全无法与克利夫的贵族之家相比。但她却觉得这才是自己的真正的"家"，一切都无比亲切，对她展开笑容。橡树"发着赭黄色的小叶""红雏菊像是红毛绒上的扭结"。她在心里说道："这儿真是个可爱的地方，这么美妙的静寂，一切都静寂而富有生命！"这也是将"家"与生命与生存的本源紧紧相连。由此可见，自然之美是此在与对象生存论关系中"回家"与"返乡"之感，是对存在者的超越。这里的"返乡"与"回家"不是通常的"存在者"之美，而是作为在场的存在者后面的不在场的"存在"的彰显。通常的存在者之美是一种外在的比例、对称与艳丽之美，不涉及存在，常常会走向反面。例如，罂粟花从外表的艳丽灿烂来看是"美的"，但它作为毒品，直接危害到人的生存，则是非美的。而"返乡"与"回家"则深入到作为此在的人的生存论深处，是关乎人类终极命运并真正扣动人的心弦的一种美。所以，我们说"返乡""回家"与"诗意的栖居"是人与自然的共生与共存，才是真正的自然之美；而过分的无节制的"自然的人化"则是典型的人类中心主义，只会导致家园的破坏和失去。现在我们已经在很大程度上破坏了我们赖以栖居的家园，我们的家园已经满目疮痍，已经到了我们必须在无节制的"自然的人化"面前保持足够警醒和适当刹住脚步的时候了；而"自然全美"则是一种"生态中心主义"，必然导致妨碍人类必要生存的后果，其实也是一条走不通的路,是无法实现的乌托邦。我们只有一条路,那就让我们"回家",让我们"返乡",真正地营造好我们的美丽的赖以生存的自然家园。

在这里,需要说明的是,我们并不是将"诗意的栖居"与"家园之美"、"自然的人化"与"自然全美"相对立,而是从存在论与认识论、现象学与主客二分两种不同的哲学观与思维方式层面厘清它们的区别,阐述生态存在论美学视野中自然之美作为"诗意的栖居"与"家园之美"的合理性。

三、"静观"之美与"参与"之美

自然之美不是传统的凭借视听的静观的无功利之美,而是以人的所有感官介入的"参与美学"。自然审美面对的是活生生的自然世界,是三维的、立体的。这可能就是自然审美与艺术审美的最重要的差别。当然,当代行为艺术也是立体的、三维的,但那毕竟是少数。正因为自然审美面对的是活生生的自然世界,所以就不是康德讲的静观的、只凭借视听欣赏的无功利审美,而是在人面对自然世界时以眼耳鼻舌身全部感官介入的"参与之美",阿诺德·伯林特将其称作"参与美学"(Aesthetics engagement)。他认为,这是一种"新美学"的"参与美学"。他说:"它将会重建美学理论,尤其适应环境美学的发展。人们将全部融合到自然世界中去,而不像从前那样仅仅在远处静观一件美的事物或场景。"①在这里,Engagement 有"婚约、约会"之意,有学者将其翻译成"结

①［美］阿诺德·伯林特:《环境美学》,张敏、周雨译,湖南科学技术出版社2006 年版,第12 页。

合",但我们认为还是"参与"为好。因为从词义上说,婚约具有
"百年好合"之意,而从自然审美本身来说,自然审美面对三维空
间实际上是一种融入其间的。因为人面对的是活生生的自然,不
仅有画面,而且有声音与气味。自然是动态的,与人是互动的。
因此,自然之美就不是康德所说的静观之美、无功利之美,而是参
与之美,有功利之美。试想,秋天时分,我们到香山观赏红叶,那
扑面而来的清新的山林气息,知了与鸟儿美妙的啼鸣,红叶的灿
若烟火,都使我们的眼耳鼻舌身得到美好的享受。相反,沙尘暴
中那漫天弥漫的沙层却给我们的感官以难以忍受的刺激。长期
以来,我们深受康德"判断先于快感"的美学理念的影响,而忽视
了感官知觉在审美中的重要作用,这就使美学无法解释生态审美
与生活审美,当然也无法解释正在蓬勃兴起的视觉艺术。因此,
"参与美学"的提出,实际上从另一个侧面反映了美学的发展与解
放。伴随着"参与美学"的兴起,就出现了一个自然审美中的"生
态崇高"这一新的美学论题。这是美国当代生态批评家斯洛维克
在《走出去思考》一书中借用的一个美学概念,其意为"需要特定
的自然体验来达到这种愉快的敬畏与死亡恐怖的非凡结合"①。
这是在实实在在的自然体验中出现的一种特殊的崇高之感,不同
于康德非功利的、凭借着理性战胜自然的古典形态的崇高,而是
完全介入的、凭借着生存与生命之力甚至会导致牺牲的崇高。例
如,大地震中为营救同胞而与天灾抗争导致的死亡,草原狼祸中
抗击狼群而导致的牺牲,等等。首先,这都是全身心投入的抗争,
无静观可言;其次,这不是抽象的理性力量的胜利,而是人的生存

---

① [美]斯科特·斯洛维克:《走出去思考:入世、出世及生态批评的职责》,韦
　清琦译,北京大学出版社2010年版,第197页。

与生命之力的胜利。当然,这也不是什么自然的形式之美,而是
超越自然的生存与生命之美。《圣经》旧约记载了人类早期大洪
水中义人诺亚一家在神的帮助下战胜洪水的故事,就是神学经典
中记载的人类早期的一种"生态崇高"的实例。当时洪水浩大,在
地上共150天,天下的高山被湮没了,山岭被淹没了,凡在旱地上
鼻孔有气息的生灵都死了。但诺亚却在神的提示下建造了足以
抵御洪水的方舟,将全家老小与每一种动物中的一公一母都带在
方舟之上,洪水退后才保留了人类与动物。这就是早期人类抗御
自然灾难的一种生态崇高,曲折地表现了人类的强烈生存欲望与
能力。

四、"低级"之美与"高级"之美

　　自然之美不是依附于人的低级之美,而是体现人的回归自然
本性的与其他审美形态同格的重要审美形态。当代生态批评家
哈罗德·弗洛姆认为,生态问题是一个关系到"当代人类自我定
义的核心和哲学的本体论问题"①。所以,自然生态之美不是黑
格尔所说的低于艺术美、依附于人的"朦胧预感"的低级之美,而
是体现了人的回归自然本性的与其他审美形态同格的重要审美
形态。它体现了人类来自自然,自然是人类的母亲,人类一刻也
离不开自然生态的本性特征。人类有没有自然本性? 这也是长
期争论的问题。长期以来,我们强调的是人区别于动物的理性与
社会性,而相对忽视了人与动物一致的自然本性。恩格斯在《自

_____

① [美]切瑞尔·格罗菲尔德主编:《生态批评读本》,美国乔治亚大学出版社
　　1996年版,第16页。

然辩证法》中恰恰强调了人与自然联系的自然本性。事实证明，自然本性作为人之本性也不是什么低级本性，它与人的社会性一样是每个人都具有的必不可少的本性。所以，自然之美也绝不是什么低级之美，而是反映了人的本性的重要审美形态。英国历史学家阿诺德·汤因比将地球称作人类的"大地母亲"。他说，"迄今一直是我们唯一栖身之地的生物圈，也将永远是我们唯一的栖身之地"①。作为富有生命的地球与自然，作为人类唯一的栖身之所和大地母亲，难道还不是作为人的本源的本性吗？不也就是人的生存之本体吗？诗意的栖居与回归家园就犹如幼儿回到地球母亲的怀抱，是人类本性的一种回归。由此可见，"诗意的栖居"与"家园之美"就是人类亲近大地与自然本性的表现。怪不得我们每个人都具有一种亲近自然的天性。海德格尔将之称作"回家"，认为"返乡就是返回到本源近旁"②。这是非常准确的。让我们诗意地栖居于大地，让我们回家，这就是生态存在论美学视野中的自然之美。

五、"自然之美"与"中和论"生命美学

生态存在论美学的自然之美与中国古代"天人相和""天地之大德曰生"的中和论与生命论美学恰相契合。中国古代哲学

---

①［英］阿诺德·汤因比：《人类与大地母亲》，徐波译，上海人民出版社 2001 年版，第 6 页。

②［德］马丁·海德格尔：《荷尔德林诗的阐释》，孙周兴译，商务印书馆 2014 年版，第 24 页。

以"天人合一"为其基调,审美与艺术形态以抒情诗、山水画为其代表。艺术中所表现的主要是一种对于自然的感发与生命的体悟。因此,从某种意义上讲,中国古代的哲学与美学就是一种生态的生命的哲学与美学。首先给人印象深刻的是中国古代的"天人合一"与"天人相和"的哲学与美学思想。在这里,要特别说一下中国古代以《周易》为代表的典籍所阐述的"中和之美"与"生生"之美,这种"中和之美"与"生生"之美实际上就是一种中国古典形态的生态的生命的美学。众所周知,《周易》为六经之首,《周易》奠定了我国以"天人合一"为哲学基础的哲学与美学的基本形态与基础。《周易·乾卦·彖传》曰"保合大和,乃利贞",说明宇宙万物各正其位和谐协调就能使万物得利。中国古代早就将宇宙(环宇)看作是一个人类生存之家,产生了"天圆地方""天父地母""阴阳相合,冲气以和"等观念,并将"天地人"看作有机联系的环链,所谓"道大,天大,地大,人亦大。域中有四大,而人居其一焉"①。这就将"道天地人"有机相连,构筑了有利于人类生存的家园系统,后来被海德格尔吸收,发展为"天地神人四方游戏说"。在这种"天人合一"的哲学基础上产生了"天人相和"的"中和论"哲学与美学思想。有人将"中和论"仅仅看作"中庸之道",这是不全面的。实际上,"中和论"主要是一种天地各在其位,有利于人与万物生长的宏阔的东方"家园意识"。《礼记·中庸》曰:"喜怒哀乐之未发,谓之中;发而皆中节,谓之和。中也者,天下之大本也;和也者,天下之达道也。致中和,天地位焉,万物育焉。"《周易》所谓"正位居体""美在其中"②"天地

---

① 《老子·二十五章》。
② 《周易·坤·彖》。

交而万物通也，上下交而其志同也"①，并提出了"元亨利贞"四德。这"四德"其实就是中国古代之美，描述了天地各在其位，为人类与万物提供美好家园，使得风调雨顺，万物繁茂。体现这种"天人合一"的"中和之美"渗透于方方面面，诸如，"外师造化，中得心源"②"意象""意境""比兴"，等等。也正是在这种"天人合一"的背景之下，产生了中国古代美学的"自然"范畴。中国古代的"自然"与西方的"自然"其内涵是完全不同的。中国古代的"自然"是所谓"道法自然""顺其自然""自然而然""无为无欲""大化流行"，等等。这里的"自然"是一种天地人各在其位的本然状态，进入这种本然状态才能创造一种有利于人与万物美好生存的境遇。这种本然状态也是一种万物复归本位的状态。《周易》复卦六二爻辞云："休复，吉。"在这里，"复"为"返本"之意。返本者，即为回归本位，包括天人关系中，阴阳各在其位；社会生活中人之还归，返乡；艺术创作与欣赏中走向素朴的"白贲""本色"；等等。所以，"自然"成为中国审美范畴中具有浓郁生态意味的一种特有范畴。与此相关的就是非常重要的"生生"这样一个哲学与美学范畴。所谓"生生之为易""天地之大德曰生"③等。"生生"在这里是一种"使动结构"，前一个"生"是动词，后一个"生"为名词，其意为"使万物生命蓬勃生长"。这是一种中国古代特有的"生命论"哲学与美学。这里的"生"包括动植物各种生命，寓万物之生也。将《周易》的核心概括为"生生"二字，可谓精辟。甲骨文"生"字从

---

① 《周易·泰·象》。

② （唐）张璪语，载唐张彦远《历代名画记》，王伯敏等主编：《画学集成·六朝—元》，河北美术出版社 2002 年版，第 186 页。

③ 《周易·系辞上》。

草,从一。一即地也,像草木生出地上之形。《说文》曰:"生,进也,象草木生出土上。"释义为活也,鲜也;为祈求生育之事等。①这种"生命论"哲学与美学体现于各个方面。诸如"气韵生动""文以气为主""吾善养吾浩然之气",等等,以及绘画中的所谓"气韵""神韵""意蕴"等等。具体创作中对于如何赋予作品以生命气韵也有一套路数。诸如"水活物也","山以水为血脉,以草木为毛发,以烟云为神采。故山得水而活,得草木而华,得烟云而秀媚。水以山为面,以亭榭为眉目,以鱼钓为精神。故水得山而媚,得亭榭而明快,得鱼钓而旷落,此山水之布置也"②。而且,山水应与人的生存紧密相关,应成为人之"可行""可望""可居"与"可游"者。"君子之所以渴慕林泉者,正谓此佳处故也。故画者,当以此意造,而鉴者又当以此意穷之。"③中国古代的"中和之美"与"生生之美"不同于西方近代叔本华与尼采、柏格森等以生命意志为主要内容的"生命哲学"。"中和"是天地阴阳和谐协调的状态,"生生"则是一种反映生物生长繁茂的状态,是一种自然生态的哲学与美学。我国民间艺术突出地反映了这种"生命之美"。年画中的儿童与动物集中表现了"五谷丰登,人畜兴旺,瑞雪丰年,吉庆有余"的安康富足景象。胖胖的儿童,大大的鲤鱼,肥肥的猪,高鸣的雄鸡等等,无不象征着吉祥安康富足的生活,洋溢着特有的喜庆,是一种富足的家园之感。正如叶朗教授所说,我国国画

---

① 徐中舒主编:《甲骨文字典》,四川辞书出版社 2003 年版,第 688 页。
② (宋)郭熙:《林泉高致》,王伯敏等主编:《画学集成·六朝—元》,河北美术出版社 2002 年版,第 297 页。
③ (宋)郭熙:《林泉高致》,王伯敏等主编:《画学集成·六朝—元》,河北美术出版社 2002 年版,第 293 页。

与民间艺术中所画动植物都是鲜活的,从没有死物,这说明了蓬勃的生命在中国古代美学与艺术中的地位。同时,《周易》还提出阳刚与阴柔两种宇宙运行与人生状态。"天行健,君子以自强不息"①,"地势坤,君子以厚载物"②。这其实也就是审美的两种形态,前者阳刚之美可以与上述"生态崇高"相类似,而阴柔之美则是常态的"中和之美"。总之,我们可以从"中和之美"与"生生之美"出发重新考察中国古代美学史。中国古典美学与西方认识论美学所谓"感性认识的完善"是不同的,它是一种以"中和"与"生生"为主要线索的生态的生命美学。这种生态的生命美学之最后旨归就是为人提供一个宏观的"风调雨顺""安康吉祥"的美好生存家园,人的诗意的栖居之地。总之,中国古代的"中和之美"是一种宏阔的"家园之美"。它以整个天地为其"家",在这种天地、乾坤、阴阳相生相克之中,万物诞育,生命繁茂。这种古典形态的东方生态与生命美学必将在新世纪发出新的光辉。需要特别说明的是,中国古代的生命之美已经成为当代生态美学的最基本内涵,成为"诗意栖居"与"家园意识"的核心内容。包括当代西方环境美学家卡尔松在内的一些学者已经将生命之美看作比之西方传统"形式之美"更高的美学形态。③

　　当今的时代已经从工业文明发展到生态文明,经济发展模式、生活方式与思想观念都发生了根本的变革,"人类中心主义"以及与此相关的"人定胜天"等观念也随之发生变化,审美观念也

---

① 《周易·乾·象》。
② 《周易·坤·象》。
③ [加]艾伦·卡尔松:《环境美学——自然、艺术与建筑的鉴赏》,杨平译,四川人民出版社 2006 年版,第 207 页。

应发生相应的变革。我们认为,从生态存在论美学的视角来看根本不存在孤立抽象的实体性的"自然美",也没有"人化自然"之美与"自然全美",只有生态系统中的人的生存之美,诗意栖居的家园之美。

综上所述,生态存在论美学告诉我们,不存在孤立的实体性的自然之美。所有的自然审美都是在特定的"此在与世界"的境遇之中,在与此在之"生存"与"生命"紧密联系之中发生的美与非美的情感判断。生态存在论美学视野中的自然之美是一种与"生存""生命"紧密相连的特殊的"在家"之感。

最后,以汤因比的一段话作结:"人类将会杀害大地母亲,抑或将使她得到拯救? 如果滥用日益增长的技术力量,人类将置大地母亲于死地;如果克服了那导致自我毁灭的放肆的贪欲,人类则能够使她重返青春,而人类的贪欲正在使伟大母亲的生命之根——包括人类在内的一切生命造物付出代价。何去何从,这就是今天人类所面临的斯芬克斯之谜。"①地球是人类唯一的家园,保护好这个家园就是保护好包括人类在内地球之上的所有生命,这成为我们思考自然之美的基本立场。

上面,我们从经济、哲学、思维模式、中国传统、西方资源与自然审美等方面阐述了生态美学的基本立场,厘清了生态美学与传统美学的区别,有利于对生态美学的界定及其今后发展。

---

① [英]阿诺德·汤因比:《人类与大地母亲》,徐波译,上海人民出版社 2001年版,第 529 页。

第 二 编

生态美学的基本论域

生态美学作为生态存在论美学,其基本论域相异于传统的认识论美学,它所论及的是生态存在之美、生态本性之美与身体参与之美。为此,生态美学也包含具有崭新内容的生态审美教育与生态语言学。

第七章　生态存在论美学观

实践美学与后实践美学之后,当代中国美学重新面临着一种徘徊彷徨的境地。美学界的一些有识之士指出,传统认识论的思维方式是当今美学发展最主要的瓶颈之一,因而,"超越传统认识论,走向存在论"就成为当代中国美学寻求突破的最重要的一条途径。生态美学无疑是其中最具活力、最有前景的美学思潮。生态美学以人与自然的生态审美关系为出发点,力求突破、超越"人类中心主义"与传统认识论的樊篱,致力于在当代生态文明的视野中构建一种包含着生态整体主义原则的当代存在论审美观。生态美学正以其浓郁的时代气息越来越多地受到学界的认可和青年学者的青睐,研究队伍不断扩大,研究成果不断涌现,呈现出良好的发展态势。

然而,由于人们长期局限在传统认识论的框架之内,基本思路和提问方式大多自觉不自觉地因循主客二元对立的思维模式,因而对生态美学的理解与接受,也存在难以突破二元论思维怪圈的现象。这也许是生态美学目前仍然遭到不少人质疑的最重要的原因之一。因此,在当代生态文明的视野中寻找并廓清生态美学的存在论根基,就显得极为关键。

下面,我们试从当代存在论的维度,去显露(解读)生态美学存在的原始状态,以纠正在传统认识论思维定式中的一些偏见与误解。

一、生态美学:超越认识论
走向存在论

众所周知,生态美学的提出具有深厚的现实基础。20世纪中期以来,以技术工具理性为主要标志的工业文明所造成的生态危机日益严重,生物链失衡,环境污染,人与自然的关系恶化,生态问题的凸显成为这个时代全人类所共同需要解决的最紧迫的现实难题。生态美学的提出正是为了呼应这种现实的需要,呼吁人们改变对待自然的态度,"走环境友好型发展之路,以审美的态度对待自然"。因此,可以说,现实基础,是生态美学的出发点,也是它的归宿。这意味着,生态美学的提出,从一开始就不是一个纯粹的理论问题或者逻辑问题。相反,它是对传统认识论美学的突破与超越,它的根直接扎在现实的土壤之中。

一般说来,传统认识论具有三个基本特征:一是理性主义的倾向;二是静观求知的倾向;三是抽象思维的倾向①。以传统认识论为哲学基础的美学,虽然极力强调"感性""情感""形式"等概念或范畴,但由于骨子里改变不了主客二元对立的思维模式,其背后仍然不同程度地印有"理性""静观"或者"逻辑推演"的烙印。也就是说,对于美学研究来说,人们总是自觉不自觉地把"美"当作一个现成的认知对象来加以分析,借此获取关于美的本质、美的规律以及美感诸问题的可靠知识。如此一来,现实就成了美学研究所提炼、抽象的材料,成为关于美或美感的抽象规定性的佐证。美,从其现实的存在中被孤立地提取出来,预设成为一种普

----

① 俞吾金:《实践诠释学》,云南人民出版社2001年版,第1—2页。

遍的、超时空的、不变的审美对象（客体），或从属于外在的客观，或从属于内在的主观，或从属于一种主客调和了的关系实体。于是，现实被预设成为等待人去感知、认识、理解的现成客体，美，则成了脱离现实的本质主义的概念性存在。现实与美之间的存在关联被人为地割裂了，美学在一定程度上演绎成为概念、范畴、命题相联结的逻辑体系。它的提出与落实，实际上成为因果推演中的逻辑起点与终极命题，而与现实再无干系。

生态美学则不同，它是应现实之需而生，亦是为了改变现实而有所为的。生态问题的凸显，是对现代工业文明的反思与超越，是对传统认识论框架下技术理性的警醒与冲破。它通过自然被恶化的现实，一方面彰显出传统认识论思维模式的极大局限，另一方面也昭示出一条面向现实、回归现实、植根现实的探索与拯救之路。1962 年，美国著名生态学家蕾切尔·卡逊以《寂静的春天》为题，首次深刻揭露了工业文明对环境污染的严重程度，同时也大声呼吁人们积极行动起来，为拯救"万物复苏繁茂生长的春天"而战斗，由此拉开了 20 世纪生态批评的序幕！因此，面对环境恶化的现实，并努力改变这个现实，是生态美学的使命，也是生态美学安身立命之本。现实，始终是生态美学由之出与所终归的存在尺度。

生态美学是现实的，而不是观念的，是存在的，而不是逻辑的。这一洞识应该成为从事生态批评和生态美学研究的根本原则。生态美学是现实的，而不是观念的，意味着一切不要从概念或观念入手，而要从现实出发，以现象学的姿态面对生态事实本身，放弃主客二元对立的预先设置。生态美学是存在的，而不是逻辑的，这就意味着生态美学不是一个封闭的、抽象的逻辑体系，而是开放的、实际的存在的追思。克尔凯郭尔曾经说："一个逻辑的体系是可能的,一个存在的体系却是不可能的。"①因而,构建一种体系,把生态美学圈养在学院的高墙庭院内,远不如"走向荒野",看护存在的家园来得更为迫切。事实上,当我们"不是从观念出发来解释实践,而是从物质实践出发来解释观念的东西"②时,我们的理解和研究活动已经完成了一个存在论意义上的转折。因此,生态美学注定是存在论根基处开出的有根之花,而不是认识论框架中搭建的无本之木。

更为重要的是,生态美学是在当代存在论的培育中开出的灿烂之花,它吸取了当代哲学的思想精华,展现了世界文化与人类智慧的最新成果。当代存在论与传统存在论的一个根本性的区别在于,把抽象的概念性的"存在"转化为具体的、现实的存在。"存在",从枯燥而封闭的逻辑体系中走出来,进入精彩灵动的大千世界,从"单纯"得如同"无人居住的水晶宫"③一般的理性王国逃脱出来,返回到实实在在而又有些烦乱的人的生存世界,是当代存在论对哲学的发展,也是对传统认识论思维模式的突破与超越。早在19世纪,马克思就不满于以抽象的方式谈论存在问题,曾提出了"想象的存在"和"现实的存在"两个新概念。在马克思看来,所谓"想象的存在",是指脱离人的感性活动和具体事物的抽象的观念性的"存在",也就是单纯主观方面构想出来的"存在";而"现实的存在"就是已经达到的感性的存在。④ 当代哲学

---

① [德]沃尔特·劳里:《克尔凯郭尔》,牛津大学出版社1938年版,第235页。
②《马克思恩格斯全集》第3卷,人民出版社1960年版,第43页。
③ [美]威廉·马雷特:《非理性的人——存在主义哲学研究》,上海译文出版社1992年版,第284页。
④ 参见俞吾金:《实践诠释学》,云南人民出版社2001年版,第263页。

在胡塞尔、海德格尔、雅斯贝尔斯等人的开创与建设下,更明确地
走上了一条生活世界、此在世界或生存世界的现实之路。从这个
意义上说,生态美学是当代存在论在当代生态文明的社会中进行
美学探索与研究的必由之路与必然结果。把握与熟知当代存在
论的这些思想的精髓,是理解与接受生态美学的必要前提和重要
保障。许多对生态美学的不解与疑惑,对当代存在论的不熟悉是
其中的主要原因之一。

　　因此,生态美学的"现实(尺度)"本身要在当代存在论的维度
中加以考察,否则很容易掉进传统存在论的陷阱,走不出传统认
识论主客二元论的怪圈。我们认为,现实不是摆放在某处,等待
认识、观赏的现成对象或客体,而是人与自然相激相荡、和合共生
的感性的(或实践的)世界。人和自然就共同生存/存在于这个世
界之中。它们互相融合,密不可分地联结在一起。人是自然中的
人,自然是人的自然。任何单纯地把一方从关联中分割出来,都
是对现实世界的误解。现实,不是独立的、外在于人的客观世界,
同样也不单纯是人凭借某种愿望想象出来的主观世界,更不是依
据概念、判断、推理抽象出来的逻辑世界。现实,就是人存在的世
界。马克思说:"人们的存在就是他们的实际生活过程。"①因此,
现实,就是人们实实在在的、具体的、感性的生活世界。无论是
人、社会、历史还是自然界,一切都要从这个现实的、感性的世界
和在这个世界的活动出发去加以理解。马克思曾经批判旧唯物
主义时指出:"从前的一切唯物主义——包括费尔巴哈的唯物主
义——的主要缺点是:对事物、现实、感性,只是从客体的或者直
观的形式去理解,而不是把它们当作人的感性活动,当作实践去

――――――
① 《马克思恩格斯全集》第 3 卷,人民出版社 1960 年版,第 29 页。

理解,不是从主观方面去理解。"①同样,马克思也批判唯心主义,认为在黑格尔那里一切都归结为绝对精神、意识,虽然发展了人的某些方面的能动性,但由于"唯心主义当然是不知道真正现实的、感性的活动本身的",因而"只是抽象地发展了"②。马克思对旧唯物主义与唯心主义的批判,应该成为今天我们思考生态美学现实问题的出发点和原则。

有一种看法认为,由于生态哲学把一直被漠视的"自然维度"纳入当代学术思想的视野之中,因此,生态美学必定标举一种在社会美之外的、站在自然立场的、原生态的"生态美学",因而是对人类文明社会和现代化进程的颠覆与否定,具有反文明、反人类能动性的倾向。这种看法是错误的。确立"自然的维度",是否就一定意味着反文明、重返原始文明的倾向,姑且不论。是否存在着独立于人之外的"自然维度"或"自然立场",还是个问题。对这个问题的回答,关系到存在论与认识论的根本区别,关系到理解与构建生态美学的关键环节。马克思说过,"在人类历史中即在人类社会的产生过程中形成的自然界是人的现实的自然界"③。这就是说,自然界的考察,也必须从人的现实世界出发。"被抽象地、孤立地理解的被固定为与人分离的自然界,对人说来也是无。"④这就告诉我们,单纯地从"自然维度"出发不仅难以达到对自然的真正理解,解决目前自然生态恶化的问题,而且这种思维模式本身也是个必须要加以追究与纠正的问题。

---

①《马克思恩格斯全集》第 3 卷,人民出版社 1960 年版,第 3 页。
②《马克思恩格斯选集》第 1 卷,人民出版社 1972 年版,第 54 页。
③《马克思恩格斯全集》第 42 卷,人民出版社 1979 年版,第 128 页。
④《马克思恩格斯全集》第 42 卷,人民出版社 1979 年版,第 178 页。

"意识在任何时候只能是被意识到的存在,而人们的存在就是他们的实际生活过程。"①人们存在的世界,就是人们实际生活于其中的现实世界。然而,人存在的世界,并不仅仅意味着单纯就是"人"的世界,而且意味着"自然"的世界。"人"的世界和"自然"的世界,都是从人与自然和合共生的现实世界中派生出来,并最终加以理解的。通常,我们习惯于把"现实"理解成为人生存的现实,因此我们可以说:"环境问题的实质是人的问题,保护地球是人类生存的中心问题。"②也可以说:"生态美学对人类生态系统的考察,是以人的生命存在为前提的,以各种生命系统的相互关联和运动为出发点。因此,人的生命观成为这一考察的理论基点。"③但这绝不意味着我们无视自然的存在,有随意践踏自然存在的权利,也不意味着从人类存在的优先主体地位出发,将自然"促逼"成为人类技术进步、文明发展提供能量的可供无限开采的"库存"或"持存物"。把生态问题、环境问题归根到底看作是人的问题,是基于存在论意义上的现实考量。在存在论的意义上,人、社会、自然的存在是共生同源的,是互为一体、相互依存的。"人对自然的态度也就是对自己的态度,人对自然做了什么也就是对自己做了什么,人对自然的损害也就是对自己的损害。"④这种卓见只有在存在论的意义上才能得到深入的理解和切实的贯彻。人类对待自然的态度和方式,在促进文明发展、社会繁荣的同时,已经造成了严重的自然恶化的现实问题,引发了人类生存的困

①《马克思恩格斯全集》第3卷,人民出版社1960年版,第29页。
②余谋昌:《生态伦理学》,首都师范大学出版社1999年版,第87页。
③徐恒醇:《生态美学》,陕西人民教育出版社2000年版,第14页。
④余谋昌:《生态伦理学》,首都师范大学出版社1999年版,第87页。

境,在根本上危及人类生存的现实根基。但"哪里有危险,哪里就有拯救"。"无家可归"的"危险"是人类自己酿成的苦果,"拯救"也就必须由人类来完成。只是我们要彻底改变过去那种视自然为异己对象和外在客体的思维模式,打破传统认识论主客二分的窠臼,回到人与自然和谐共生的、源始境域的存在论视野之中。

因此,只有在存在论的意义上,我们才可以理解,为什么我们把生态美学的提出看作是中国当代美学研究由本质论到经验论、由从抽象的观念出发到从人的实际生存出发、由传统认识论到当代存在论的、最为重要的研究转向和理论创新。马克思在谈到国民经济学同国家、法、道德、市民生活等等的关系时曾说:"我的结论是通过完全经验的以对国民经济学进行认真的批判为基础的分析得出的。"①那么,我们也可以说,生态美学是通过"完全经验的"、在对生态现实进行深入思考的基础上提出并付诸实施的。这是生态美学研究的出发点,也是生态美学研究努力所要达到的目标。

二、生态美学的存在论维度

当我们把生态美学的提出,归之于现实的需要,甚至归之于"完全经验"的研究,生态美学研究所遭遇到的疑虑并没有排除。尤其当人们习惯于将之仅仅理解成为人自身的现实需要或人类的主体经验时,这种误解与怀疑反而更深、更重了。因而,我们有必要在存在论的视域中对生态美学的研究进行更加小心的甄别与深入的剖析。

---

① 《马克思恩格斯全集》第42卷,人民出版社1979年版,第45页。

生态美学不是经验论美学，也不是实证主义美学。经验论美学往往把美和美感等同起来，从人的经验感受出发对审美过程和艺术现象进行研究。它通常以审美经验为中心，多采用心理学的调查、实验等研究方法，注重挖掘审美活动中人的心理过程和心理感受，如态度、情感、趣味以及心理距离等。实证主义美学是经验论美学在孔德实证主义精神的影响下的产物。它更加强调从感觉经验出发，采用实证的科学方法对美或审美进行分析归纳，企图使美学摆脱形而上的哲学成为一种"经验的科学"。与传统的经验论美学相比，实证主义美学更加强调审美经验的纯粹性和美的可证实性，排斥对美学问题进行理性的把握。经验论美学和实证主义美学把美或审美从形而上的抽象体系中拉回形而下的、实际的审美经验或审美活动，一定程度上丰富和发展了美或审美的理论研究。但是由于它们从根本上源于传统认识论的思路，在审美活动中人为地预设了主体与客体、感性与理性、主观与客观等一系列的二元对立，从而割裂了审美经验的完整性与现实性，使美学研究从一开始带有很大的片面性和机械性。把美当作一种经验的、可证实的科学对象，把审美当成一种固定的、程序化的心理过程加以研究，限制了审美的丰富性与差异性，简化了审美过程的复杂性。这样经过实证归纳出来的审美经验理论，在与实际的审美经验相遇时自然会遇到不可避免的困境，因为这些经验理论已经由于经验的片面化理解而脱离了审美经验的实际。这在美学史上已经是被证明了的。

生态美学虽然源于现实、面对现实，但并不拘泥于某种具体的审美状态，也不限制在某种可被实证的审美的现成经验里。也就是说，生态美学研究的虽是生态美，但生态美却不是一种具体的、现成的美或审美的对象。与自然美、社会美这些具体的美的形态不同,生态美是存在论意义上的美。如果说,对自然美、社会美的研究是在存在者状态上进行的关于美的本质与规律的考察,那么,生态美学则是在存在论意义上进行的关于生态视野中美之为美的探索。换言之,生态美学是在人与自然和合共生的生态视野中探讨与追问美的存在及其存在的意义。我们说生态美学是当代的存在论美学,并合而称之为当代生态存在论美学,其意盖出于此。

　　生态美与自然美、社会美的区别,不是具体形态和分类上的差别,而是存在论的差异,也就是说是存在与存在者之间的差异。如果不了解或者不引入这个差异,我们就不能很好地理解生态美学提出的现实意义和理论创新的学术价值。生态美学是存在论美学,但目前对生态美学的许多论述,依然是在存在者状态上进行的。铲平生态美学的这种存在论差异,把生态美理解成为一种具体的美的形态或审美的对象,才会产生诸如"生态美学的研究对象""是否存在'生态美'这一美的形态""它和自然美、社会美的关系怎么处理"之类的疑惑。这些疑惑归根到底是对象化思维或认识论惹下的"祸"。生态学是从自然科学中诞生出来对现代科学技术的反思与突破,可是如果这种反思仍然停留在科学的对象化思维模式中,那么生态美学就无法实现人类诗意化、审美化生存的愿景。如果生态美学的理解与探索仍然停留在认识论的框架中,那么生态美学就不能担当起在当代存在论上重建、扩展美学的重任或使命。

　　生态美学的存在论差异,赋予生态美学一种超越性的品格。这种超越性品格,除了表现在生态美学要致力于超越并改变目前环境恶化、人与自然相冲突的"非美的现实生存状况",建立人与自然之间和谐而愉悦的审美关系之外,还表现在它有三种特性:

1.本源性。生态美学是在深层生态的视野中,通过对具体的审美现象的阐释,达到对美的存在问题的追问。这种阐释与追问,基于审美现象但又不拘于这种现象,其目的在于显现出此种现象的审美状态和将审美状态带出的存在之缘。这种存在之缘,对于自然与人来说,就表现为一种人与自然之间和合共生的原初关联,即生态关系。生态美学是对具体的审美现象的超越,同时也是对审美现象中审美对象与审美主体的超越。但这种超越不同于从现实具体事物到抽象永恒的本质、概念的"纵向超越",而是一种从在场的存在到其背后不在场的存在之间"横向的超越"①。这种超越不是由一种事物进入另一个事物或者借助别的事物作为中介来达到对事物的超越,而是对事物本身的超越,即对事物之成为自身的显现(或澄明)。生态美学通过对审美现象的超越,不是要得出关于美的本质和属性的抽象的概念,而是在审美现象的构成中敞显人与自然互动共生的原初境域和整体意蕴。生态美学对审美现象的超越是本源性的,审美对象和审美主体是从人与自然这个本源性的原初境域中产生的,并且只有回到这个本源境域才能得到解释。

2.生成性。生态美学是在人与自然的互动共生的生态关系中考察美之为美的问题,因而,它不是静态地把握审美现象,不是把审美现象中的存在者(即审美主体与审美客体)看作是现成的和静止的对象。在生态美学的视野中,美或审美不是预先已经存在的现成的东西,而是处于不断的生成与消逝的运动之中。在海德格尔看来,自然万物是浑然一体、相辅相成,处于一种相激相糅的涌动之中。这种永不停息的运动就是"天地神人四方游戏"。

----

① 张世英:《进入澄明之境》,商务印书馆 1999 年版,第 8 页。

自然万物从四方游戏中生成，人在四方游戏中成为自身，诗意地栖居于四方游戏所聚焦的世界中。在"天地神人四方游戏"的生态审美观中，生态美学必然观照四方游戏之整体，而超越对游戏中任何一方的单纯和片面的研究，因为没有其他三方，任何一方都不复存在。这种超越对于任何一方来说，意味着生成——它们在游戏与聚焦中成为它们自身之所是，在超越自身中生成自身。通常我们会说："生态美学是对现实的超越。"这话并不准确，因为现实本身就是超越性，现实是不断生成的。现实是不能超越的，所能超越的只能是不断生成的某种具体的现实状况。这就是说，生态美学基于现实，完成对某种非美的现实生存状况的超越，就不是审美乌托邦的幻想，而是存在论美学的现实使命。

3.可能性。由于生态美学是在人与自然的互动中把握美的生成与显现，这就意味着生态美学要在某些可能的状态中重演生态美的实际状态，在可能性中展现生态美的现实丰富性。在存在论的意义上，可能性大于现实性。这就是说，可能性更为本源，现实性只是可能性生成（或被把捉到）的一种可能性。这种对现实性的可能性超越，会带来更自由、更诗意化的审美空间，因为它必将冲破科学认知的现有水平，保持着"对于物的泰然任之与对于神秘的虚怀敞开"①，保留着对自然的敬畏与尊重。"自然的复魅"也应该在可能性的超越中加以理解。"自然的复魅"，不是给已经知晓的自然的某些规律重新披上神秘的面纱，而是对自然存在的权利给予应有的尊重，给自然的存在与发展预留足够的空间，无论这种自然是已知的，还是未知的。"自然的复魅"，将限制人类对技术肆无忌惮的滥用和对自然贪得无厌的掠夺，保护人与

---

①《海德格尔选集》，孙周兴选编，上海三联书店1996年版，第1240页。

自然之间融通和谐的关系，为人类自身留下更多诗意的栖居地。

　　生态美学的超越性品格，源于人的本质。人作为此在，本身就是超越的。海德格尔说："我们以'超越'意指人之此在所特有的东西，而且并非作为一种在其他情形下也可能的、偶尔在实行中被设定的行为方式，而是作为先于一切行为而发生的这个存在者的基本机制。"①人作为此在，是唯一以对存在有所领会的方式存在着的存在者，即人是在存在论层次上存在的，这使人在存在者层次上与其他存在者区别开来。这就是说，人作为此在，不仅能揭示自身的存在，而且还能从自身存在方面着眼，"揭示着一切存在者，亦即总是在一切存在者的存在中揭示存在者"②。此在对自身、对一切存在者的超越，被规定为"在世界之中存在"。这意味着"在世界之中"人与自然的生态关系本身就是超越的和本源的，人和自然分别从生态关系的超越中生出并各成其是的。因此，生态美学研究，必定是一种超出人与自然本身之外的追问，即一种超越单纯存在者的美学研究，以便在人与自然的原初关联中赢获对美之为美的理解。这才是存在论维度上的生态美学研究。

　　生态美学最基本的原则，是"不同于传统'人类中心'的生态整体哲学观"。③ 此语说得精警凝练，但理解起来却并不容易，常常招致一些人的误解。一方面，有人认为，"生态问题归根结底是人的存在的问题"，"人始终是生态活动的基础与出发点"，因而

---

①［德］马丁·海德格尔：《路标》，孙周兴译，商务印书馆 2000 年版，第159 页。

②［德］马丁·海德格尔：《存在与时间》，陈嘉映、王庆节译，生活·读书·新知三联书店 1987 年版，第 17 页。

③曾繁仁：《转型期的中国美学》，商务印书馆 2007 年版，第 245 页。

"生态美学研究的基本出发点是人而非自然"。在这种情况下,反对"人类中心主义",强调从生态整体入手,不是人类自我编织的乌托邦的托辞么? 另一方面,也有人认为,既然生态美学是以"生物中心主义或生态中心主义"为原则,也就是要"从自然的角度、站在自然和生态的立场",恢复自然"独立存在的价值和意义",尤其是独立的审美价值,如此一来势必会对人的"实践和主体性"采取一种否定的"武断姿态",结果陷入"反人类"倾向的泥淖,那么,这样的美学还是美学么?

这些言之凿凿的指摘,看似合理,实则大谬,不仅没有搔到生态美学的痒处,反而更加彰显了生态美学提出的必要性和重要性。这些指责是在一种传统认识论的逻辑推理中形成的,其前提仍然是主客二元对立的思维模式。在这种思维模式中,人被预先设置为主体,自然就是为人所设立的客体,人与自然始终处于对立、矛盾的关系冲突之中。标举了人的地位则贬低了自然的存在,抬高了自然的价值则必然损害了人的尊严,是这种二元对立的思维模式所推导出的典型谬误。生态美学是当代存在论思想在美学上的体现,它是一种生态存在论美学观。不彻底清算这种主客二分思维的影响,就无法真正做到对"人类中心主义"的超越,也无法真正触摸到生态美学提出的价值与意义。

我们认为,"人类中心主义"与人作为此在在存在论上的优先地位,从根本上说是两码事。"人类中心主义",是指人在自然万物的存在中具有中心统治的作用,即包括动物、植物在内的自然万物都是为了人类而存在的。在它看来,人是宇宙的精华、万物的灵长,自然只是供人驱使、支配或征服的对象;人是自然的立法者,一切自然的法则都要从人的需要出发。当人类把自身设定为主体,自然设为客体,人类以技术为手段,以促逼的方式对自然客体进行肆虐开采、掠夺的噩梦与灾难就开始了。改变今日环境恶化之后果,改善人与自然之间对立的关系,必然要从反对"人类中心主义"开始。反对"人类中心主义",就是要取消人类在存在上的优先权,取消人类在存在者之存在上的统治地位,取消人类对其他存在者之存在进行规定的权力。但这丝毫不意味着要取消人作为此在在存在论上的优先性。人,是这样一种存在者:作为存在者,它和其他非此在的存在者一样,基于存在之遣送而获得存在的规定;作为此在,它在它的存在中是通过自身生存之领会而得到存在的规定性的,并且"作为生存之领会的受托者,此在却又同样源始地包含有对一切非此在式的存在者的存在的领会"①。以此之故,同其他一切存在者相比,此在具有存在论上的优先地位。也就是说,"人在他们的存在中和其他存在者相遭遇,命中注定要把自己的存在作为一个问题来面对,因此,他们在所做的各种事情中就和存在有双重的关联。由于对存在意义的任何研究本身都是人的生存的可能模式,对它的局限和潜能的恰当理解要求对人的生存本身有一种先行的(prior)把握。像海德格尔所称的,此在在存在者—存在论上的这种优先性意味着对人的生存的研究不仅仅是提出一般的存在意义问题的方便的出发点,而且是不可缺少的。"②由于人能在它的存在遭遇并把握任一存在者的存在,因此,对此在的存在论分析就成为最初的道路。需要注意的是,此在在存在论上的优先性,并不意味着人对于存在

①〔德〕马丁·海德格尔:《存在与时间》,陈嘉映、王庆节译,生活·读书·新知三联书店1987年版,第16页。

②〔英〕S.马尔霍尔:《海德格尔的〈存在与时间〉》,亓校盛译,广西师范大学出版社2007年版,第246页。

者的存在及其存在意义具有决定权,而是意味着人在人的生存之际"守护着存在之真理,以便存在者作为它所是的存在者在存在之光中显现出来"①。没有人的生存,没有人在生存中对存在的领会,存在者之存在就无法得到显现与解蔽,存在者之存在也没有意义。"人是存在的守护者",即是就此在在存在论上的优先性而言的。它与"人类中心主义"的决定和控制存在者之存在是大相径庭的。"人类中心主义"褫夺了存在的天命,把人自身看作是存在者的主人、看作是存在者的"主体",把存在者之存在状态消融在被设定的"客体性"之中,从而将存在者之存在连根拔起,致使世界消散于一种无家可归的状态。

　　生态美学是存在论美学观,因而人的生存在生态美学的研究中具有优先性。生态美学归根到底是关于人的审美生存问题的研究。只是这里的"人",不是预先设定的主体,也不是"有理性的动物",而是赢获了存在论根基的此在。人的本质就是此在,此在就是"在世界之中存在"。人与其他存在者,本质上就诗意地相互依寓或栖居在世界中。人,在本质上就是生态的。因此,对人之生存的存在论考察,以便获得人的真正本质,就是在深层生态的视野中敞显人与世界、人与自然的原初关联,展现出人与自然共生共存的生态整体观。同样地,所谓"自然的角度"或"自然的立场",也必须在此在的生存存在论分析中有其根基,才能在生态整体中获得存在或审美的意义。

　　由此看来,海德格尔前期思想中从此在的存在论分析出发去追问存在之思的做法,即"基础存在论",是一条必由之路。有人

―――――――――

①[德]马丁·海德格尔:《路标》,孙周兴译,商务印书馆 2000 年版,第388 页。

认为它有"主体主义"或"人类中心主义"的倾向。其实这是一种误解，原因在于它形而上地混淆了存在、存在者与存在论之间的差异。正是为了避免这种误解，海德格尔抛弃了"基础存在论"的称号。原因之于，基础存在论之基础"不承受任何上层建筑"，"并非可以在其上建造什么的基础，并非不可动摇的基础，而毋宁一个可动摇的基础"，它与"此种分析的暂先性质相违悖"。此在在存在论上的优先，指的是一种存在论分析中"暂先"，而不是存在者或存在的优先。抛弃了"基础存在论"的称号，并不表示海德格尔否弃了最初的道路。1949 年在《关于人道主义的信》中，海德格尔明确表示，"假如人将来能够思存在之真理，则他就要从绽出之生存出发"①。1959 年海德格尔提出了"天地神人四方游戏说"，完备而清晰地表述了人与自然共生的生态思想。需要注意的是，这里"人"依然不是主体的设定者，不是"有理性的动物"，而只是那个赢获了存在论因子的生成性此在，那个本质上能够承担存在的有死者与栖居者。

因此，生态美学对人类中心主义的超越，坚持一种生态整体主义的原则，是一种深度生态论意义上的人文关怀。人在自然中统治地位的陨落，使人作为存在的守护者，在对自然万物的看护与照料中，反而赢得更多生存的自由和人性的尊严。因为只有在人与自然和合共生的生态境域中，人才能获得人之本质，才能作为绽出的生存者守护着存在之真理，走上一条本真本己的生存之路，即诗意化和审美化的人生之路。这也正是生态美学的目标所在。

① ［德］马丁·海德格尔：《路标》，孙周兴译，商务印书馆 2000 年版，第396 页。

综上所述，我们可以看出，存在论维度是进行生态美学研究的基础和关键。生态美学的现实尺度、超越品格以及人文关怀等，只有在存在论的视野中才能够达到真正的理解与沟通。克服长期以来传统认识论主客二分的思维模式，在存在论的追思中考察、构建生态美学，方是当前生态美学研究的重点与难点。

三、诗意地栖居

"人诗意地栖居"，是海德格尔后期思想中一个非常重要的"命题"，如今已成为一句非常时髦的流行语。由于它与碌碌劳作的现实生活的反差，人们似乎从这里欣喜地看到了人类生存所应具有的属己的特性，从而具有了"乌托邦"的意义，借以回应当下人们所面临的生态恶化与生存危机，表达出人们理想化生活的愿望。然而，"诗意地栖居"与人们生存关联的重点却不在此，而有着更为源始的根基。根据海德格尔的理解，"命题"本身作为"有所传达有所规定的展示"[①]，不可简单地作为逻辑判断的表达式，理解成对某种现成属性的判断，而要植根于此在的生存论分析之中。"理想化"的判定敉平了生存论存在论的先行领会，"诗意地栖居"在道听途说、捕风捉影与人云亦云中失去了根基，被传播成为一种"陈词滥调"的闲谈，人们振振有词，却"无须先把事情据为己有"[②]，"诗意地栖居"所开启的境域在说来说去的闲言碎语中

[①]［德］马丁·海德格尔：《存在与时间》，陈嘉映、王庆节译，生活·读书·新知三联书店 1987 年版，第 191 页。
[②]［德］马丁·海德格尔：《存在与时间》，陈嘉映、王庆节译，生活·读书·新知三联书店 1987 年版，第 205 页。

封闭起来。如果不在生存论存在论的根基处廓清障碍、敞开本真，"诗意栖居"的真实意义就仍处于隐而不显的锁闭状态。

问题是，这样做可以么？这样做可能么？这样的分析与论述是出于阐释目的而进行的一厢情愿的拉郎配，还是循着海德格尔思想的本己路线的运思？这是文章首先要予以解答的。

一般认为，海德格尔思想发展的过程是有前后变化的，虽然人们对变化的内容、实质与前后思想之间的关系或关联等重大问题议论纷纷，莫衷一是，但人们已经大多倾向于认为，从 1930 开始海德格尔思想有一个"转向"。前期以"基础存在论"（Foundamental Ontology，即生存论）为出发点，"把一切哲学发问的主导线索的端点固定在这种发问所从之出且向之归的地方上了"①，从此在到存在，探索存在及其意义；而后期则蓄意"抛弃"了"基础存在论"这个称号，"不顾及存在者而思存在"，投身本有（Ereignis）之中直接思存在本身。

"诗意地栖居"是海德格尔 1936 年 4 月 2 日在罗马所做的演说《荷尔德林和诗的本质》中首次阐释的，后发表于《内在王国》杂志 1936 年 12 月号上，1937 年以单行本出版于慕尼黑。1951 年 10 月 6 日，海德格尔以《……人诗意地栖居……》为题在"比勒欧"做演讲，专门而详尽地阐释了"诗意栖居"的意义。其后的三四年间，又陆续在苏黎世、慕尼黑、奥尔登堡、卡塞尔、哈默尔恩等地一再地重讲，1954 年发表于慕尼黑的《重音》（Akzente）第 1 期。"诗意地栖居"明显属于海德格尔后期重要的思想。后期的思想是否可以用前期的思想去解读，尤其是一种转变了的后期思想，这种

①［德］马丁·海德格尔：《存在与时间》，陈嘉映、王庆节译，生活·读书·新
　　知三联书店 1987 年版，第 46 页。

做法是否可行是颇可怀疑的,这样做是否会淡化或漠视了转变的标识而一意孤行呢? 具体来说,作为后期重要思想的"诗意地栖居"是否可以用"生存论"这个被抛弃了的"可动摇的基础"继续阐释,仍然需要深思。

人们通常特别在意《存在与时间》是一部未竟的残篇这一事实,借以说明海德格尔前期关于"生存论存在论"思想其实是一种搁浅的、无法继续的、不完善的理论,因而生存论的普适性及其潜在价值被大打折扣,甚至有人认为"通过基础本体论,使形而上学的存在学说返回到它的根基上"是一种"失败"的"企图"(珀格勒语)①。为此,有人在前后期思想之间划了一道人为的界限。这种做法从海德格尔在世的时候就有了,此后这种声音也一直不绝如缕。如,《海德格尔:从现象学到思想》一书的作者理查德逊将海德格尔的思想区分为"海德格尔 I"和"海德格尔 II"。我国的学者宋祖良也明确提出,"在对海德格尔的研究中,不应该用他的早期的《存在与时间》去遮蔽他的后期思想,……我们应该暂时把《存在与时间》忘掉,像海德格尔本人那样把解释学放弃,把现象学加以冷冻,在我们的脑海里腾出充分的空间,从零开始,……。"②这样的看法也许过于偏激,但却透露出人们对前期生存论思想的疑惑。这种怀疑的念头对于用生存论来理解海德格尔后期思想的尝试是一种有效的拦截。更主要的,接下来我们会看到,这种怀疑如此之强,竟至于置海德格尔自己此后对之不断的

---

① 参见宋祖良:《拯救地球和人类未来——海德格尔后期思想研究》,中国社会科学出版社 1993 版,第 21 页。

② 宋祖良:《拯救地球和人类未来——海德格尔后期思想研究》,中国社会科学出版社 1993 版,第 45 页。

解释于不顾。

　　海德格尔本人是承认自己思想的转变或变化的，这是毋庸置疑的。海德格尔首次在《论人道主义的信》(1946 年)中使用了"转变"(Kehre)一词，宣布自己的思想有变化。其实，早在 1932 年的时候，海德格尔在给他的一个女友伊丽莎白·布洛赫曼(Elisabeth Blochmann,1892—1972)的信中就曾承认："《存在与时间》第 1 部一度对我来说是一条道路，此道路曾把我引向某处。但是，这条道路现在不再被走了，它已经因草木丛生而不能通行，我完全不再能写《存在与时间》。"①1964 年，海德格尔在《哲学的终结和思的任务》的讲演中也说："自 1930 年以来，我一再尝试其更原始地去构成《存在与时间》的课题。而这意味着，要对《存在与时间》的问题出发点作一种内在的批判。"②这种从 1930 年开始的内在的批判是深入和持续的，批判(转变)的内容与实质依然是海德格尔思想研究中的重要课题。但是我们要问的是，"生存论"(即基础存在论)，是否如我们所简单地理解的那样被弃之不用了呢？答案是否定的。让我们还是从海德格尔自己的言说中加以甄别。

　　在说完"基础存在论"这个用于标识《存在与时间》的意图与思路的称号被抛弃之后，海德格尔本人是这样解释"基础"与所谓的"抛弃"的。他说：

　　这就表明，基础存在论所说的基础不承受任何上层建筑，而

---

① 转引自宋祖良：《拯救地球和人类未来——海德格尔后期思想研究》，中国社会科学出版社 1993 版，第 23 页。

②［德］马丁·海德格尔：《面向思的事情》，陈小文、孙周兴译，商务印书馆 1999 年版，第 68 页。

倒是要在揭示了存在之意义之后,更原始地并且以完全不同的方式来重演整个此在的分析。

这样,正因为基础存在论之基础并非可以在其上建造什么的基础,并非不可动摇的基础,而毋宁是一个可动摇的基础,正因为对此在之分析的再演已然共属于《存在与时间》之探讨,而"基础"一词却与此种分析的暂先性质相违悖,所以就把"基础存在论"这个称号抛弃了。①

从这里,我们可以看出,"生存论"作为基础,具有一种暂先性。这种暂先性与其说是一种运思的策略,不如说是一种本有的给出,它的出现不是为了坚守,它的给出本身就意味着超越,超越作为存在者的存在而直接思存在本身。基础之为基础,并不在于基础的不可动摇性,而在于有这样一个基础;抛弃之为抛弃,并不是真正的弃之不用,而是对基础之"有"的超越,基础与抛弃不是"没有",不能仅仅从认识论的角度加以理解,而有着存在论的积极意义。基础的抛弃并非真的离弃、遗弃,而是为了重新返回的重演。从这个意义上讲,生存论作为基础,与其说是一种逻辑推理的前提,毋宁说是一种路向。此在的生存论分析为真正的存在之追思赢获了方向。如果循着路的指向走上了这条路,路向是不需要反复提及的,而是应该被遗忘的。"基础存在论"之所以被抛弃,正是由于已经在路上的缘故,只要在这条路上思想,就可以继续前行或者回返,然而走的却只是一条道路。1953—1954 年间,海德格尔在与日本东京帝国大学的手冢富雄教授的对话中说道:"我离开了前期的一个观点,但并不是为了用另一个观点来取而

----

① [德]马丁·海德格尔:《面向思的事情》,陈小文、孙周兴译,商务印书馆 1999 年版,第 38 页。

代之;而是因为,即使从前的立足点也只是在一条道路上的一个逗留。"①

对于理查德逊所做的区分,海德格尔在信中这样回答:

您对"海德格尔 I"和"海德格尔 II"之间所作的区分只有在下述条件下才可成立,即应该始终注意到:只有从在"海德格尔 I"那里思出的东西出发才能最切近地通达在"海德格尔 II"那里有待思的东西。但"海德格尔 I"又只有包含在"海德格尔 II"中,才能成为可能。(《致理查德逊的信》)②

由此可以表明,尽管海德格尔前后期思想确有转变,但这种转变并不意谓着有一条前后相隔的鸿沟,而是在同一条道路上的"转向"和"回行"(derSchrittzurück)。海德格尔的思想是一个整体,无法分割,进入这个整体的思想具有一种"回行"的特点,转向的道路依然是返回的道路,转向是存在之思道路上最为本己的选择。

因此,与人们通常所理解的相反,海德格尔后期并不是专心致志于存在之思。这样的理解,海德格尔本人认为是对其思想的"巨大的误解"。1969 年他在接受理夏德·维塞尔的电视采访中说:

因为存在问题和对这一问题的展开恰恰以此在为前提,就是说,以人的本质规定为前提。我运思的基础思想恰恰是存在,确切地说,存在的开放需要人,反过来,只有人处于存在的开放中,人才是人。

①[德]马丁·海德格尔:《在通向语言的途中》,孙周兴译,商务印书馆 2004 年版,第 97 页。
②《海德格尔选集》,孙周兴选编,上海三联书店 1996 年版,第 1278 页。

这样一来,我何以只专心于存在而忘记了人这个问题就迎刃而解了。不追问人的本质,就无法追问存在。①

在生命的最后几年,海德格尔依然这样坚定地认为,离开了此在的生存论分析,存在之思将无以为继。

因而,所谓的"生存论的转向",并不是刻意去抛弃这种生存论存在论的基础,去重新建构一种新的追问或运思的理论,而是要以一种本真的状态融入存在之追问之中。生存论以一种什么样的方式被抛弃、被超越,从而克服主体形而上学的倾向,为存在之思奠定真正的根基,才是我们所必须加以深思的。与生存论的简单地被抛弃相比,我更愿意相信,生存论被海德格尔以一种更为本真的方式——自行隐逸——汇入了后期的存在之思中,隐而不显,成为不在场的在场。只有这样,我们才能领会后期海德格尔转向艺术、语言之思的真正意图,才能理解海德格尔的存在之思的道路为什么没有像黑格尔那样以纯无的"存在"概念开始而走上了客观唯心主义的抽象演绎之路,也才能更为本真地解释海德格尔后期为什么会关注更为现实的技术问题。

生存论存在论的融入,对于海德格尔后期的思想,是一种真正的蕴含。从生存论的角度去阐释"诗意地栖居"就不仅是可能的,而且是必要的,这是由海德格尔思想的本己特点所决定的,也是"思之事情"所必需的。

"人诗意地栖居在这片大地上",引自荷尔德林后期的一首诗歌,在《荷尔德林和诗的本质》中作为五个中心诗句的最后一句,

---

① [德]贡特·奈斯克等编:《回答——马丁·海德格尔说话了》,陈春文译,江苏教育出版社 2005 年版,第 6 页。

被海德格尔用来求索"诗的本质性的本质"①。海德格尔阐释这些诗句的目的,不在于获得关于诗的普遍本质,而在于被迫做出一种决断,即"从今以后,我们是否和如何严肃地对待诗,我们是否和如何具有那些前提条件,从而得以置身于诗的权力范围中"②。时隔 15 年之后,海德格尔以《……人诗意地栖居……》为题做出应答,再次对诗句作出解释,以便通过对诗的本质的寻求,"达到栖居之本质"③。

　　然而,诗的本质因素的寻求何以竟至于迫使我们作出某种决断,似乎我们不得不听从天命的召唤,以便置身于诗之域?作诗何以竟与人之栖居相容相洽,借助作诗可以达到栖居之本质?这些都是需要先行领会的。尽管海德格尔认为,对于诗歌来说,任何阐释都是雪覆晚钟,是多余的,只要反复诵读,领悟诗意就可以了,但是,由于暗示和隐喻等诗性语言的使用,他的阐释并没有"在诗歌的纯粹显露面前销声匿迹"④,相反地,其中充满了晦涩感与神秘色彩,阻碍了对诗句本身的领悟。

　　借助于此在生存论的分析,可以使这种晦涩与神秘淡化,使对诗句的领悟明晰起来。海德格尔的阐释所蕴含的生存论视野是很明显的,他说:"当荷尔德林谈到栖居时,他看到的是人类此

---

①［德］马丁·海德格尔:《荷尔德林诗的阐释》,孙周兴译,商务印书馆 2000
　　年版,第 36 页。
②［德］马丁·海德格尔:《荷尔德林诗的阐释》,孙周兴译,商务印书馆 2000
　　年版,第 35 页。
③［德］马丁·海德格尔:《演讲与论文集》,孙周兴译,生活·读书·新知三
　　联书店 2005 年版,第 198 页。
④［德］马丁·海德格尔:《荷尔德林诗的阐释》,孙周兴译,商务印书馆 2000
　　年版,第 3 页。

在的基本特征。而他却从与这种在本质上得到理解的栖居的关系中看到了'诗意'。"①因此，"人类此在在其根基上就是'诗意的'"，不探入人类此在的根基，就不可能"触着人在这片大地上的栖居的本质"②。

1."人"之为"人"的生存论根基

海德格尔前后期作品有一个较为明显的变化，前期他常用"此在"，避免用"人"，而后期他却无此避讳。其中的原因可能是多方面的，主要的原因是那个被传统形而上学定义过的"人"的概念经由此在的生存论分析已经赢获了存在论的基础。人之为人，不再是传统意义上的"有理性的动物"或"会说话的动物"，而是此在。海德格尔认为，"前面的种种阐释最终使我们把操心提出来作为此在之存在。那种种阐释归根到底就在于为我们自己一向所是的和我们称之为'人'的那种存在者赢获适当的存在论基础。"③因而，当我们在"人诗意地栖居"中领悟"人"时，就不可褫夺人的生存论存在论根基，只在现成存在和摆在那里的意义上加以领会。而是要把"人"思为此在的在世存在。海德格尔在阐释时明确指出，"人是谁呢？是必须见证他之所是的那个东西。……人之成为他之所是，恰恰在于他对本

---

① [德]马丁·海德格尔:《演讲与论文集》，孙周兴译，生活·读书·新知三联书店 2005 年版，第 198 页。

② [德]马丁·海德格尔:《荷尔德林诗的阐释》，孙周兴译，商务印书馆 2000 年版，第 46 页。

③ [德]马丁·海德格尔:《存在与时间》，陈嘉映、王庆节译，上海三联书店 1987 年版，第 238 页。

己此在的见证"①。这意味着，"人诗意地栖居"中的"人"必须从生存论的根基处求得他的本质，这是首要的。

"人"之所以能被称为"此在"，是由于"人"这种存在者，"就是除了其它可能的存在方式以外还能够对存在发问的存在者"②。此在在它的存在中与这个存在本身发生交涉，此在以对存在有所领会的方式存在着。人与存在的关联，或者说，人在根基处由存在所规定，并以某种方式与存在发生交涉的本质，是"人"被称为"此在"的根据，"我们选择此在这个名称，纯粹就其存在来标识这个存在者"。③ 此在以某种方式与存在本身发生交涉的那个存在，就称之为"生存"（Existenz），生存规定着此在。这意味着，人的本质必须从此在入手，必须在此在的生存论分析中寻找，这是我们领悟"人"之为"人"的基础。

在生存论上，人作为此在存在的基本现象就是"操心"。操心的生存论结构由三个环节得以组建，却必须从结构整体的整体性上进行把捉，操心结构的生存论公式是："先行于自身的——已经在……中的——作为寓于……的存在。"④操心统一了此在在世存在的整个现象，此在在世本质上就是操心。首先，此在是先行自身的存在，此在总已经"超出自身"，向最本己的能在筹划自身而

①［德］马丁·海德格尔：《荷尔德林诗的阐释》，孙周兴译，商务印书馆 2000年版，第 39 页。

②［德］马丁·海德格尔：《存在与时间》修订译本，陈嘉映、王庆节译，生活·读书·新知三联书店 2006 年版，第 9 页。

③［德］马丁·海德格尔：《存在与时间》修订译本，陈嘉映、王庆节译，生活·读书·新知三联书店 2006 年版，第 15 页。

④［德］马丁·海德格尔：《存在与时间》修订译本，陈嘉映、王庆节译，生活·读书·新知三联书店 2006 年版，第 226 页。

去存在。此在能够为最本己的能在而自由存在,即此在能够为本真或非本真的可能性而自由存在,它拥有本源性的自由。其次,此在是已经在世的存在。"此在被交付给它本身,总已经被抛入一个世界了。"①此在与世界的关系不是主体与客体的联系,不是一个现成的客体"世界"焊接到一个主体之上,而是此在始终立于它的世界,此在已经在世界中,世界是此在的生存论建构。最后,此在总已经以沉沦的样式寓于世内照面的存在者,消散于所操劳的世界中,此在总已经以非本真的方式存在着。

只有从操心结构的整体性的把握入手,才可以从存在论上把握到此在之存在本身。此在并非仅仅是一种可以自由选择的、不断超越的、从将来到时的能在,此在超越的自由是由已经在世的实际存在所规定的,并且首先与通常地处于一种非本真的存在方式。此在首先与通常地沉沦于世,操劳于世内照面之物,操持于共在的常人,在平均日常生活的滞留与附着中逃避自身,茫然失其所在,然而此在的现身情态(畏)与先行领会却开显出此在之"此"的展开状态,公开出此在向最本己的能在而存在的源始本真状态。此在虽沉沦于世,"充满劳绩地",却可以听从良知的召唤,先行决断,从消散于"世界"的非本真状态中抽身回来,向本己本真的、整体的能在存在,并"坦然乐乎这种可能性"②。

能在、曾在(已经存在)和现在(沉沦)源始、统一地组建着此在的生存,只有站在三重达到的领域,人才能是人。人的此在生

---

① [德]马丁·海德格尔:《存在与时间》修订译本,陈嘉映、王庆节译,生活·读书·新知三联书店 2006 年版,第 222 页。
② [德]马丁·海德格尔:《存在与时间》修订译本,陈嘉映、王庆节译,生活·读书·新知三联书店 2006 年版,第 353 页。

存论分析告诉我们,人的本真与非本真状态是同样源始的,在存在论上皆有其根基。同样地,"坦荡之乐与清醒的畏"也是"并行不悖"①的,此在忙忙碌碌操劳于世,并在常人面前逃避自身,与栖身于本真的能在,同样地源始。因此,敉平了人的生存论蕴含,我们根本无法把握诗句中人之为人的本质,无法领会诗句中"劳绩"与"诗意"源始同出的意义,也就无法倾听荷尔德林"诗意栖居"的言说,无法通达海德格尔对"诗意栖居"的应答。

2. 诗作为此在的生存论言说

诗之为诗,在这里也不能按照通常的认识加以理解。客体化、现成性的认识方法是海德格尔尽力克服和回避的。让我们循着海德格尔的思路剥离掉通常对于诗的理解,而后进入诗的本质。

对于海德格尔来说,诗歌既不是一时感情的表达或者激情的宣泄,也不是人们不着边际的空想和梦幻的假象,诗既不是与现实相对立、可以遁世的乌托邦,也不是能够直接参与现实并改变现实的活动,诗既不是个人生活中附带的装饰、点缀,也不是人生中可以消遣、忘记自身的一种游戏,甚至"也不只是一种文化现象,更不是一个'文化灵魂'的单纯'表达'"②。海德格尔在这里几乎将我们所能触及的关于诗的认识一一否弃,无论是主观的、客观的、个人的、人生的,还是文化的,甚至对仅仅把诗看作文学

----

①[德]马丁·海德格尔:《存在与时间》修订译本,陈嘉映、王庆节译,生活·读书·新知三联书店 2006 年版,第 353 页。
②[德]马丁·海德格尔:《荷尔德林诗的阐释》,孙周兴译,商务印书馆 2000 年版,第 46 页。

的一部分、当作文学史对象的做法也不以为然。人们可以把诗设定为一种文艺性的活动或文化事业的一个区域,然而,在海德格尔看来,任何事先既有的关于诗的本质的种种设定都是应予排除的,因为这些做法对于诗的本质的了解是毫无裨益的。"认识是通达实在事物的一种派生途径。"①只有当事物以触目、窘迫或者腻味的样式映现出来,事物的现成性才会暴露出来,认识才会发生,而同时事物最本己的特性却自行锁闭起来。对诗的认识也是如此,当把诗作为生活的装饰,以供消遣娱乐时,诗的缺失与亏欠状态却以一种醒目的方式映入眼帘,越是觉得需要,也就越发在根基处暴露出欠缺的实际情形。凡此种种关于诗的认识,不入海德格尔之法眼也就可想而知了。

海德格尔自己对诗的本质有一系列的界说,如"诗乃是对存在和万物之本质的创建性命名"②"诗乃是存在者之无蔽状态的道说"③"诗是道说神圣的歌唱""作诗是对诸神的源始命名"④等,说法虽不相同,意思却相近,"诗乃是存在的词语性创建",这就是海德格尔所说的诗的本质。

可以看出,海德格尔是从语言与存在两个方面来思诗的本质的。诗是语言的艺术,诗活动在语言中;诗同时也是存在的,是对

---

①〔德〕马丁·海德格尔:《存在与时间》,陈嘉映、王庆节译,生活·读书·新知三联书店 1987 年版,第 233 页。

②〔德〕马丁·海德格尔:《荷尔德林诗的阐释》,孙周兴译,商务印书馆 2000 年版,第 47 页。

③〔德〕马丁·海德格尔:《林中路》,孙周兴译,上海译文出版社 2004 年版,第 61 页。

④〔德〕马丁·海德格尔:《荷尔德林诗的阐释》,孙周兴译,商务印书馆 2000 年版,第 50 页。

存在的创建。然而,语言却不可思为交流、理解与表达的工具,而有着更为源始的本质;存在也不可作为存在者来思,存在是无,存在的本性是自行隐逸。无论是语言,存在,还是诗本身,只要其发问和追思的立足处得不到廓清,不借助于此在的生存论分析,对于诗的领会就仍然处于晦而不明之中。这是由诗、语言的生存论规定和存在之思的特性及其与此在的关系所决定的。

正如海德格尔所指出的,语言这一现象在此在的生存论建构中有其根源,如果不在此在的分析工作的基础上把语言的生存论整体清理出来,人们很难获取一个十分充分的语言定义、把握语言的本质。语言的生存论存在论基础是话语,把话语道说出来就成为语言。话语是此在的展开状态的生存论建构,同此在的现身、领会在生存论上同样源始,它传达和公布出此在的展开状态,道出此在自身。"此在通过话语道出自身,并非因为此在首先是对着一个外部包裹起来的'内部',而是因为此在作为在世的存在已经有所领会地在'外'了。道出的东西恰恰在外,也就是说,是当下的现身(情绪)方式。我们曾指出,现身涉及到'在之中'的整个展开状态。现身的'在之中'通过话语公布出来,这一公布的语言上的指标在于声调、抑扬、言谈的速度、'道说的方式'。把现身情态的生存论上的可能性加以传达,也就是说,把生存开展,这本身可以成为'诗的'话语的目的。"①话语通过道说人作为此在的在世存在,绽出此在之"此",而使此在之"在"得以敞亮,从而把人之本质带上前来。"不是人说语言,而是语言说人",指的就是恰恰在话语的道说中方开显出人的本质,也就是说作为话语的

①［德］马丁·海德格尔:《存在与时间》,陈嘉映、王庆节译,生活·读书·新知三联书店 1987 年版,第 190 页。

语言把人之为人的本质道说出来,人之存在建基于语言,也正是在这个源始的意义上,海德格尔说,"语言是人的一个财富"①。在道说的同时,话语自身亦成为"诗"的话语。因而,语言在生存论存在论的根基处就是诗,因而"语言的本质就是诗"就是这个意思。

诗在此在的生存论分析中有其根基,诗是此在的生存论言说,它绽出此在的生存,道说出此在自身的本质。因而,海德格尔说:"在诗中,人被聚集到他的此在的根基上。人在其中达乎安宁。"②不从此在的生存论分析出发,我们便无从领会诗对人之本质的聚集,也无法理解诗所带来的那种达乎无限的安宁。诗把人从寓于世内存在者的消散状态中带出来,置入他最本己的此在根基处,如此,人成其人,世界成其为世界,"在世界之中"的存在者如其所是地得到显现,人与世界及世界中的存在者共同进入敞开域中得以澄明。这就是对存在的创建和对诸神的命名的涵意。然而这种创建和命名,并非是一种毫无约束的肆意妄为,而意味着一种最高必然性的接受。它不是出于人的意愿的因果性或出于人的意志,而是人倾听良知的召唤,对存在的回归,对神之暗示的截获。这种创建与命名,不是人夺取自在的尺度,"而是在保持倾听的专心觉知中取得尺度"③,即是采取神的尺度而作诗,让其自行到来。如果不在此在的根基处发问与运思,不从人与存在的

①[德]马丁·海德格尔:《荷尔德林诗的阐释》,孙周兴译,商务印书馆2000年版,第39页。
②[德]马丁·海德格尔:《荷尔德林诗的阐释》,孙周兴译,商务印书馆2000年版,第49页。
③[德]马丁·海德格尔:《演讲与论文集》,孙周兴译,生活·读书·新知三联书店2005年版,第208页。

原初关联处考虑,无论是创建与命名,还是必然性的接受与尺度的采取,都是不可理解的。海德格尔对诗的本质界说之所以玄怪晦明,正是由于其中所蕴含的生存论感悟极易被我们忽略或抛弃的缘故。一旦立足于生存论的根基之上,诗的本质就会向我们敞开,并以诗的语言的状态呈现出来。

3. 栖居作为有死者的存在方式

"栖居"是海德格尔后期一个极为重要的术语,用来描述人的存在状态或方式。但什么是栖居,什么才能算是真正的栖居,在海德格尔看来,并非是不言自明的。海德格尔把"诗意的"思为栖居的本质,把作诗"作为对栖居之维度的本真测定"①,从某种意义上讲,其实是把诗(诗意)作为"栖居"的注脚来理解。即便如此,"栖居"的涵意仍需要澄清。1951 年 8 月,在首次对荷尔德林"诗意地栖居"阐释 15 年后,海德格尔在演讲中以《筑·居·思》为题,对"什么是栖居"进行了深入的思考与界说。两个月后,以《……人诗意地栖居……》为题,再次追问并思量"诗意地栖居"的意义。因此,"栖居"的含义对于理解"人诗意地栖居在大地上"是至为关键的。

在《筑·居·思》中,海德格尔明确地把"栖居"思为"终有一死者的人在大地上存在的方式"②,但凡是有死者,即只要是生活着的人,都是以栖居的方式存在着。然而,紧接着,海德格尔

①[德]马丁·海德格尔:《演讲与论文集》,孙周兴译,生活·读书·新知三联书店 2005 年版,第 212 页。
②[德]马丁·海德格尔:《演讲与论文集》,孙周兴译,生活·读书·新知三联书店 2005 年版,第 156 页。

宣称,实际上,"栖居并没有被经验为人的存在;栖居尤其没有被思考为人之存在的基本特征"①,栖居的真正意义还没有被人留意,仍然陷于被遗忘状态之中。栖居为何被思为人的存在方式? 这种存在方式为何被遗忘? 栖居的本质何在? 这些问题,海德格尔在这篇演讲中,是在词源学的语言考察中得以"觉知"的,即通过倾听"筑造"、"栖居"在语言中的呼声而获得答案的。

　　海德格尔关于"栖居"的思考,让我们想起《存在与时间》中关于"在之中"(In—sein)的解释。"在之中"作为"此在在世"的构成环节,对于此在的存在建构是至关重要的,澄清"在之中"的真正意义,就可以为此在的生存论分析判定方向。海德格尔认为,在源始意义上,"在之中"根本不是指现成的东西在空间上的包含关系,就像一个存在者(如水、衣服)在另一个存在者(如杯子、柜子)之中一样,"在之中"不表示这样现成存在的广延物体之间的存在关系,而是人作为此在的一种存在建构。"之中"(in)有"居住""逗留"之意,延伸为"我已住下""我熟悉""我习惯""我照料"的含义,而"存在"(sein)的第一格"bin"(我是)又同"bei"(寓于、缘乎)相联系,可见,"我是"或"我在"就是说:我居住于世界中,我把世界作为熟悉之所而安危地依寓之、逗留之。"在之中"就是依寓世界之中的生存状态。

　　"栖居"同样有"持留""逗留"之意,同时,栖居还有"满足""被带向和平""在和平中持留""自由"的词源根基,可以引申出"防止损害和危险""保护"的含义。"栖居,即被带向和平,意味着:始终

---

①[德]马丁·海德格尔:《演讲与论文集》,孙周兴译,生活·读书·新知三联书店2005年版,第155页。

处于自由之中,这种自由把一切都保护在其本质之中。栖居的基本特征就是这样一种保护。"①可以看出,海德格尔对"栖居"的理解是从"在之中"的生存论建构开始的,在"逗留""依寓"的基础上,把"栖居"的本质引向自由、保护,从此在的生存建构(即人的本质)引向"使某物自由""保留某物的本质"的存在论之思,从中可以明显地窥探出海德格尔运思的轨迹。人的栖居是一种保护,"拯救大地、接受天空、期待诸神、护送终有一死者——这四重保护乃是栖居的素朴本质"②,此在在生存建构中依世界而居,在成为真正的人、归本(归于人的本质)的同时,此在有守护、照料的责任,这责任就是此在存在的本质之中,或者说就是人的生存,这的确是海德格尔思想最为卓绝的洞见,因为守护世界,亦即守护此在之生存自身,"只有当我们从自身而来亲身保持那个守持我们的东西时,使我们守持在本质中的东西才能守持我们"。③ 所以,海德格尔能够也必然会得出"人是存在的看护者"的结论。而这一切,在此在的生存论分析中已有迹象,有待思的端倪已经显露出来。

同样地,栖居的变式——"筑造"也在此在的生存论分析中有其根基。海德格尔认为,虽然人的存在基于栖居是人的本质,但栖居并没有被经验为人的存在,而是首先作为筑造的观念来被经验的。"筑造"虽然原始地就意味着栖居,然而,这种栖居的真正

①[德]马丁·海德格尔:《演讲与论文集》,孙周兴译,生活·读书·新知三联书店 2005 年版,第 156 页。
②[德]马丁·海德格尔:《演讲与论文集》,孙周兴译,生活·读书·新知三联书店 2005 年版,第 167—168 页。
③[德]马丁·海德格尔:《演讲与论文集》,孙周兴译,生活·读书·新知三联书店 2005 年版,第 136 页。

意义对于日常经验来说已经失落了。在实际生活中，作为栖居的筑造让路给作为保养和作为建筑物之建立的筑造，让路于田地的耕种、葡萄的养植以及船舶、寺庙的建造，让路于那些充满劳绩的活动，筑造的真正意义，即栖居，陷于被遗忘状态之中。充满劳绩的筑造并没有触及栖居的本质，相反地，一旦筑造之绩只为自身之故而被追名逐利，栖居的本质甚至就一直被禁阻着、遮蔽着。

　　在此在的生存论分析中，"在之中"的依寓于世，也有一层更切近的解释意义，即消散在世界之中。这说的是，"此在的在世向来已经分散在乃至解体在'在之中'的某些确定方式中"①，例如，和某东西打交道，制作某种东西，安排照顾某种东西，利用某种东西，从事、探查、考察、规定，诸如此类。这些方式，海德格尔称之为操劳，即通过料理、执行、整顿以及委弃、耽搁、苟安等样式为自己弄到某种东西。它标识出此在在世的可能存在方式，而且此在实际上已经如此这样存在。此在的这种消散于世内存在者、消失于常人状态的存在，就是沉沦。在现象上，此在的沉沦是一种逃避，一种前往到世内存在者那儿的逃避——滞留于世内存在者，逃入公众意见，以逃避源始而本真的存在。此在沉沦，恰恰传达出存在之被遗忘的消息。这就是说，此在虽源始地"在之中"存在，实际上，却并不"在之中"，而是"在之内"。此在操劳于世间之物，却遗忘了人自身的存在。这不是同"筑造"对"栖居"的褫夺所呈报的思想有某种因缘么？

　　海德格尔无疑是在更高的意义上运思着栖居作为人的存在

---

①［德］马丁·海德格尔：《存在与时间》，陈嘉映、王庆节译，生活·读书·新知三联书店1987年版，第66页。

方式及其本质的。如果我们不在生存论上廓清前提，扫除现成性的思维定式，就难以把握"栖居"这个词的本真涵意，更谈不上理解整个诗句的真正意义了。

4. 大地之为大地的生存论意蕴

"大地"是海德格尔后期思想中才出现的一个术语，在此在的生存论存在论中没有出现过。从"世界之为世界"，到"世界"与"大地"的争执，再到"天地神人"四方游戏的世界化世界，海德格尔关于"世界"的涵意发生了变化，对这个变化的考察，本身就是海德格尔思想中最有价值的研究。本文的任务不在于追踪这种变化的轨迹与实质，只是就大地之为大地进行一番领会，以点明"大地"中所蕴含的生存论的内涵。

有一种意见认为，把大地作为哲学思考的课题，是海德格尔思想发展的重大突破，也是近代哲学的里程碑，伽达默尔就是持这种看法的。因此，有人认为，"由于土地的提出，对世界、物、此在、超越以及存在本身都得重新思考"①，因为，"有土地与世界抗衡，物才不至于完全消散于开放的明光中，不至于归于此在的掌握。物由于土地保持其独立性，因而也增强了其地位与力量"。②这种见解大抵是不错的，然而还不够精到、深邃。

大地是什么？海德格尔这样以他优美的笔触描述道："大地是效力的承受者，开花结果者，它伸展于岩石和水流之中，涌现为

---

① 陈嘉映：《海德格尔哲学概论》，生活·读书·新知三联书店 1995 年版，第254 页。

② 陈嘉映：《海德格尔哲学概论》，生活·读书·新知三联书店 1995 年版，第253 页。

植物和动物。"①"大地承受筑造，滋养果实，蕴藏着水流和岩石，庇护着植物和动物"②，大地是万物涌现与消失的处所，并庇护着万物之各自所是。

然而，大地绝不可能被思为类似康德"物自体"之类的概念。大地，不可能是独立于人的意识之外的客观存在的客体，相反，大地被思为表象化的对象，正是大地的危险。把大地当作独立的、异己的、神秘的力量加以排斥（或敬畏），与把大地当成技术强征豪取的对象加以消耗（或利用），在本质上都是一样的。同样地，大地也绝不可能被思为主体的创造物，似乎是人的主观意向化的产物。大地的客观化、主观化的理解都是对大地本身的遗弃，在主客二分的表象性思维中，大地遁逸，万物失去庇护，处于危险之中。

大地之为大地，就是使物之为物，就是要保护物之本然。物之为物，是大地之为大地的标识。海德格尔认为，"物之为物，并非通过人的所作所为而到来。不过，若没有终有一死的人的留神关注，物之为物也不会到来"。③ 如同"世界之为世界"的此在的生存建构一样，大地之为大地的生存论意蕴也就显现出来。世界并非现成物的单纯聚合，也不是一个现成事物总和的表象框架，世界始终是非对象性的东西，世界世界化。大地也并非表象的客体，并非是立在某处等待开发、探索的对象，大地拒绝任何形式的

---

①［德］马丁·海德格尔：《演讲与论文集》，孙周兴译，生活·读书·新知三联书店 2005 年版，第 157 页。

②［德］马丁·海德格尔：《演讲与论文集》，孙周兴译，生活·读书·新知三联书店 2005 年版，第 186 页。

③［德］马丁·海德格尔：《演讲与论文集》，孙周兴译，生活·读书·新知三联书店 2005 年版，第 190 页。

穿透。只有当大地尚未被完全揭示、未被解释之际,大地才显示自身。"当大地作为本质上不可展开的东西被保持和保护之际——大地退遁于任何展开状态,亦即保持永远的锁闭——大地才敞开地澄亮了,才作为大地本身显现出来。"①大地之为大地,也就是大地自身持守、大地保持。然而这一切,只有在此在返归本源之地,世界之为世界的生存论建构中才有所呈现。因为"大地离不开世界之敞开领域,因为大地本身是在其自行锁闭的被解放的涌动中显现的"②,正是在与世界的争执中,大地才成为大地的。正是在这个意义上,如同说"建立一个世界"一样,海德格尔也说"制造大地",但这里的制造绝不是主体的创造行为,而是指"把作为自行锁闭者的大地带入敞开领域之中",让大地"自身展开到其质朴方式和形态的无限丰富性之中"。③

对于人、世界与物的关系,海德格尔说,"惟有作为终有一死者的人,才在栖居之际通达作为世界的世界。惟从世界中结合自身者,终成一物"。④ 因此,"大地之为大地",与"世界之为世界""人之为人"一样,都可以看作是此在的生存论建构,只有在此在的生存论存在论上才是可以把握的,才可以彻底摆脱表象化带来的厄运。也只在这个意义上,我们才可以理解海德格尔所说的

①[德]马丁·海德格尔:《林中路》,孙周兴译,上海译文出版社 2004 年版,第 33 页。

②[德]马丁·海德格尔:《林中路》,孙周兴译,上海译文出版社 2004 年版,第 35 页。

③[德]马丁·海德格尔:《林中路》,孙周兴译,上海译文出版社 2004 年版,第 33 页。

④[德]马丁·海德格尔:《演讲与论文集》,孙周兴译,生活·读书·新知三联书店 2005 年版,第 191—192 页。

"（人作为终有一死者）在栖居中让大地成为大地"的意义。当人返乡归本、真正栖居之际，大地的拯救、天空的接受、诸神的期待和终有一死者的护送，这一四重整体的本质才可以得到保护，或者用海德格尔的话说就是"在拯救大地、接受天空、期待诸神和护送终有一死者的过程中，栖居发生为对四重整体的四重保护"①。

所以，人与大地的关系，不是主体与客体的关系，而是一种源始生存论上的存在关系。海德格尔认为，"'在大地上'就意味着'天空下'。两者一道意指'在神面前持留'，并且包含着一种'向人之并存的归属'。从一种原始的统一性而来，天、地、神、人'四方'归于一体。"②"在大地上"，就是"在世界中"的另样表述。与"人在世界之中"一样，"人栖居在大地上"就是此在的存在本质。人不能只是一味地利用大地，而是要拯救大地，就不仅意味着使某物摆脱危险，把其释放到它本己的本质之中，也不仅意味着"领受大地的恩赐，并且去熟悉这种领受的法则，为的是保护存在之神秘，照管可能之物的不可侵犯性"③，而且意味着听从诸神的召唤，把自身置于诸神的当前之中，如其所是地承担着此在向来属己的本质。守护大地与守持人之本质，拯救大地与拯救人类自身，是不可彼此独立、分开的统一体，这才是大地上"诗意地栖居"。

对诗句的整体理解总是建立在每个词语的先行领会基础之

①［德］马丁·海德格尔：《演讲与论文集》，孙周兴译，生活·读书·新知三联书店 2005 年版，第 159 页。

②［德］马丁·海德格尔：《演讲与论文集》，孙周兴译，生活·读书·新知三联书店 2005 年版，第 157 页。

③［德］马丁·海德格尔：《演讲与论文集》，孙周兴译，生活·读书·新知三联书店 2005 年版，第 101—102 页。

上的，只有追索每个词语所传达出的意蕴，才能够倾听整个诗句发出的呼声。以上我们把"……人诗意地栖居在大地上"这句诗拆分成四个词语，分别考察了理解它们所需要的生存论基础，可以看出它们之间内在的生存论关联。每一个词语都不能从传统认识论的角度去理解，而须在生存论分析所开启的视域中加以领会。海德格尔认为，"当我说'一个人'并且以这个词来思考那个以人的方式存在——也即栖居——的东西时，我已经用'人'这个名称命名了那种逗留，那种寓于物的四重整体之中的逗留"①。在这里，说"人"就是在指称"人在世界中"。其他词语也一样，每个词语都同样包含着"此在在世"的生存论结构，都已经先行命名了人的那种"依寓于世"的生存论建构。不同于此在生存论分析所做的分环节的、分层次的考察与描述，"人诗意地栖居在大地上"是对"此在在世"的生存论整体性结构的先行领会与综合，甚至它的每个词语都意味着对生存论结构的整体把握。但这里绝不能理解成简单的"同义反复"，相同的词语"所指"集结在一起，所显露的并非是单纯的重复，而是在相互呼应中把词语命名所源出的力量带上前来——存在（或者本有）。因此，"诗意地栖居"并非是对"此在在世"的简单重复，而是对本有召唤的回答，是直接对存在的运思，即存在论。

　　这里就涉及生存论与存在论的关系问题。把存在论的解读回复到生存论的根基处，似乎是一种倒退，因为它无视海德格尔所强调的"存在论差异"，把"存在之存在"重新置入"存在者之存在"的视野中加以阐释。其实不然。海德格尔虽然对"存在之存

---

① ［德］马丁·海德格尔：《演讲与论文集》，孙周兴译，生活·读书·新知三联书店 2005 年版，第 165 页。

在"与"存在者之存在"作了明确的区分,但他始终认为,离开了人,就不可能追问存在,"'在'需要人,没有人敞开它、护佑它、使它完形,在就不成其为在"①。因此,海德格尔称这种回复,乃是一个"返回步伐"或"回行之路"。海德格尔这样认为,"从一种思想回到另一种思想,这种返回步伐绝不只是态度的转变。它决不可能是这样一种态度的转变,原因仅仅在于:一切态度连同它们转变方式,都拘执于表象性思想的区域中。……这个返回步伐寓于一种应合,这种应合——在世界之本质中为这种本质所召唤——在它自身之内应答着世界之本质"。② 也就是说,这种回行之思,虽充满迷误,却是对来自存在之本质要求的一种应合,并在存在之真理中立身和运作,开启出达乎存在之真理要求的那种远景。因此,回行就是反思,就是"对已经说过的那些东西作一相应的反思③,回行就是前行,这是由思的事情本身所决定的,"思想之路本身隐含着神秘莫测的东西,那就是:我们能够向前和向后踏上思想之路,甚至返回的道路才引我们向前"④。海德格尔告诉我们,所谓思想的"转向",也应如此理解。

我把存在之思中这种回行,看作是生存论蕴含。蕴含不是印证,也不是重复。生存论不能理解为生存本体论,生存不是本体,更不是始基,本体只有一个,即是"存在"。生存论是本体论的可动摇的基础。生存论之所以能够作为存在论的基础,其原因在

---

①〔德〕奈斯克等编:《回答——马丁·海德格尔说话了》,陈春文译,江苏教育出版社2005年版,第70—71页。

②〔德〕马丁·海德格尔:《演讲与论文集》,孙周兴译,生活·读书·新知三联书店2005年版,第190—191页。

③《海德格尔选集》下,孙周兴选编,上海三联书店1996年版,第1275页。

④《海德格尔选集》上,孙周兴选编,上海三联书店1996年版,第97页。

于,此在本身是被存在所规定的,并且总以领会存在的方式存在,此在领会自身就是领会存在,"追问存在问题无它,只不过是对此在本身所包含的存在倾向刨根问底,对先于存在论的生存领会刨根问底罢了"。① 这个基础之所以是可动摇的,同样也根源于此在首先是被存在所规定的存在,人的本质只有在存在召唤、本有自行澄明之际才可以洞见。

因此,生存论作为存在论的基础,作为通达存在论的路向,不能理解成逻辑推演的前提,也不能理解成一个理论对另一个理论的铺垫与奠基,就像大楼的地基对楼层的承载一样,而是蕴含关系。我们可以借鉴海德格尔关于"在之中"的阐释,来理解蕴含的意义。首先,两者不是理论之间的现成关系,而是相互建构的、相互缘构生成的关系。基于此,我们不能同意《存在与时间》中的基础存在论已臻完备的说法,也不能认同有一个生存论转向存在论的转渡的说法,似乎是从一个现成的理论跳跃到另一个理论上似的。海德格尔生存论是一个开放、生成的理论,我们不能赞同把此在的生存论分析视为封闭、现成理论的做法。其次,生存论就在存在论中,生存论只有从存在论方面才可以得到建构,而存在论只有从生存论角度才是可以通达的。生存论本身就是存在论,它们在一条路上。海德格尔下面的话,可以很明晰地领会生存论与存在论之间的蕴含关系:

"我们只需毫无先入之见地去觉知那个东西(存在,无蔽——引者注),这个东西总是已经占用了人,并且这种占用又是如此明确,以至于人向来只有作为如此这般被占用的东西才可能是人。

---

① [德]马丁·海德格尔:《存在与时间》修订译本,陈嘉映、王庆节译,生活·读书·新知三联书店 2006 年版,第 15 页。

不论人在哪里开启其耳目，敞开其心灵，在心思和追求、培养和工作、请求和感谢中开放自己，他都会看到自己已经被带入无蔽者中了。……如果说人以自己的方式在无蔽状态范围内解蔽着在场者，那么他也只不过是应和于无蔽状态之呼声而已；即便在他与此呼声相矛盾的地方，情形亦然。①"

本文对"诗意地栖居"所蕴含的生存论基础进行了尝试性解读，这当然不是出于对生存论的维护与辩解，而是对思的事情本身的尝试与响应。这样的解读当然也不能看作是对"诗意栖居"全部涵意的穷尽，而仅仅算是个开头；只有由此出发，我们才可以继续去思"诗意栖居"对"无家可归"状态的应对及其策略。正如海德格尔所说，"我们要的不是对'转向'的毫无根据而又无休止的闲谈，而是亲身去试一下上述的实事内容，那倒会值得忠告而又富有成果些吧"②。

---

①［德］马丁·海德格尔：《演讲与论文集》，孙周兴译，生活·读书·新知三联书店 2005 年版，第 17 页。
②《海德格尔选集》，孙周兴选编，上海三联书店 1996 年版，第 1276 页。

第八章　生态审美本性论
与身体美学

　　生态美学之所以能够成立,还在于它在很大程度上反映了人的生态审美本性。人对自然生态的亲和与审美是人的本性的重要表现,这正是生态美学的重要内涵。正如当代生态批评家哈罗德·弗罗姆所说,生态问题是一个关系到"当代人类自我定义的核心和哲学与本体论问题"①。

　　众所周知,把握人的本性是人类精神生活的永恒主题。古希腊德尔斐神庙的墙上就镌刻着"认识你自己"的铭文。自古以来,在把握人的本性上有着两种截然不同的路径。一是目前在许多领域仍然盛行的认识论路径,它以认识、把握人的抽象本质为最高使命。在这种路径下,形成了人是理性的动物,人是感性的动物,人是政治的动物,以及人的本质是人本主义之"爱"等说法。它们的片面性在于,对人的本性的把握完全脱离了现实生活实际,而在现实生活世界中从来不存在具有上述抽象"本质"的人。恩斯特·卡西尔(Ernst Cassirer)试图从功能性的角度去突破认识论的局限,他把人的本性归结为创造和使用符号的动物。他

————————

① [美]哈罗德·弗罗姆:《从超验到退化:一幅路线图》,《生态批评读本》,美国乔治亚大学出版社 1996 年版,第 38 页。

说:"如果有什么关于人的本性或'本质'的定义的话,那么这种定义只能被理解为一种功能性的定义,而不能是一种实体性的定义。我们不能以任何构成人的形而上学本质的内在原则来给人下定义;我们也不能用可以靠经验的观察来确定的天生能力或本能来给人下定义。人的突出特征,人与众不同的标志,既不是他的形而上学本性也不是他的物理本性,而是人的劳作(work)。正是这种劳作,正是这种人类活动的体系,规定和划定了'人性'的圆周。语言、神话、宗教、艺术、科学、历史,都是这个圆的组成部分和各个扇面。"①卡西尔从创造和使用符号的"功能性"角度界定人的本性,应该说是一种突破的尝试,但却没有从根本上突破本质主义的束缚。因为,所谓创造和使用符号的能力仍然是对人的本性的一种抽象描述,实际上,活生生的生命活动与创造与使用符号的抽象主体,仍然是不能完全画等号的。前者比后者要丰富、具体得多。

与认识论的本质主义路径相反,海德格尔提出"存在论与现象学"的方法。他说:"存在论与现象学不是两门不同的哲学学科而并列于其他属于哲学的学科。"②这在某种程度上是对存在论现象学的发展,它突破了认识论主客二分的本质主义窠臼,采取将一切实体性内容"悬置"从而"回到事情本身"的方法,直接面对"存在"本身。在这样一种哲学观与世界观中,人所面对的就不是"感性""理性""政治""爱""符号"之类的实体,而是人的"存在"本身;不是社会与自然的对立,而是生命与自然的原初性融合。海

---

① [德]卡西尔:《人论》,甘阳译,上海译文出版社 1985 年版,第 87 页。
② [德]马丁·海德格尔:《存在与时间》,陈嘉映、王庆节译,生活·读书·新知三联书店 1987 年版,第 47 页。

德格尔对人的本性的认识与把握具有明显的现世性,也为当代生态存在论哲学与美学观提供了丰富的思想资源。海德格尔认为,"此在的任何一种存在样式都是由此在在世这种基本机制一道规定了的。"①德国哲学家沃尔夫冈·韦尔施也指出:"人类的定义恰恰是现世之人(与世界休戚相关之人),而非人类之人(以人类自身为中心之人)。"②作为海德格尔的追随者,法国著名现象学家梅洛-庞蒂通过确立人的知觉经验的首要地位,彻底解构了感性与理性的二元对立,彰显了作为自然生存物的人的肉身存在,指出,"我们用'知觉的首要性'这些词要表达的是:知觉经验让我们亲临事物、真理、价值为我们而构成的那一时刻;它为我们提供的是一种诞生状态的逻各斯;它超出一切独断,把客观性本身的真实条件告诉我们;它向我们唤起认知和行动的任务。问题不在于把人类知识还原为感觉,而在于参与这一知识的诞生,在于让它如同感性事物一样对我们是可感的,在于重新征服理性意识"③。"本质上,这个知觉世界是海德格尔意义上的存在,……。"④表面看来,这似乎仍然回到了身体与心灵相互对立的二元论立场,但实际上梅洛-庞蒂所说的身体与传统哲学有着本质的区别。传统哲学把身体当作一种纯粹的物质性存在,认为身体

---

① [德]马丁·海德格尔:《存在与时间》,陈嘉映、王庆节译,生活·读书·新知三联书店1987年版,第145页。

② [德]沃尔夫冈·韦尔施:《如何超越人类中心主义》,朱林译,《民族艺术研究》2004年第5期。

③ 转引自杨大春:《感性的诗学:梅洛-庞蒂与法国哲学主流》,人民出版社2005年版,第105页。

④ [法]梅洛-庞蒂:《可见的与不可见的》,罗国详译,商务印书馆2008年版,第210页。

是对象世界的一部分；相应地，在传统的美学理论中，身体在审美经验中的作用也一直受到忽视和贬低，充当着一个尴尬而诡异的角色：作为审美主体——人——的组成部分，却一直被当作审美客体或者对象，或者被看作审美活动的工具。究其根源，是因为审美经验一直被视为一种精神性、认识性的活动，因此，审美主体就只能是主观的心灵或者自我，身体则是一种物质性的存在，只能被归属于审美对象的领域。

　　生态美学的产生却给了我们新的启示。在生态学的视野下，身体在审美活动中就不再是客体而成为了主体：它不再是被审视的对象，而成了审美经验的积极参与者。与此相应，心灵和自我不再是独立的精神实体，而还原成了身体的灵性。由此出发，审美经验不再是对象性的认识活动，而是有灵性的身体与事物之间的相互作用和交流。因此，生态美学不属于认识论，而属于存在论。生态美学对人的生态审美本性的新认识必然导向一种崭新的身体美学。

一、生态美学的身体维度

　　客观地说，在认识论的美学体系中，身体也并非只是纯然的客体，因为审美经验作为感性认识离不开感觉器官的参与，而感觉器官则是身体的组成部分，因此，身体在一定意义上也作为主体参与到了审美活动中来。不过，这种参与显然是局部的和有限的，因为身体并不是作为整体参与进来的，而是被划分成了不同的器官，而且在五种感觉器官中，只有视觉和听觉获得了优先地位，至于嗅觉、味觉和触觉，则基本上被排除在了审美活动之外。那么，传统美学何以要对身体进行划分，并且赋予视听感官以优先地位呢？黑格尔对此说得很明白："艺术的感性事物只涉及两个认识性的感觉，至于嗅觉、味觉和触觉则完全与艺术欣赏无关。因为嗅觉、味觉和触觉只涉及单纯的物质和它的可直接用感官接触的性质，例如嗅觉只涉及空气中飞扬的物质，味觉只涉及溶解的物质，触觉只涉及冷热平滑等等性质。因此，这三种感觉与艺术品无关，艺术品应保持它的实际独立存在，不能与主体只发生单纯的感官关系。这三种感觉的快感并不起于艺术的美。"①这也就是说，视听感官的优越性在于它们所产生的是"认识性的感觉"，而其他三种感觉器官所把握到的则是事物的物质属性。事实上，这种看法在西方思想史上是始终一贯的，柏拉图就曾经说过，"视觉器官是肉体中最敏锐的感官"②；亚里士多德也认为，视觉"最能使我们识别事物，并揭示各种各样的区别"③。由此可见，视听感官之所以在传统美学中获得了优先地位，是因为审美经验被当成了认识活动，而这两种感官则具有较强的认识功能。据此，我们不难理解，身体之所以只能部分地参与审美活动，是因为只有当身体蜕变为孤立的感觉器官的时候，才能在一定程度上消解其物质性，成为认识活动的驯服工具。

　　生态美学的产生则带来了身体地位的显著提升。这种提升的直接体现，就是身体从部分的参与转向了整体性和全方位的参与。与传统美学强调视听感官的优先地位不同，生态美学主张各

①［德］黑格尔：《美学》第 1 卷，朱光潜译，商务印书馆 1991 年版，第 48—49 页。

②柏拉图：《柏拉图全集》第 2 卷，王晓朝译，人民出版社 2003 年版，第 165 页。

③《亚里士多德全集》第 7 卷，中国人民大学出版社 1993 年版，第 27 页。

种感觉器官全方位参与了审美活动。美国学者阿诺德·伯林特认为，"在环境体验中视觉、触觉、听觉、嗅觉和味觉都很活跃"①；加拿大学者卡尔松也认为，在身处自然环境之中的时候，"鉴赏对象也强烈地作用于我们的全部感官。当我们栖居其内抑或活动于其中，我们对它目有凝视、耳有聆听、肤有所感、鼻有所嗅，甚至也许还舌有所尝。简而言之，对于鉴赏环境对象的体验一开始就是亲密，整体而包容的"②。在这些学者看来，当我们面对自然环境或景观的时候，我们并非只动用自己的视听感官，而是把各种感觉器官都动员起来，与景物展开了全方位的交流。其所以如此，是因为环境美或景观美与传统美学所谈论的自然美有着本质的区别。通常所说的自然美，指的是自然物的形状和色彩等形式特征，与其实际的物质属性无关。康德就曾明确强调，他所说的"自然的美"指的是"自然的美的形式"③；黑格尔也把自然美归结为"整齐一律，平衡对称，符合规律与和谐"等"抽象形式的美"④。既然自然美来自于对象的形式特征，因此，就只能诉诸视觉和听觉等"认识性的感官"，而与嗅觉、味觉等"物质性的感官"无缘。更进一步来说，自然美的形式特征使其蜕变成了艺术美的附庸，因为自然物的形式总是存在着各种缺陷，只有艺术美才能严格符合形式美的理想。正因如此，黑格尔主张艺术美高于自然美："我们可以肯定地说，艺术美高于自然。因为艺术美是由心灵产生和

---

① ［美］阿诺德·伯林特：《生活在景观中》，陈盼译，湖南科学技术出版社2006年版，第27页。
② ［加］艾伦·卡尔松：《环境美学——自然、艺术与建筑的鉴赏》，杨平译，四川人民出版社2006年版，第5页。
③ ［德］康德：《判断力批判》，邓晓芒译，商务印书馆2002年版，第141页。
④ ［德］黑格尔：《美学》第1卷，朱光潜译，商务印书馆1991年版，第173页。

再生的美,心灵和它的产品比自然和它的现象高多少,艺术美也就比自然美高多少。"①由于艺术美乃是自然美的理想和样本,对自然美的欣赏就必然以艺术鉴赏为参照。这正如伽达默尔所说,"我们实际上是以由艺术熏陶出来的眼睛去看自然的"②。由于艺术欣赏只诉诸人们的视觉和听觉,因此,对自然美的鉴赏自然也不例外。

面对环境美或景观美的鉴赏却截然不同。从生态学的角度来看,环境或景观并不是作为艺术作品的类比物出现的,因为它们不是像艺术品那样与我们相对而立,等待我们去静观和认识,而是从四面八方包围着我们,使我们置身于风景之中,并且成为风景的一部分。阿诺德·伯林特认为,"美学所说的环境不仅是横亘眼前的一片悦目景色,或者从望远镜中看到的事物,抑或被参观平台圈起来的那块地方而已。它无处不在,是一切与我相关的存在者。不光眼前,还包括身后、脚下、头顶的景色"。③ 在这种情况下,我们不仅需要运用自己的认识性感官,还必须动用自己的各种物质性感官,因为自然物并不仅仅是以其形式特征吸引着我们,而是同时以其气味、冷暖、软硬等物质属性刺激、触动着我们。在这种情况下,对环境的鉴赏就与艺术欣赏有了明显的区别:"环境中审美参与的核心是感知力的持续在场。艺术中,通常由一到两种感觉主导,并借助想象力,让其他感觉参与进来。环

---

① [德]黑格尔:《美学》第1卷,朱光潜译,商务印书馆1991年版,第4页。

② [德]伽达默尔:《美的现实性》,张志扬等译,上海三联书店1991年版,第50页。

③ [美]阿诺德·伯林特:《环境美学》,张敏、周雨译,湖南科学技术出版社2006年版,第27页。

境体验则不同,它调动了所有感知器官,不光要看、听、嗅和触,而且用手、脚去感受它们,在呼吸中品尝它们,甚至改变姿势以平衡身体去适应地势的起伏和土质的变化。"①从这里可以看出,对环境的鉴赏不仅需要动用各种感觉器官,而且要求这些感官必须协同运作,构成一个有机整体。因此,身体不是以局部的方式,而是作为一个整体全方位地参与到了审美活动当中。就此而言,身体已经不再只是心灵的工具或中介,而直接成了审美活动的主体。

二、审美经验与生存体验

在传统美学看来,把身体当作审美活动的主体乃是一件十分荒唐的事情,因为身体只是一种物质性的存在物,即便它在对环境的鉴赏中全方位地参与进来了,也只能是作为一种载体和工具,把心灵"运载"到景物的面前,并通过感官把景物的形式特征传递给心灵。至于对这种形式的鉴赏和判断,则只能由心灵或自我来进行。自从笛卡尔把心灵和肉体归结为不同的实体("一方面我对我自己有一个清楚、分明的观念,即我只是一个在思维的东西而没有广延,而另一方面,我对于肉体有一个分明的观念,即它只是一个有广延的东西而不能思维"②)以来,身体始终就只是认识活动的对象和工具,审美经验也不例外。正是由于这个原因,康德认为,审美对象作为一种感性表象是通过感觉器官而产

---

① [美]阿诺德·伯林特:《环境美学》,张敏、周雨译,湖南科学技术出版社2006年版,第28页。
② [法]笛卡尔:《第一哲学沉思录》,庞景仁译,商务印书馆1996年版,第82页。

生的,但审美判断的主体却只能是心灵及其主观的心意状态。

　　然而,生态美学却启示我们,在对环境和景观的鉴赏过程中,身体并不仅只是作为感觉器官来提供感性表象,因为环境美和景观美不仅是指自然景物的外在形式,也不仅是指感官呈现给我们的知觉表象,而是同时包括景物的实际存在。康德曾经强调,"为了分辨某物是美还是不美的,我们不是把表象通过知性联系着客体来认识,而是通过想象力(也许是与知性结合着的)而与主体及其愉快或不愉快的情感相联系"①。从这段话来看,审美对象只是一种纯粹的知觉表象,与对象的实存无关。然而,在对环境和景观的鉴赏过程中,事物却并不仅仅是通过其优美的形式来打动我们的。从生态学的角度来看,决定事物审美价值的并不是其外观是否符合形式美的基本法则,而在于其在生态体系和循环中所处的位置。正是由于这个原因,生态旅游与传统的风景旅游有着根本的区别:风景旅游实际上是一种变相的艺术欣赏,它总是选取那些像艺术品一样富有秩序和形式感的自然景物,也就是所谓"如画"的风景,而欣赏的过程也仿佛艺术鉴赏一样,通过设置固定的观景台,把景物置于一定的视角之中,从而成为一幅被框定的"画面";生态旅游则不同,它所关注的总是那些具有丰富、多样、独特的生态资源的风景,让旅游者置身其中,与生态系统中的各种动植物、山川、水流亲密接触,相互交流,从而感受到自身与生态环境的一体性,把自己当成生态循环的一个环节,而不是把景物当作端详、把玩的对象。从这个角度来看,西方学者提出的"自然全美说"就有了一定的合理性。"肯定美学"的倡导者卡尔松认为,"自然界在本质上具有肯定的审美价值",哈格若夫也认

①[德]康德:《判断力批判》,邓晓芒译,商务印书馆2002年版,第37页。

为，"自然总是美的，自然从来就不丑"。① 在传统美学看来，这种观点显然是无法理解的，因为自然物的形式总是有美有丑，不可能总是具有肯定的审美价值。然而，从生态美学的角度来看，任何丑陋的事物都可能在生态系统中拥有自己的位置和作用，因而都具有一定的审美价值。在这种情况下，审美对象就不再是事物的外观和形式，而直接就是其存在本身。

既然生态美学所谈论的审美对象不再是感性表象和形式，那么身体及其器官就变成了审美活动的主体，因为审美经验不再是心灵对事物的认识活动，而是身体与事物之间的直接交流。然而，如此一来，审美经验不就成为纯粹的物质活动了吗？不难看出，这种疑惑产生的根源在于把身体当成了纯粹的物质实体。从生态学的角度来看，这种笛卡尔式的本体论偏见已经在根本上站不住脚了。生态学思想的根本要义，就在于把人类当作生态系统的一个环节和部分，认为人与自然之间具有同质性和一体性。需要注意的是，这种同质性并不等同物质性，相反，生态学的内在旨趣就是要消解传统思想所设置的精神与物质的二元对立。众所周知，生态学思想之所以在当代得以勃兴，原因就在于近代工业对自然资源的掠夺性开采和利用，造成了自然环境和生态系统的严重破坏，并进而危及了人类自身的生存和发展。与近代工业相伴随的思维方式，就是把人与自然当作两种相互对立和异质的实体，由此导致了一种机械论的自然观，认为自然只是一种僵死的物质实体，因而就是人类可以任意开采和利用的资源。要想克服近代工业的这种缺陷，就必须首先消除机械论的自然观及其与之

---

① 转引自彭锋：《完美的自然——当代环境美学的哲学基础》，北京大学出版社 2005 年版，第 14 页。

相伴的二元论思维方式。因而,当生态学思想强调人与自然的一体性的时候,就不是把身体当作物质实体而重蹈二元论之覆辙,而是把包括人在内的整个生态系统当成了一个生命有机体,这种有机体既不是纯粹的物质,也不是纯粹的精神,而是一种有灵性的物。

站在近代思想的立场上,把自然当作有灵性的物是一种倒退,是古希腊的"万物有灵论"的复辟。从某种意义上来说,这种说法确实不无道理,因为生态学的自然观的确是古希腊有机自然观的复兴。在古希腊人看来,"自然原来是一种模糊而神秘的东西,充满了各种藏身于树中水下的神明和精灵。星辰和动物都有灵魂,它们与人相处或好或坏。人们永远不能得到他们所企望的东西,需要奇迹的降临,或者通过重建与世界联系的巫术、咒语、法术或祷告去创造奇迹。在这个感觉、机体、想象的世界中,魔法的作用借助于咒语、感应以及表达爱恋与仇恨、恐惧与渴望等激情的象征性动作,即巫魅世界的各种奇迹和巫术"①。如果说近代机械论自然观的产生导致了世界的"祛魅",那么生态学自然观的兴起则意味着世界的"复魅"。当然,这并不意味着生态学要恢复古希腊人的神话思维方式,而是要重新确立自然作为有机体的思想。美国学者大卫·格里芬认为,"生态科学涉及一种实在观,它与从现代科学中阐发出来的毫无生机的、异化的形象截然不同。后现代的实在观点来源于生态学对世界形象的描绘:世界是一个有机体和密切相互作用的、永无止境的复杂的网络。在每一个系统中,较小的部分(它们远不能提供所有的解释)只有置身于

---

① [法]塞尔日·莫斯科维奇:《还自然之魅》,庄晨燕等译,生活·读书·新知三联书店2005年版,第92页。

它们发挥作用的较大的统一体中才是清晰明了的。而且,这些统一体本身不只是部分的聚集"①。或许有人会说,这种观点只是表明自然是一个相互联系的整体,而并不意味着各种自然物都是具有生命的。然而问题在于,生态学所说的这种有机联系并不是机械的因果关系,而是生命有机体的内在关联。美国学者洛夫洛克和马格里斯提出的富有影响的"盖亚假设",认为:"地球的行为就像一个活生生的有机体,它通过自我调节海藻和其他生物有机体的数量来积极保持大气层中维持生命的化学成分。在大气层失去平衡的情况下,地球不可能保持其生物圈的生命维持调教经久不变。……所有这一切的依据在于,生命是一个地球和生物圈相互作用的现象。世界上栖息于地区生态系统中的生物有机体调节地球的大气层,这就是说,大地(盖亚)的动态平衡是由个体有机体的地区性活动形成的。与机械论的单一因果观相反,物种及其直接的环境应被理解成一个单一的相互作用系统,其中每一物都适应着、影响着另一物。"②从这里可以看出,生态系统中的每个事物都是生命有机体的组成部分,因而都不是纯粹的物质,而是介于精神和物质之间的一种有灵性的存在。

三、肉身性与人之生态本性

现在的问题是,如果说对生态环境的鉴赏乃是身体与事物之

---

① ［美］大卫·格里芬编:《后现代科学》,马季方译,中央编译出版社1998年版,第132—133页。

② ［美］查伦·斯普瑞特耐克:《真实之复兴》,张妮妮译,中央编译出版社2001年版,第27页。

间的直接交流,那么,审美经验不就与一般的生态体验混为一谈
了吗? 事实上,某些西方学者所持的正是这种观点。当代西方的
环境美学对自然的审美经验划分为分离式和介入式两种类型,其
中分离式经验的代表是自然景观面前的匆匆过客,比如那些旅游
观光者;介入式经验的典型代表则是原住民,即长期生活在某个
生态环境中的居民。在这些学者看来,原住民在居住地的生存活
动,就是一种介入式的审美经验。① 艾伦·卡尔松借马克·吐温
的一段文字对这两种审美经验进行了生动的区分。马克·吐温曾
经对自己在密西西比河上的航行经验进行过这样的比较:当他年轻
的时候,河上的各种事物在他眼中呈现出千姿百态的色彩和形态之
美,但当他成了一个有经验的船员的时候,这一切景观的含义却发
生了彻底的变化:"阳光意味着我们明天早上将遇到大风;漂浮的原
木意味着河水上涨,对此应表示些许谢意;水面上的斜影提示一段
陡立的暗礁,如果它还一直像那样伸展出来的话,某人的汽船将在
某一天晚上被它摧毁;翻滚的'沸点'表明那里有一个毁灭性的障碍
和改变了的水道;在那边的光滑水面上圆圈和线条是一个警告,那
是一个正在变成危险的浅滩的棘手的地方……"在马克·吐温看
来,这表明他对河水的态度从审美经验转向了生存体验,随着这种
转向,密西西比河的美感对他来说就一去不复返了。但在艾伦·卡
尔松看来,这只是表明他的审美经验从分离式转向了介入式,也就
是说,介入式审美实际上就是一种生存活动。②

---

① StevenBourassa,*The Aesthetics of Landscape*,London and NewYork:Bel-
havenPress,1991.27.

② AllenCarlson,*AestheticsandEnvironment:The Appreciation of Nature*,
London and NewYork:Routledge,2000.16-18.

　　从某种意义上来说,这种区分的确反映了生态美学与传统美学之间的根本差异:传统美学是一种认识论美学,把审美活动当作一种主客二分的认识活动,因此,关注的是一种分离式的审美经验;生态美学是存在论或本体论美学,把审美活动当作一种生存活动,当作生态体系内部循环的一部分,因此,强调介入式的审美经验。当然,一个走马观花的旅游者与自然景观之间的关联,较之长期居住于这景观之中的原住民,显然要疏远和隔膜得多。在这个意义上,前者的确是分离式的,后者才是介入式的。用布拉萨的话说,"一般来说,因为一个地方的常住居民必须每日都经验他们的环境,而旅游者或其他外来者的经验只是暂时的,所以存在论意义上的内在者的审美价值就应该享有优先权。"①问题在于,这种生存体验上的介入感能够直接等同于审美经验吗? 事实上,大多数原住民几乎从不以审美的态度来对待自然,马克·吐温的看法就有力地证明了这一点。

　　那么,生存体验和审美经验之间的区别究竟何在呢? 要回答这一问题,我们必须首先追问,这些西方学者何以会把这两种经验混为一谈呢? 仔细考究他们对于分离式和介入式审美经验的划分,我们发现这一区分所针对的其实是自康德以来的审美现代性理论所确立的"审美无功利"思想。康德强调,美感与快感的区别就在于前者是非功利、无利害的,后者则是功利性的。由此出发,审美经验就成了一种分离性的认识活动。当代的环境美学家则认为,对于生态环境的审美经验恰恰是一种介入式、功利性的活动,因而这种审美自律的观点就站不住脚了。从这里可以看

---

① [美]史蒂文·布拉萨:《环境美学》,彭锋译,北京大学出版社 2008 年版,第 58—59 页。

出，这些学者所说的分离和对立，其实对应的是非功利性和功利性。正是因此，当他们把功利性活动看作介入式审美经验的时候，自然就把审美经验与生存体验混为一谈了。然而在我们看来，所谓分离式的审美经验，并不是指以非功利的态度来对待事物，而是指审美经验建立在主客二元对立的基础上。反过来，介入式的审美经验也不是指以功利性的态度来对待事物，而是指审美经验超越了主客二分，成为一种物我不分、主客交融的一体性关系。从这个角度来看，功利性的生存活动恰恰是分离式的，因为这种活动把事物看作满足主体需要的对象和工具，因而建立在主客二分的基础上，与认识论意义上的审美经验并无二致。

据此，我们认为，对于生态环境的鉴赏之所以是一种介入式的审美经验，并不是因为这种鉴赏是一种功利性的生存活动，而是因为它是一种一体化、非二元的本源性活动。那么，对于生态之美的鉴赏何以具有这种本源性的特征呢？恰恰是因为这种鉴赏不同于那种精神性的认识活动，而是一种身体性行为。在传统哲学当中，身体被看成一种物质性存在，因而身体性的行为就成了一种物质活动。而在对生态环境的鉴赏中，身体则是一种介乎于精神和物质之间的有灵性的物，用梅洛-庞蒂的话来说，这是一种"世界之肉"。这里所说的"肉"是梅洛-庞蒂后期哲学的核心概念，所指的并不是人以及动物的肉体，而是人以及各种事物共同具有的某种属性："它（肉身）是一种新的存在类型，是一个多孔性、孕含性或普遍性的存在，是视域在其面前展开的存在被捕捉、被包含在自己之中的存在。"①作为一种新的存在类型，它既不是

---

① ［法］梅洛-庞蒂：《可见的与不可见的》，杨大春译，商务印书馆2008年版，第184页。

精神也不是物质,而是彻底超越了这种二元论的划分:"我们称之为肉身的东西,这个内在地工作的东西在任何哲学中都没有名称。作为客体和主体的构成性介质,它不是存在的原子,不是处在唯一地点和时间中的实在存在。"①那么,究竟应该如何界定它的存在方式呢? 梅洛-庞蒂指出:"这意味着,我的身体是用与世界(它是被知觉的)同样的肉身做成的,还有,我的身体的肉身也被世界所分享,世界反射我的身体的肉身,世界和我的身体的肉身相互僭越(感觉同时充满了主观性,充满了物质性),它们进入了一种互相对抗又互相融合的关系。"②这就是说,我的身体和世界有着相同的肉身性,两者之间并不存在二元对立的关系,而是一种相互反射、相互僭越、相互对抗又相互融合的可逆性关系。"事物是我的身体的延伸,我的身体是世界的延伸,通过这种延伸,世界就在我的周围。"在这种情况下,"世界之肉身(质料)是我之所是的可感的存在的未分状态"③。日本学者高桥哲哉将梅洛-庞蒂这一哲学观念形象地表述为"原始的契约"。他说,梅洛-庞蒂的哲学力图使我们"对抗一切忘却与隐蔽,不断地唤醒、捍卫在我们的起源方面使一切成为可能的这个契约"④。

　　契约意味着立约的双方达成某种关系。在梅洛-庞蒂的哲学

①[法]梅洛-庞蒂:《可见的与不可见的》,杨大春译,商务印书馆 2008 年版,第 182 页。

②[法]梅洛-庞蒂:《可见的与不可见的》,杨大春译,商务印书馆 2008 年版,第 317 页。

③[法]梅洛-庞蒂:《可见的与不可见的》,罗国详译,商务印书馆 2008 年版,第 325—326 页。

④[日]鹫田清一:《梅洛-庞蒂——认识论的割断》,刘绩生译,河北教育出版社 2001 年版,第 199 页。

中,这一关系表现为自反性和可逆性。梅洛-庞蒂认为,身体与其他事物是由相同的材料组成的,因此事物就能够与我们的身体发生一种内在的相互作用和交流,从而在我们的身体之中形成一种内部等价物。身体具有某种类似于镜子的功能:"镜中幽灵在我的肉外面延展,与此同时,我身体的整个不可见部分可以覆盖我所看见的其他身体。从此以后,我的身体可以包含某些取自他人身体的部分,就像我的物质进入到他们身体中一样"①;"这就像两面面对面的镜子,它们映出两组不确定的影像。这些影像并不完全地属于它们之中的任何一面,因为它们中的任何一面都只是反射另一面而已,这两组影像构成了一对夫妻般的东西,这一对东西比它们之中的任何单独一面都更真实。"②在此基础上,法国学者祁雅理认为,"只有在世界的结构中才能把握肉体,而且世界是由像肉体那样相同的材料所造成的。所以世界是和肉体处于不断的相互渗透之中,而且心灵在自然中感知的存在的各种结构也必然相似,或类似于观察主体的心灵的各种结构"③。表现在观看过程中,身体的我既是一个看者,也是一个被看者;在物凝视人的过程中,人也凝视了物。人与物的目光在这种境遇中相遇交织。身体成了看者与被看者的集合。物通过视觉传递给了身体,物与意识的关系也由此而打通。

所以,梅洛-庞蒂认为,"神秘之处就在于:我的身体同时是能

① [法]梅洛-庞蒂:《可见的与不可见的》,罗国详译,商务印书馆 2008 年版,第 48 页。

② [法]梅洛-庞蒂:《可见的与不可见的》,罗国祥译,商务印书馆 2008 年版,第 172 页。

③ [法]约瑟夫·祁雅理:《二十世纪法国思潮——从柏格森到莱维·施特劳斯》,吴永泉、陈京旋等译,商务印书馆 1987 年版,第 80 页。

看的和可见的,身体注视一切事物,它也能够注视它自己,并因此在它所看到的东西当中认出它的能看能力的另一面"。在看的过程中,显示出的并非我思主体,而是肉身化的自我。在看的过程中,事物"镶嵌在它的肉中,它们构成为它的完美规定的一部分,而世界是由相同于身体的材料构成的"①。这就是人与物奇特的交流,也是我们所说的生态审美本性问题。

　　日本学者鹫田清一认为,"肉身"概念反映了存在的"双叶"性:"我的身体被双重化为内与外,作为它的镜子,作为它的背面,物也被双重化为内与外。在我的双重化了的身体,即可见的身体与观看的身体之间,有一种相互插入,相互交织的关系。"②正是在此基础上,梅洛-庞蒂才说"我的身体与世界是用同样的肉组成的"。自然正是肉身性诞生和创制的过程。

　　从传统哲学的角度看来,知觉所把握的只是事物的表面现象,如色彩、形状等等,这些都属于事物的"第二性质",但梅洛-庞蒂却认为,"深度、颜色、形状、线条、运动、轮廓、面貌就是存在的枝条",而且"其中之一就会把我们引回到整束枝条"。③ 因此,当我们通过知觉经验把握到事物的颜色、形状等特征的时候,我们并不需要也不可能"透过"这些"现象"把握到某种先在的固定本质,相反,事物的本质就显现为这些颜色和形状。

　　这一过程看似神秘,但事实上却不乏源头。19 世纪法国著名诗人波德莱尔有一首诗歌,就可以算作是对此的"应和":"自然是

---

① [法]梅洛-庞蒂:《眼与心》,杨大春译,商务印书馆 2007 年版,第 37 页。
② [日]鹫田清一:《梅洛-庞蒂——认识论的割断》,刘绩生译,河北教育出版社 2001 年版,第 213 页。
③ [法]梅洛-庞蒂:《眼与心》,杨大春译,商务印书馆 2007 年版,第 89 页。

座神庙,那里活的廊柱/有时传来模糊隐约的话音/人在此经行,穿越象征的深林/深林注视他,投以深切的眼目/。"在这里,人注视深林,深林也注视他。人与物相互沟通感应,就像"田野与树丛所引起的欢愉,暗示着人与植物之间的一种神秘联系。它说明我不是孤身一人,也不是不被理睬。它们在向我点头,我也向它们致意"。① 马尔尚曾经说过:"在一片森林中,我有好多次都觉得不是我在注视着森林。有些天,我觉得是那些树木在注视着我,在对我说话……而我,我在那里倾听着……我期待着从内部被淹没、被掩埋。"②

因此,传统哲学在谈论精神与物质、主体与客体关系的时候,虽常常强调两者之间是既对立又统一的关系,但在两者之间,精神、主体总是被看作能动、积极的一方,物质、客体则被看作消极、被动的一方,而在梅洛-庞蒂这里,身体与世界则是完全平等的,因而它们之间的关系才是一体化、非二元的。

我们认为,在对生态环境的鉴赏活动中,所唤起的正是这样一种崭新的肉身性经验。当我们沉浸在生态环境之中的时候,随着生态意识的觉醒,我们深切地体会到自身与环境的一体性,从而不再把自己看作与自然分离和对立,并凌驾于自然之上的异己之物,而是重新体验到自身乃是大自然的一部分,自然乃是养育我们的母亲,我们彷佛重新返回到了母体之中,体会到自己与自然之间水乳交融、血肉不分的亲密关系。在这种情况下,我们就不再是纯然的精神或意识,自然也不再是没有生命的僵死物质,

① [美]爱默生:《爱默生集》,生活·读书·新知三联书店 1993 年版,第 10 页。

② [法]梅洛-庞蒂:《眼与心》,杨大春译,商务印书馆 2007 年版,第 46 页。

两者都成了一种富有灵性的肉身。正是在此意义上,生态美学才确立起了一种真正介入式的审美经验,这种经验足以克服审美现代性所导致的人与自然的疏离和对立,克服现代人类以及社会的异化状态。

不存在感性与理性、社会与自然二分对立之人,所有的生命都只能生存在万物相互交融的生态系统中。正如罗尔斯顿所指出的,"我们的人性并非在我们自身内部,而是在于我们与世界的对话中。我们的完整性是通过与作为我们的敌手兼伙伴的环境的互动而获得的,因而有赖于环境才保有其完整性"。① 这种对人性的把握还具有某种人文性,也就是说,真正的人性是充满着人文情怀的,而不应该是冷冰冰的工具理性,其中深层存在的正是充满着人文情怀的当代生态理念。与理性生命理念不同,当代生态理念充满着有史以来最强烈的人文情怀。例如,1972 年的世界第一次人类环境会议就提出:"只有一个地球,人类要对地球这颗小小的行星表示关怀。"1991 年,联合国环境规划署等国际机构在制定《保护地球——可持续生存战略》时指出,"进行自然资源保护,将我们的行动限制在地球的承受能力之内,同时也要进行发展,以便使各地能享受到长期、健康和完美的生活"。

从生态存在论哲学观的独特视角,可以把当代人的生态本性概括为三方面。

第一,人的生态本源性。人类来自于自然,自然是人类生命之源,也是人类永享幸福生活最重要的保障之一,这一点非常重要。长期以来,人们在观念上更多地强调的是人与自然的相异

---

① [美]霍尔姆斯·罗尔斯顿:《哲学走向荒野》,刘耳、叶平译,吉林人民出版社 2000 年版,"中文版序"第 11 页。

性,而忽视了它们之间的相同性,这就很容易造成两者在实践上的敌对与分裂。正如恩格斯所说,"特别是本世纪自然科学大踏步前进以来,我们就愈来愈能够认识到,因而也学会支配至少是我们最普通的生产行为所引起的比较远的自然影响。但是这种事情发生得愈多,人们愈会重新地不仅感觉到,而且也认识到自身和自然界的一致,而那种把精神和物质、人类和自然、灵魂和肉体对立起来的、反自然的观点,也就愈不可能存在了……"①。

第二,人的生态环链性。人的生态本性中包含的一个重要内容是,人是整个生态环链中不可缺少的一环,人人都具有生态环链性,个体一旦离开生态环链,就会失去他作为生命的基本条件,从而走向死亡。蕾切尔·卡逊在《寂静的春天》中具体论述了作为生命基本条件的生态环链性。她说:"这个环链从浮游生物的像尘土一样微小的绿色细胞开始,通过很小的水蚤进入噬食浮游生物的鱼体,而鱼又被其它的鱼、鸟、貂、浣熊所吃掉,这是一个从生命到生命的无穷的物质循环过程。"②生态环链性是人的生态本性之基本内容,一方面,它反映了人与自然万物的共同性与密切关系。人与万物均为生物环链之一环,相对平等,他们须臾相连,一刻也不能分开。另一方面,它还包含着人与自然万物的相异性方面。因为人与自然万物又分别处于生态环链的不同环节,各有其不同的地位与功能。长期以来,人们完全从人与自然的相异性来界定人的本性,严重忽略了人与自然万物的共同性与密切关系,工业文明那种征服自然、掠夺自然的实践方式,正是以此为

①《马克思恩格斯选集》第3卷,人民出版社1972年版,第518页。
②[美]蕾切尔·卡逊:《寂静的春天》,吕瑞兰、李长生译,吉林人民出版社1997年版,第39页。

内在生产观念的。一旦意识到生物环链中人与自然的相同性，并根据它的基本原理来界定人的本性，人与自然的关系，不仅更加符合人的本性，也会使人类的思想与活动具有更高的科学性。

第三，人的生态自觉性。人类作为生态环链中唯一有理性的动物，他不能像动物那样只顾自己的生存，而对自然万物不管不问。人类不仅要维护好自己的生存，而且更应该凭借自己的理性自觉维护生态环链的良好循环，维护其他生命的正常存在。只有这样，人类才能最终维护好自己的美好生存。罗尔斯顿认为，人类与非人类存在物的真正区别是，动物和植物只关心自己的生命、后代及其同类，而人类却能以更为宽广的胸襟维护所有生命和非人类存在物。他说，人类在生物系统中位于食物链和金字塔的顶端，"具有完美性"，但也正是因为这个原因，"他们展示这种完美性的一个途径"是"看护地球"。① 从生态存在论出发做出的对人的本性的新阐释，对包括美学在内的当代人文学科必然要产生重要影响，也为它们调整内在观念与学科框架提供了新的哲学基础。

①参见余谋昌：《生态伦理学》，首都师范大学出版社 1999 年版，第 136 页。

第九章　参　与　美　学

一、"参与美学"的提出与演进

1."参与美学"的提出

在环境美学与生态美学研究领域内,"参与美学"这一生态美学范畴,是由伯林特和卡尔松较早提出的。其中,艾伦·卡尔松在其《环境美学——自然、艺术与建筑的鉴赏》(2000)中提出了作为一种审美模式的"参与美学"。卡尔松在《环境美学》中讨论了环境美学的多种审美模式,它们分别是对象模式、景观模式、自然环境模式、参与模式。卡尔松指出,自然环境模式强调认识的作用,而与此相对的模式是参与模式。这种参与模式强调自然语境的多元维度,以及我们对它的多元感性体验。由于将环境看成诸多生物体、感官以及空间的一个没有缝隙的整体,这种参与模式召唤我们沉浸到自然环境之中,试图消除诸多传统,比如主体和客体,并试图在最终尽可能地缩短我们自身与自然之间的距离。简而言之,审美经验是鉴赏者在鉴赏对象中一种全身心的投入。①

---

① [加]艾伦·卡尔松:《环境美学——自然、艺术与建筑的鉴赏》,杨平译,四川人民出版社 2006 年版,第 19—20 页。

　　阿诺德·伯林特对"参与美学"进行了较为深入的阐述。他在《环境美学》(1992)第十章"作为审美模式的环境"中,以建筑艺术为例讨论传统无利害美学理论的不足时,提出:"两点必须做到:首先,无利害的美学理论对建筑来说是不够的,需要一种我所谓的参与的美学。其次,我们需要认识到,在环境中,建筑得以扩展和实现。环境因而成为新的美学的范例。这种新的美学就是参与美学。"①这就是伯林特在反思传统无利害美学观的语境下提出的"参与美学"。

　　伯林特的"参与美学"的提出源于他对康德哲学的反思,伯林特在《美学再思考:激进的美学与艺术论文》(2004)中反思康德哲学,认为康德哲学中的人类世界是分裂的。康德把人类世界分为知识(理论的)、道德(实践的)与判断(审美与目的论的)三个独特的王国,这早已引起人们的广泛质疑。伯林特借用杜威的话说,当今哲学需要自我复苏,自我重构,这一点正变得越来越紧迫。他举例说,从海德格尔的存在主义哲学,萨特与梅洛-庞蒂的存在主义现象学,在到后来的解释学、解构主义、后现代主义以及女性主义哲学,当代人们正以不同的方式探讨如何实现哲学的复苏。

　　伯林特也希望为重建哲学有所贡献,他在谈到《美学再思考》的中心主题时指出,"审美价值是弥漫性的,并且自始至终出场"。这挑战了康德哲学,因为康德把审美价值排除在自然王国和道德王国之外,使之享有"分离领地的独立仲裁权"。伯林特认为,"无论这种理性秩序多么整饬,也无论把科学与工业从任何审美约束中解放出来能够带来多少方便,其经验都是虚幻的,而于实践则

---

① [美]阿诺德·伯林特:《环境美学》,张敏、周雨译,湖南科学技术出版社2006年版,第134页。

是有害的"①。

伯林特试图表明,康德受到非审美思维的引导,他对艺术与自然的审美欣赏采取非功利的态度。而这种态度无法成功地解释传统艺术,更是难以解释当代艺术。由此,伯林特提出,"我们需要一种参与的美学,一种在审美场中实现了感知的完全综合的美学"。他要追求的是,"审美价值在不同层次与不同方向的弥漫性在场"。就像是画家从不在完成构图之前提笔一样,他的思路分别沿着单一线索展开研究,"在理论、事实、实践、创作与艺术中迂回行进,编织出复杂而完整的形态",即"审美参与的形态"。②

伯林特尝试提出一种具有情境性与连续性特质的参与美学。他在《美学再思考中》指出,"观众在审美过程中对艺术对象的介入,在审美情境中对审美欣赏的沉浸。这些都暗示了取代传统的非功利性解释的必要性。因此,我提出参与美学这个概念。"伯林特解释说,参与意味着一系列的欣赏的介入,包括我们对古典艺术相对压抑却仍然强烈的分享式注意,对浪漫艺术无法遏制的移情,许多民间艺术和流行艺术所唤起的主动表演。这些充满活力的参与,其程度因为艺术、历史和文化的实践不同而有所不同,还会因为艺术对象、欣赏者个人与场合的特殊性而有所不同。伯林特指出,相对于非功利性审美,"审美参与能够更好地抓住感知、认识以及对富有感染力的艺术的刺激—反应式欣赏

①［美］阿诺德·伯林特:《美学再思考——激进的美学与艺术论文》,肖双荣译,武汉大学出版社 2010 版,第 2 页。

②［美］阿诺德·伯林特:《美学再思考——激进的美学与艺术论文》,肖双荣译,武汉大学出版社 2010 版,第 2 页。

中的身体介入。审美参与这个概念比其他任何概念都更好反映了在我们称为人类文化的过程中所发生的艺术与欣赏事实上的结合"①。

这种参与美学或审美参与的形态,是伯林特对美学的建设性拓展,使当代艺术理论不再拘泥于18世纪的成规。伯林特超越传统理论的束缚的努力,主要通过这样几个途径。首先,"坚持把身体及其全部感觉统摄于审美经验的领域内"。其次,"认识到了把艺术和社会基座联系在一起的各种道德契约"。第三,"把审美拓展到曾经被认为属于边缘的、不适于审美的活动与实践范围内"。最后,同时"承认审美的意义及其重要的社会角色"。伯林特认为,无论就价值的形式还是其语境来说,各种价值都同时归属于伦理价值和社会价值,又归属于审美价值。尤其是,审美价值弥漫在一切价值之中。尽管审美价值在我们与艺术以及所谓"自然"世界的遭遇中可能取得支配性地位,但是,审美价值并非特立独行的特别秩序,而是与伦理价值、社会价值和宗教价值等其他各种价值有密切关联的。②

伯林特坚定地认为,通过认识艺术与审美的社会与人文影响,它们的价值、洞察力与感染力都得到提高和放大,而这一认识有助于提升艺术重要性,也有助于提高其对文明事物的人文影响。伯林特坚持认为,"这种加强与放大是可能的,并不会牺牲审美的身份,也不会消弭审美的价值"。从较广的视野看,伯林特的

①[美]阿诺德·伯林特:《美学再思考——激进的美学与艺术论文》,肖双荣译,武汉大学出版社2010版,第11页。
②[美]阿诺德·伯林特:《美学再思考——激进的美学与艺术论文》,肖双荣译,武汉大学出版社2010版,"前言"第3页。

参与美学以及他突破传统美学束缚的努力,表现这样一种思想主线中:"审美理论必须与经验的直接性和可靠性保持连续的联系,与其真相保持联系,如其所是。"①

2."参与美学"的词源学追溯

参与美学的"参与"一词,英语原文是 engagement,其词根是 engage,意思是"参与或牵涉其中"。从词源学上追溯,"engage"(参与)来源于古法语 engagier,中世纪后期传入英语,原始意义是"保证或誓言",进而包含"自己保证做某事"。到 16 世纪,其意思发展为"进入某种关联"。到 17 世纪,其含义演变成"参与到某项活动"。最终,形成现代英语中的这种含义:"使自己参与、牵涉到或专注于某项活动,或使自己对某事负有责任。"现代法语中的"engaga"一词还有这样的含义:"(作家、艺术家或其作品)对某项事业肩负承诺或责任。"②总的来看,"参与"一词的主要意思是:"使自己参与或专注于某项事物,或使自己对此肩负某种承诺或责任。"对于伯林特和卡尔松提出的"参与美学"而言,其中的"参与"就是要使自身融入自然、环境与生态之中,破除二元对立、无利害、静观的美学观,使自身的各种感觉经验专注于、投入这种包括自我在内的自然、环境与生态整体之中。

---

① [美]阿诺德・伯林特:《美学再思考——激进的美学与艺术论文》,肖双荣译,武汉大学出版社 2010 版,"前言"第 3 页。

② 参见 *The New Oxford Dictionary of English*,Oxford University Press,1998.

二、"参与美学"的内涵与特征

1. 对二元对立的无利害关系之美学的反思

伯林特"参与美学"的提出，起初是源于对康德无利害关系之美学原则的质疑与反思。在伯林特力图打破传统美学观束缚的视野中，他首先面对的问题是传统二元对立的无利害、静观美学，需反思其不足与缺陷，尤其在它面对现代艺术时的困难与不足。

伯林特指出，18世纪以来无利害的美学原则影响着对艺术的讨论和对艺术的体验。依据这种原则，在审美欣赏中，人们需要把艺术与实践目的区别开来，这是审美欣赏所需的态度。这种无利害的审美原则一直以来是占主流的美学原则。现在，人们需要超越这种已经建立起来的方法，因为这种观念已经滞后于现代艺术的发展，即使对理解传统艺术也面临困难。① 康德赋予"无利害"观念以重要性，但这种观念存在不足，会给审美鉴赏带来不利影响。

伯林特这样总体评价康德美学：康德把精神置于知识的构成中心，使知识成为最基本的过程；他为人类建立起一个结构，自此主宰着西方哲学，对西方哲学产生了不可磨灭的影响。但在康德那里，人类世界是分裂的，被分裂为知识、道德与判断三个王国。

伯林特在《美学再思考》中试图突破这种传统美学并重建美学。他宣称：审美价值是弥漫性的，并且自始至终出场。这正是

---

① ［美］阿诺德·伯林特：《环境美学》，张敏、周雨译，湖南科学技术出版社2006年版，第132页。

其《美学再思考》的中心主题。伯林特借此反对康德所建立的公理,康德把审美价值排除在自然王国和道德王国之外,伯林特着重指出,康德的这种理性秩序无论多么整饬,也无论把科学与工业从任何审美约束中解放出来能够带来多少方便,其经验都是虚幻的,对于实践则是有害的。伯林特在此证明,康德受到非审美思维的引导,他对艺术与自然的审美欣赏采取非功利的态度。但这种态度并不能成功地解释传统艺术,对现代艺术而言更是如此。由此,伯林特提出我们需要一种参与的美学,一种在审美场中实现了感知的完全综合的美学。

举例来说,无利害美学理论在面对建筑和舞蹈等艺术形式时,总是面临困难。我们处在美学扩展的时代,以建筑为例,我们逐渐把建筑不只看作建造的艺术,还看作一种构筑人类环境的艺术,环境实际上可以被视为建筑美学的实现。在传统美学那里,它要求人们摒弃所有实用考虑,采取静观的态度,与艺术品保持分离。伯林特就此指出,与这种静观体验相反,环境会引发一种迥异的体验,这就是"人的参与",这一点早已在建筑中得以实践。环境作为建筑美学的实现,其视觉和形式方面已经不占主导地位,环境意味着感知者和对象之间相互的交流,同时包含对实践、文化和历史的兴趣。在此,建筑和作为建筑美学实现的环境,都对无利害的美学提出挑战。①

在此,伯林特从建筑所涉及的"参与"因素开始阐述,指出建筑融合了实用和美,两者处于一种不可分割的综合体之中。事实上,建筑物和其使用者共同形成了一种创造性的相互关系。在现实生

---

① [美]阿诺德·伯林特:《环境美学》,张敏、周雨译,湖南科学技术出版社 2006 年版,第 132 页。

活中，人与建筑物的相互呼应随处可见，建筑与人是不可分离的。①
在伯林特那里，审美的参与不仅照亮了建筑和环境，它还可以被
用于其他的艺术形式，并获得显著的结果，不管是传统的还是现
代的。

伯林特将这种审美参与放在非常重要的位置，认为这种参与
的思想符合艺术的历史角色的连续性，它与每一种文化传统的审
美体验有着历史连续性，这也包括西方自身的审美体验。从这个
角度看，无利害的美学观两个世纪以来对西方美学的统治，应被
视作一种反常。②

伯林特认为，无利害美学观的历史贡献在于帮我们认识到审
美体验的独特性，但这种观念也是一种误导，因为它主张审美体
验不仅要与体验的其他领域相分离，而且要与作为感知者的人相
分离。20 世纪以来，所产生的新艺术形式，如电影、大地艺术、互
动艺术、表演艺术和多媒体艺术，比之传统艺术形式，更不容易接
受无利害的美学观。当艺术不断越过其传统边界时，我们生活在
一个艺术和审美范围更加扩大的时代。不仅艺术的材料和主题
拓展了，艺术的规模也扩大了，艺术理论必须适应这样的变化。③

伯林特进而举出一些参与美学的实际例子。一些环境艺术
家们扩展了艺术的范围和素材。有的艺术家，在地球表面的不同
地方行走，身后留下他们自己的艺术品或者只是做了照片或文字

① ［美］阿诺德·伯林特：《环境美学》，张敏、周雨译，湖南科学技术出版社
　　2006 年版，第 134 页。
② ［美］阿诺德·伯林特：《环境美学》，张敏、周雨译，湖南科学技术出版社
　　2006 年版，第 142 页。
③ ［美］阿诺德·伯林特：《环境美学》，张敏、周雨译，湖南科学技术出版社
　　2006 年版，第 142 页。

的记录。还有一些人在大地表面创造出类似史前时期的大地艺术,这些作品不仅仅是超出了传统艺术的规模,它们通常根本不限于单一的观点和行为。这种艺术突破了传统欣赏和传统对象的边界,把我们的身体与它们的构筑物联系起来,有时让我们在远处就能感受到自然环境的直接影响。

伯林特引用海德格尔的语句来阐明这种人与自然环境的密切关联:"这就是栖居,与大地和天空生活在一起,在宇宙的力量之中认识到我们人类的局限。"伯林特甚至将这种情境视为"一切艺术的条件和审美的终极目标"。①

2. 人与环境的融合:整体论生态美学观

重新界定环境,强调人与环境的结合、自然与人不可分离,是伯林特参与美学的核心内涵。伯林特在谈到《环境美学》的写作动因时表示,他是立足于这样一个基本认识:个人的生活背景对其生活内容的性质有着重大影响,尤其对其生活质量和前景。②随着这种观念的强化,伯林特对环境问题产生哲学兴趣,其观点不断丰富发展。伯林特进而指出,《环境美学》全书一以贯之的推动力是:重新界定环境,确认其美学内涵。人们将逐渐意识到,自然并非在人类世界之外,环境也不是一块外面的土地,相关的美学思考将帮助我们从抽象理论和具体情境两个层面深刻体悟自然与人之间不可分离的关系。伯林特提到了"互惠"这个核心词,

---

① [美]阿诺德·伯林特:《环境美学》,张敏、周雨译,湖南科学技术出版社2006年版,第143页。
② [美]阿诺德·伯林特:《环境美学》,张敏、周雨译,湖南科学技术出版社2006年版,第2页。

并且认为它是一种"终极力量"。当我们对环境进行美学思考时，"互惠"这个词恰恰是这个世界一以贯之的动力，人类必须正视它，"我们不仅从面对面的体验，而且在当下即刻的投入中，都能找到这种终极力量"。①

伯林特以建筑所涉及的"参与"因素为例，认为建筑融合了实用和美，两者处于一种不可分割的综合体之中。事实上，建筑物和其使用者共同形成了一种创造性的相互关系。在现实生活中，人与建筑物的相互呼应随处可见，建筑与人是不可分离的。伯林特提出，如果遵循现象学的方法，一种关于建筑体验的现象学应该从场所分析开始，从人与建筑物交感式的相互关系开始。基本的事实是，场所是许多因素在动态过程中形成的产物：居住着，充满意义的建筑物，感知的参与和共同的空间。这里不遵循笛卡尔割裂的主客二分，人与场所是相互渗透和连续的。②伯林特认为，这种审美的参与不仅提升建筑和环境的审美欣赏，它还可以被用于其他的艺术形式，不管是传统的还是现代的。伯林特将这种审美参与放在非常重要的位置。他认为，这种参与的思想符合艺术的历史角色的连续性，它与每一种文化传统的审美体验有着历史连续性，这也包括西方自身的审美体验。

在伯林特看来，特别在环境审美领域，参与美学应当取代传统的无利害美学观。他在讨论为何将环境作为一种美学模式这

---

① ［美］阿诺德·伯林特：《环境美学》，张敏、周雨译，湖南科学技术出版社2006年版，第2页。
② ［美］阿诺德·伯林特：《环境美学》，张敏、周雨译，湖南科学技术出版社2006年版，第135页。

一关键问题时谈道，"任何模式的价值在于其解释和说明的力量。如果把环境的审美体验作为标准，我们就会舍弃无利害的美学观，而支持一种参与的美学模式。"①参与不仅可以用来说明让人感到棘手的艺术体验与建筑和舞蹈，它还使我们重新思考与其他共有的欣赏体验。在诸如绘画、音乐、戏剧和雕塑这些艺术中，无利害的美学观将其束缚于传统中，限制了人们的审美欣赏。尽管这些艺术形式拥有各自的力量，但这种力量没有充分发扬，受到了限制。而通过参与性审美，这些艺术就会向一种全面性敞开，超越了通常所谓的主客体之分，鼓励我们进入一种审美的情境中，建立一种参与的关系，这种关系使得艺术品和观者在一个整体中联合起来。在这种审美情境中，我们进入描绘的景观之中，与其中的人物交谈，获取周围的声音，进入雕塑充满魅力的氛围以及戏剧与电影所构筑的世界之中。通过欣赏的结合或参与，这些艺术形式并未丧失而是获得了它们的特性和力量。②

　　艾伦·卡尔松在谈及参与美学时指出，与环境审美的自然环境模式强调认识的作用不同，参与模式强调自然语境的多元维度，以及我们对它的多元感性体验。由于将环境看成诸多生物体、感官以及空间的一个没有缝隙的整体，这种参与模式召唤我们沉浸到自然环境之中，试图消除诸多传统，比如主体和客体，并试图最终在尽可能地缩短我们自身与自然之间的距离。

---

① ［美］阿诺德·伯林特：《环境美学》，张敏、周雨译，湖南科学技术出版社2006年版，第142页。
② ［美］阿诺德·伯林特：《环境美学》，张敏、周雨译，湖南科学技术出版社2006年版，第142页。

简而言之,审美经验是鉴赏者在鉴赏对象中一种全身心的投入。① 在此,卡尔松强调环境是一个融合的整体,审美的参与一方面消除我们与自然之间的距离,一方面使审美者全身心地进入自然。

利奥波德也表达过卡尔松这样的观点,人在思考自然时,要能做到"像山一样思考",将自身融入大山的自然生态中,才能恰如其分地领会自然。利奥波德反思自己年轻时对自然的无知,认识到只有设身处地融入自然,才能懂得自然界声音的内涵,这些声音早已被大山理解,但人类却容易忽视或难以理解。② 这种对自然的理解和关注是审美参与的非常重要的一环,只有真正的理解、尊重自然,才能做到真正的审美的参与,才能实现"像山一样思考"。

3. 主动参与:积极的生态美学观

伯林特在阐述参与美学时,其理论话语往往涉及建筑美学的领域。而关注建筑的审美鉴赏,最能体现参与美学所强调的人与环境的结合、共存与连续性体验。伯林特提到,在当今审美扩展的时代,环境有可能被视为建筑美学的实现。③ 同时,对建筑与人造景观的审美鉴赏会涉及环境与景观的规划、涉及与构建。在这种广泛的参与中,明显体现出参与美学积极的人文参与,这是

---

① [加]艾伦·卡尔松:《环境美学——自然、艺术与建筑的鉴赏》,杨平译,四川人民出版社 2006 年版,第 19—20 页。
② [美]利奥波德:《沙乡年鉴》,侯文蕙译,吉林人民出版社 1997 年版,第 121 页。
③ [美]阿诺德·伯林特:《环境美学》,张敏、周雨译,湖南科学技术出版社 2006 年版,第 132 页。

一种积极的生态美学观。

同时,生态美学蕴含的生态责任意识,也促使参与美学形成主动参与性。从生态美学的文化传导作用来看,作为生态美学重要范畴的参与美学观,也必定会将自身的审美思考传导到社会文化层面,影响人们的文化活动与审美情趣。

伯林特一直重视人对环境的能动性参与,总是将人视为环境或场所整体中的人。伯林特将人的参与视为一种动态的活力,他不赞成以自我为起点来看待空间,或者把身体看作空间性的原点。他说,"我们与场所在一起,成为场所的一部分,在一种建筑的情形中,作为一种动态的活力发挥作用,这种活力与场所的其他构成要素相连续。人与建筑形成一个整体。"从建筑的参与性审美视角来看,人作为一种动态的活力发挥着作用,"人具有意识的身体参与到一种动态的整体中去,这种整体被所有的感官感知。"伯林特认为,在众多可感知性的环境中,我们能够抽象出各种复杂感知的结合,并最终转化为感知体验的各种概念。伯林特将这种感知体验的概念比作克里斯多夫·亚历山大的模式语言,"我们在感知和价值中辨别出的秩序可以作为指导,用来把握和塑造我们当下的世界"。

伯林特环境美学的这种参与倾向在其《环境美学》开篇就有所体现,他引用梭罗的一句话作为开篇:"无论住过何处,将住何处,风景总随我散播。"伯林特借此指出,无论人们在哪里栖居,风景、自然与环境总是与他们始终伴随的。换句话说,人们是须臾不可脱离地球生态。在19世纪后期,人们从美学、环境设计、哲学和人类学领域对环境问题做出积极地回应,环境美学在这种积极参与的背景下逐渐生发而出。人们的参与和关注范围已从环境问题、环境政策以及公众环境意识与行为,扩展到对环境美学的关注。这种参与和关注实际上是人们在审美领域对环境问题做出的回应,也确认了美学在环境中的价值。伯林特也就此指出,从这个角度看,环境美学的发展得益于我们这个时代智慧和文化的进步。作为一个学科而言,环境美学拥有其独特的概念、主题、难点。而更具意义的是,环境美学能够做出其特有的贡献。①

加拿大环境美学家艾伦·卡尔松的参与美学观,也注重人的积极的审美参与。卡尔松在强调自然语境的多元维度以及我们对它的多元感性体验时就提到人对审美对象的全身心投入:"由于将环境看成诸多生物体、感官以及空间的一个没有缝隙的整体。那种参与模式召唤我们沉浸到自然环境之中,试图消除诸多传统,譬如主体与客体并试图在最终尽可能地缩短我们自身与自然之间的距离。简而言之,审美经验是鉴赏者在鉴赏对象中一种全身心的投入。"

参与美学在生态审美视域中肯定人与自然环境的全面融合,并在基础上重视人对自然环境的积极审美参与。这种审美参与是一种能动的参与,表现为一种动态的活力,这种活力与场所其他要素相连续,使自身融入动态的整体,全身心地感知,获得一种深入、连续、多元的参与性审美体验,这也是参与美学的一种核心美学意蕴。

4. 审美鉴赏与应用价值的结合

环境美学在芬兰环境美学家瑟帕玛那里被称为一种"应用美学"。这并不难理解,因为应用美学会将自身美学价值和准则贯

---

① [美]阿诺德·伯林特:《环境美学》,张敏、周雨译,湖南科学技术出版社2006年版,第1页。

彻到日常生活,贯彻到具有实际目标的活动或事物。甚至从某种角度看,所有的美学都可以说是"应用"的。而环境美学就是其中之一。① 这种将美学价值和准则贯彻到日常生活中的观念,在某种程度上对参与美学起着引导作用,这体现出参与美学注重积极的审美参与文化参与的特点。

伯林特赋予参与美学重要意义,认为参与美学有助于重建美学理论,尤其适应环境美学的发展。在这种参与美学视域中,人们将完全融合到自然世界中去,而不像从前那样仅仅在远处静观一件美的事物或场景。在伯林特看来,参与美学不仅对美学理论,而且会对人类自身更广阔的认识系统产生强有力的冲击。美学可以因此从博物馆和音乐会这些受特定时间和地点束缚的领域中解放出来,审美终究不能脱离整体的社会利益及行为。这种视野广阔的整体观念能够产生巨大的社会与文化的实践性影响。伯林特举例说,不仅建筑设计中有美学,城市规划也有。纯艺术之外,大众民间文化中也能找到。在伯林特看来,美学的重要意义存在于一切人类关系或行为中,而不是把它放在特殊的机构里供人单独把玩。在这种情况下,环境美学不只关注建筑、场所等空间形态,它还面对整体环境下人们作为参与者遇到的各种情景。由于这个系统中人的因素仍占据中心地位,所以环境美学将深刻影响我们对人与人关系的理解以及社会伦理道德。伯林特甚至认为,这种强调参与的环境美学能促动深层的政治变革,摒弃等级制度与权力争斗,而走向共同体。而就美学希望达成的目标来看,美学并非是逃离道德领域的一个乌有之乡,它最终将引导和实现伦理。可以看出,在参与美学的视域中,美学包括环境

①[芬]约·瑟帕玛:《环境之美》,湖南科学技术出版社 2006 年版,第 191 页。

美学的意义不仅局限于特定的空间，其意义可以存在于一切人类关系或行为中；由此，它能够对社会文化、伦理甚至政治观念尝试不可忽视的影响。

在伯林特眼中，传统无利害、静观美学通过分离与孤立来限制艺术，那是消弭艺术，消弭艺术的价值，降低艺术的重要性。限制艺术在某种程度上意味着否定艺术对丰富和深化人类生活所做出的巨大贡献。而事实上，审美经验和审美价值对于道德目标来说，也具有非常重要的意义。伯林特认为，如果我们对这种审美经验和价值所涉及的内容进行清楚的辨别，就会发现这必将促进相关道德目标的实现。

参与美学对应用价值的重视，常常会涉及审美鉴赏与经验基础与人的感官感知的关联。伯林特在讨论传统美学关于普遍艺术与专门艺术的调和与差异时，将问题引向美学的含义。他指出，无论从历史的角度来看，还是从理论的角度来看，美学学科都受到这个经验世界的约束。美学这个名称已经有意体现了美学学科与感官感知的联系，希腊语中的 aisthetikos，就是感官感知的意思。不过，在过去两个世纪以来，随着美学发展成为一门独特的学科，美学与感官感知的这种联系往往被忽略了。美学往往把自己的范围局限在普遍艺术，把自己的问题理性化，专注于概念问题以及诸如艺术的本质和审美判断标准之类的普遍性问题。伯林特指出，虽然其中的许多问题比较重要，但是由于失去了审美理论的经验基础，这些问题反而显得空泛无物。

伯林特在《美学再思考》中将审美参与描述成一种语境性与连续性美学。在其看来，相对于传统静观美学观，一种多元化的审美则完全能够包容人类所有的艺术以及形形色色的文化现象中的创造性行为。人们不会过于关注权威或等级体制的束缚,而更加注重研究艺术如何在社会与经验中发挥自己的作用。也就是说,注重艺术需要实现什么,服务于什么目的,提供什么样的满足,怎样拓展人类的感知能力和理解能力。而且这样的审美超越了艺术,进入我们的生活世界中,进入自然环境、人工环境、社会群体和人际关系中。一直以来,这些方面受到忽略。而如今,这些方面要求得到学术与科学的关注,不仅要进入我们的知识范围,而且也使那些常常被人们遗忘和遮蔽的经验领域能够变得清晰且范围有所扩展。①

在伯林特看来,这种极具包容性的审美参与,意识到了审美经验与人类文化生活的相互结合,属于一种情境性与连续性的美学。审美经验的领域并非高高在上,孤立一隅,而是融入了我们参与其中的各种活动,包括从日常事务到流行文化等活动。

伯林特的这种注重经验基础、包容性的参与美学观,不仅认识到了我们与审美经验的联系,拓展了我们与审美经验的联系。而且促请人们作为一个积极的参与者全身心地参与审美活动之中。用伯林特的话说,"审美参与理论是一种描述性理论,而不是规定性理论。这种理论反映艺术家的活动,反映表演者的活动,也反映欣赏者的活动,这些活动在审美经验中统一起来了。审美参与理论所反映的,是我们身在其中的世界,而不是虚假的哲学幻像"。②

---

① [美]阿诺德·伯林特:《美学再思考:激进的美学与艺术论文》,武汉大学出版社 2010 版,第 22—23 页。
② [美]阿诺德·伯林特:《美学再思考:激进的美学与艺术论文》,武汉大学出版社 2010 版,第 22—23 页。

三、"参与美学"的问题与发展

1. 审美经验的要素的保留问题

生态美学视角的参与美学极大地拓展了自然环境审美的视野范围与深入程度。同时,在其发展过程也面临着困境,需要回答一些自身理论发展所面临的问题。那些提出参与美学的美学家,自身也在思考参与美学所面临的问题或不足。其中,环境美学家卡尔松在《环境美学——自然、艺术与建筑的鉴赏》中谈到自然鉴赏的参与模式,并对此进行了两方面的阐述。卡尔松认为,这种参与模式强调自然语境的多元维度以及我们对它的多元感性体验。由于将环境看成诸多生物体、感官以及空间的一个没有缝隙的整体,参与模式召唤我们沉浸到自然环境之中,试图消除诸多传统,比如主体和客体的模式,并试图最终尽可能地缩短我们自身与自然之间的距离。简言之,审美经验是鉴赏者在鉴赏对象中一种全身心的投入。①

卡尔松随后指出,这种参与模式呼吁鉴赏者顺应自然环境。但同时也存在困难,因为这种参与模式的范围和边界会让人心存疑虑,在一定程度上会让人觉得如此作为也许过犹不及。卡尔松对此进行解释,认为参与模式试图消除我们自身与自然之间的距离,此时它可能会失去使最终经验成为审美经验的要素。因为,在西方传统中,相关审美观念在概念上与无利害性有着非常紧密

---

① [加]艾伦·卡尔松:《环境美学》,杨平译,四川人民出版社 2006 年版,第19—20 页。

的关联,同时鉴赏者和鉴赏对象之间的距离观念也与其有着紧密的关联。

2. 保持严肃的审美鉴赏的问题

卡尔松提到的参与美学面对的困难之一涉及对传统主客二分模式的破除。作为对主体和客体二元模式的突破,参与模式试图消除主体与客体的二元区分。由此,卡尔松指出,这参与模式也"可能失去这种可能性,即区分琐碎肤浅的鉴赏与严肃恰当的鉴赏的可能性,这是因为严肃恰当的鉴赏必须考虑到鉴赏对象及其真正本质,然而琐碎肤浅的鉴赏通常只是涉及到对象偶然带给经验的东西"①。但如果完全没有主体与客体之间的区分,卡尔松担心相关的自然审美经验就面临着"一种蜕化的危险",用他的话来说,这种蜕化会发展成"一种飞速飘失的主观幻象"。② 换言之,卡尔松是担心,完全排斥主体与客体的区分,会使自然的审美经验面临陷入一种短暂的主观幻象的危险。

3. 各种感官完全参与审美体验的问题

参与美学强调审美者本身与作为审美对象的自然环境的全身心的投入。这种全身心的投入包括完全去除人与自然环境之间的距离与间隙。与此同时,参与美学要求审美过程中人的所有感觉的参与,这些感觉包括凭借人的眼耳口鼻舌身等感觉器官所

---

① [加]艾伦·卡尔松:《环境美学》,杨平译,四川人民出版社 2006 年版,第20 页。
② [加]艾伦·卡尔松:《环境美学》,杨平译,四川人民出版社 2006 年版,第20 页。

获得的视觉与听觉,甚至还包括嗅觉、味觉与触觉。对艺术审美,尤其是对传统艺术的审美而言,视觉与听觉的审美参与是适宜与恰当的,而嗅觉、触觉与味觉的审美参与,有时确实让人感到难以理解甚至牵强。①

对此,伯林特从现代艺术的复杂性方面对此进行解释。他认为,"20世纪刚刚终结,艺术已不只以诸如绘画、雕塑、建筑、音乐、戏剧、文学和舞蹈的习惯方式取得繁荣。艺术在超出其传统边界的持续中加紧前行"②。在达达派与许多创新运动那里,绘画、雕塑、音乐、舞蹈与戏剧在现代已经突破了传统的藩篱,其中一个明显的倾向就是具有行为艺术的特征。在这种情况下,参与美学提出的身体各种感觉经验的参与,具备了参与的条件。如果审美对象是传统艺术,这种强调各种感觉经验共同参与的模式就难以实现,同时也并不恰当。

如果给这种参与模式定位,可以将其作为一种审美者自身的积极参与,一种包含感觉和知觉能力的积极参与。从这种意义上看,我们可以将其作为一种凭借现象学方法的生态存在论美学,这样就具有了极大的包容性与理论的自明性。③ 我们可以重点关注参与美学对传统无利害美学观的反思与突破,关注参与美学提出的由审美者与审美对象共同融合而成、连续性与情境性的审美共同体。

参与美学是在反思传统无利害美学观的基础上提出的一种

---

①曾繁仁:《生态美学导论》,商务印书馆2010年版,第344页。

②[美]阿诺德·伯林特:《环境与艺术:环境美学的多维视角》,刘悦笛译,重庆出版社2007年版,第2页。

③曾繁仁:《生态美学导论》,商务印书馆2010年版,第344页。

注重审美整体的生态美学观。这种参与美学为我们展现一种具有包容性的审美参与模式。参与美学对传统无利害的静观美学的反思也与现代艺术的发展相适应。参与美学将自然环境的审美视为一种连续性与情境性的审美参与，认为这种审美是人与自然环境相融合的审美整体，这是一种极具包容性的整体论生态美学观，是其核心的美学内涵。参与美学非常注重审美者自身对作为审美对象的自然环境的积极参与，强调审美者全身心地融入自然环境之中，并将审美体验与无法忽视的应用价值相结合，从而形成一种多元的具有包容性的审美体验。当然，参与美学在自身理论阐述中也有一些困难与问题需要进一步克服与论证。总体而言，参与美学的提出与发展，对生态美学的理论发展做出了贡献，扩展了当代生态美学的领域。

第十章　生态语言学

一、生态语言学的产生与发展

人们一般认为,生态语言学是从美国语言学家艾纳尔·豪根(Einar Haugen)的一个隐喻开始的。豪根在 1970 年 8 月所作的一次发言中谈到"任何给定语言与其环境的相互作用"时,曾把这种关系比作某种动植物物种与其生存环境的生态联系。根据豪根自己发表在 1972 年的《语言生态学》一文中的说法,"先前唯一一次在与语言相关的意义上使用'生态学',是由沃格林(Voeglins)和舒茨(Noël W. Shutz,Jr.)在一篇发表于 1967 年的、题为《作为西南文化区一部分的亚利桑那的语言状况》的文章中做出的",只是在他最初准备这篇文章时,自己还并不知道沃格林和舒茨的这一提法。① 但不管怎么说,"语言生态学"这一术语是在豪根使用后开始流行并对"生态语言学"的创立产生决定性影响的。在后来的几十年里,生态学的概念在语言领域应用的范围急剧扩大。句法和话语分析、人类语言学、理论语言学、语言教学

---

① Einar Haugen, "The Ecology of Language", see Alwin Fill and Peter Mühlhäuslereds., *The Ecolinguistics Reader:Language,Ecology and Environment*,London and New York:Continuum,2001.p.59.

研究,以及其他几种语言学分支"都发现了诸如交互关系、环境与多样性等这些生态学参数的有用性"。并且,生态危机的日益严重,也促使"环境恶化的关键主题,被吸纳进了语言学关注的整个范围。在1990年代早期,所有不同的在某种意义上把语言与生态研究连接起来的途径方法被带到一起,一个统一的但仍然多样的语言学分支建立起来了。那就是生态语言学"[①]。

"生态语言学"得以作为语言学的一个分支建立起来,还与英国著名语言学家迈克尔·韩礼德(Michael Halliday)联系在一起。1990年,在国际应用语言学大会上,当韩礼德的发言"一方面强调语言与增长主义、阶级歧视、物种歧视的关联,另一方面告诫应用语言学家不要忽视他们的研究对象在日益增长的环境问题中所充当的角色时,一种不同的语言与生态学之间的连接类型便被建立起来了"[②]。当豪根最初使用"语言生态学"这一概念时,他指的"是一种对语言与其环境之间相互作用的关系的研究"。在这种"交互作用"的关系中,豪根关注的重心实际上在环境变化对于语言生态的作用。但不同于豪根把重心放在环境因素对语言生态的影响,探究语言系统的生态学问题,韩礼德关心的是"语言"对于"生态""环境"的影响,探究"语言"和"语言学"研究在环境问题加剧或改善方面所起的作用问题。豪根与韩礼德两人的报告对于开启生态语言学两种不同的研究路径来说,都具有决定性的

① Alwin Fill and Peter Mühlhäuslereds., *The Ecolinguistics Reader: Language, Ecology and Environment*, London and New York: Continuum, 2001.p.1.

② Alwin Fill and Peter Mühlhäuslereds., *The Ecolinguistics Reader: Language, Ecology and Environment*, London and New York: Continuum, 2001.p.43.

"创生性"意义。人们一般认为,正是韩礼德的论文《意义的新途径:对应用语言学的挑战》1992 年的发表,激发了更多的语言学家对生态问题的关注,"生态语言学"才作为语言学的一个分支在 90 年代正式建立起来了。

生态语言学在 20 世纪 90 年代的兴起,还与丹麦学者杜尔(Jørgen Døør)和班恩(Jørgen Chr. Bang)的研究具有重要关系。1990 年,杜尔和班恩在丹麦的奥登斯大学创立了一个"生态、语言和意识形态"研究小组。在那里,生态语言学的理论和实践方法都得到了发展。这个小组的成员相信:"传统语言学是对文化和部分生态危机的扭曲反映。"他们所建立的"语言的辩证法理论",就其理论预设来看,则是生态的。这个理论预设是:(1)每个实体都存在于与所有其他实体和环境的相互依存的关系中;(2)一个实体的存在形式是由它与其环境的相互作用决定的。班恩和杜尔的贡献还表现在,运用生态语言学的理论对大量从报纸文章到议会法令、理式会章程甚至文学文本进行的仔细分析。

最近十几年以来,生态语言学这一领域已获得了相当的发展。作为这种发展的结果,各种不同的有关生态语言学研究的论著,在不同领域的刊物和不同主题的书卷中涌现出来。为了使人们更集中地了解生态语言学这一领域的进展状况,2001 年,奥地利生态语言学家艾尔文·菲尔联合德国生态语言学家彼特·穆尔哈斯勒(Peter Mühlhäusler)编辑出版了《生态语言学读本》,以"生态语言学的根基""作为隐喻的生态学""语言与环境""批评的生态语言学"四个主题,把众多的分散的生态语言学研究的重要成果集中在一卷之中,为人们了解、认识和进一步研究生态语言学提供了极大的便利。《生态语言学读本》的编者在《导言》中曾列专题郑重表示,在该书中由于空间的限制没有收入丹麦学者杜尔和班恩的成果,是一个很深的遗憾,他们希望在不久的将来能出《读本》的第二卷,到时会专门收录杜尔和班恩的著作。目前,希望中的《生态语言学读本》第二卷尚未面世,但令人感到欣慰的是,专门收录班恩和杜尔专题研究论文的著作已于 2007 年由斯蒂芬森(Steffensent)和纳什(Joshua Nash)以《语言、生态与社会》为题编辑出版。①

另外,国际应用语言学会还成立了生态语言学分会,每年定期举办生态语言学会议。生态语言学分会的成立和定期学术会议的召开,加强了生态语言学者之间的联系,也扩大了生态语言学研究的影响,不少人类学家、生态学家、心理学家、哲学家、科学家也纷纷关注或涉足这一领域,极大地促进了生态语言学学科的发展,也使越来越多的人认识到这一新兴交叉学科具有巨大发展潜力和发展空间。

二、生态语言学的对象与主题

"生态语言学"作为一门新兴的交叉学科,其涉及的问题领域非常广泛,所运用的方法也是丰富多样的。面对领域广阔、方法多样的生态语言学研究,传统上习惯于把它区分为两大主要分支:"作为隐喻的生态学"(ecology asmetaphor)和"批评的生态语言学"(critical ecolinguistics),前者的主要代表是"语言生态学"(the Ecology of Language),后者的主要代表则是"环境语言学"

---

① Jørgen Chr. Bang and Jørgen Døør, *Language, Ecology and Society: A Dialectical Approach*, edited by Sune Vork Steffensen and Joshua Nash, Continuum International Publishing Group, 2007.

(environmental linguistics)。这种区分主要是依据生态语言学的两个开创者豪根和韩礼德的研究路径进行的。因为这两人分别提到过:(1)从隐喻的角度理解生态学,并把它转移到一种"环境的语言"中(豪根,1972)。(2)在生物学的意义上理解生态学;研究语言在环境(和其他社会问题)的改善和恶化中所起的作用(韩礼德,1992)。生态语言学研究的这两大分支领域紧密相关、互为补充,但这两个方面仍然是存在着明显差异的。因此,生态语言学的研究者们,也往往都是对这两者分而述之的。

1. 作为隐喻的生态语言学

"作为隐喻的生态语言学"是把"生态学"作为一种"隐喻",把生态学的概念、原则和方法移用到语言学研究中。他们或把"语言"比喻为一种"生物种",或把"语言世界系统"比喻为"生态系统",认为语言也有生命,它也会产生、生长和死亡;语言世界系统也是一个开放的、有活力的、能够自我组织的进化过程;语言的兴衰变化存在于它与环境之间的交互作用之中。这一研究领域的重心在于探究各种环境因素对于语言功能的影响,其目标则在于促进语言环境的生态化和语言种类的多样性。这一领域的主要理论形态就是以豪根为代表的"语言生态学"研究。语言的多样性问题、濒危语言问题、语言进化问题、语言活力问题等都在他们关心的范围之中。

豪根的"生态学"隐喻在1980年代非常流行。在一些著作的标题、著作的章节和一些文章的题目中,人们时常可以看到语言与"生态学"或生态学派生词的联用。到了1990年代,豪根的生态学隐喻说的影响似乎有所减弱,但生态学的隐喻仍在持续使用,尤其是在研究少数民族语言和太平洋地区的语言帝国主义时。由此,菲尔指出:"豪根意义上的语言生态学研究,它在某个时间段上是一种迫切需要进行的研究,那就是随着时间的轮回,语言消亡得越来越快的时候。这时人们会希望有更多的语言学家去参与这项研究,去探究语言多样性的原因。调查、记录甚或拯救这个星球上的众多濒危语言(就像由像 TERRALINGUA 这样的组织试图做的那样),将值得更多有志于生态语言学研究的新来者去做。"①

尽管这项工作非常重要,目前仍有一些重要学者和组织在从事这一领域的研究,但自从 1990 年的国际应用语言学大会召开和韩礼德的《意义的新途径》发表以来,在生态语言学领域,"人们对语言在各种生态争端以及在对越来越多的群体和个人产生影响的环境问题中的作用表现出持续增长的兴趣"②。韩礼德开创的"环境语言学"的研究路向开始成为生态语言研究的主流范式。为了探讨语言对生态环境问题的影响和作用,这一领域的学者从韩礼德始,便注重对语言系统和语言运用中的非生态因素进行批评分析,"批评的生态语言学"的名称便因此而起。

2. 批评的生态语言学

同样属于"批评的生态语言学",不同的研究者其侧重点又是不同的。我们知道,索绪尔曾经把人们通常所说的言语活动

---

①Alwin Fill and Peter Mühlhäuslereds., *The Ecolinguistics Reader: Language, Ecology and Environment*, London and New York: Continuum, 2001, p.44.

②Alwin Fill and Peter Mühlhäuslereds., *The Ecolinguistics Reader: Language, Ecology and Environment*, London and New York: Continuum, 2001, p.46.

(speech，language)区分为"语言"（language，langue）和"言语"（speaking，parole）两个层面。"语言"是由"语法"和"词汇"组成的语言结构系统；"言语"则是个人对语言的具体使用。言语运用的结果，则是社会性的语言系统在个人性的言语行为中的具体实现，亦即"话语"（discourse）或"文本"（text）的产生。生态语言学的批评分析，也主要是从"语言系统"和"话语"/"文本"这两个层面展开的。前者称为"语言系统批评"（criticism of language system），后者称为"话语批评"（criticism of discourse）。

生态语言学的话语批评，主要是从生态学角度对语言运用亦即对具体语篇或文本的话语进行分析，指出其中的生态和非生态因素。大量的话语批评文章主要集中在对诸如政治言论、绿色广告或其他环境文本的批评分析上。如德国语言学家安德里亚·格比希（Andrea Gerbig）对环境文本中的有关臭氧层问题争论的搭配模式进行分析，结果表明，对立的利益群体所写出的文本，在有关原因和责任的词汇搭配频度上明显有异。格比希还通过对来自工业利益群体文本中的真实例句的分析，表明这类文本如何通过选择"作格结构"（ergativecon structions），隐匿自身的"施事者"身份，以使自己免除对于环境污染给人所造成的恶性损伤的责任。

除了对具体的话语进行批评分析外，生态语言学家还仔细地检查语言系统的非生态特征。在这一层面上进行批判分析的学者首推韩礼德。韩礼德的著名文章《意义的新途径》对语言系统进行了严厉批评。韩礼德认为，语言处于与其环境的交互作用的辩证关系之中。但语言不是对现实的被动适应，而是对现实的建构。社会意识形态和社会秩序是由语言建构出来的。语法既是我们经验的理论，也是社会行为的指导。人们的日常语言行为和对社会现实的知觉经验都是由语法内在决定了的。而增长主义、性别主义、阶级主义、物种主义的意识形态就包含在我们语言的语法中,自然资源的无限性和人类的特权地位的思想观念也内在地结构在我们语言系统中。他通过对"欧洲通用标准语"(SAE)中"不可数名词"和"物质名词"(如 oil、energy、water 等)的分析,指出自然资源无限的观念从这类名词的使用中表现出来,因为"不可数"给人永不枯竭的意味。他还指出,我们的语言不愿意承认非人类的施事者;有些动词搭配也是被排除在动物之外;并且指出,人类的特权地位也通过语言的代词系统表现出来,如 he/she 分别用于指人,it 则指所有非人类的存在物。这种做法把人与其他生物隔离开来了。①

　　菲尔也对语言系统中表现出的人类中心主义进行批评。他指出,语言中的人类中心主义不仅在语言从对人类有用性这一角度出发来命名所有自然现象中表现出来,而且表现在对人类的隐含性指称上。比如在存在结构和一些动词短语中。而特拉普(Tramp)的《语言与生态危机》(1990)批评的"首先就是语言中的人类中心主义和商业主义"。他指出:"语言事实上代表的是世界,不能仅仅从人类的视野,也不能仅从自然对于人类和人类商业活动的有用性角度使用语言。"特拉普通过对农业"语言世界系统"的具体分析,指出"这个系统被化学工业和其他经济导向的机构强烈地影响了"。②

---

①Alwin Fill and Peter Mühlhäuslereds., *The Ecolinguistics Reader: Language, Ecology and Environment*, London and New York: Continuum, 2001,pp.194—196.

②Alwin Fill and Peter Mühlhäuslereds., *The Ecolinguistics Reader: Language, Ecology and Environment*, London and New York: Continuum, 2001,p.7.

　　与生态语言学批评密切相关的一个问题是:生态语言学批评的目标是什么? 批评语言是为了改变语言,还是仅仅为了让使用者对被批评的语言事实中的非生态因素有所意识? 大多数生态语言学家反对"生态正确性"的语言观,强调他们的语言批评是"非保守性的",温和的,并不打算改变语言系统。但也有学者建议改变语言以看护新的生态世界观。也有学者提出这样的问题:"语言如何才能被用作重塑一种生物中心论世界观,以摆脱那种极端的人类中心主义和机械主义世界观?"(Verhagen,1993:117)格特勒(1996)则通过对"名词化"的研究提出"绿色语法"的设想:我们的语言在进化的过程中,或许能发展出一种更为协和的语法,一种能够表现没有分裂的整一性的语法。另外,格特勒还提出了一个有趣的假说:在时间的过程中,我们的语言将会通过它本身(亦即通过语言使用者)自动地适应新的生态意识,并发生相应改变。① 这种变化被视作语言长期进化进程中的一种"深生态化"。"深生态化"是相对于话语的"浅生态化"来说的。"话语浅生态化",是指在广告语言和政治话语中有意使用的环境词汇或绿色语言。这种"浅生态化"话语往往掩盖真正的生态问题,导致环境问题的恶化,而语言的这种"深生态化"则被认为是能减慢环境退化进程的。

　　因此,无论是主张"生态正确性"还是反对"生态正确性",也不管是否提供克服主要问题的战略性策略,是否提供促成绿色语法和绿色言说的具体办法,生态语言学批评的根本目的,都意在

---

① See Alwin Fill and Peter Mühlhäuslereds., *The Ecolinguistics Reader*: *Language*, *Ecology and Environment*, London and New York: Continuum,2001,p.203,7,50.

促进"语言的生态化"和生态环境问题的改善或解决,把语言和语言学研究作为解决环境问题的可能途径来探索。

3. 语言和生态的多样性研究

通过以上分述,既可以看出这两种生态语言学的不同,也可以看到二者的连接点:那就是二者都是以认同生态学的多样性、相互性、协同整体性原则,以认同语言与环境的相互作用为前提的。其不同之处在于,同是强调语言与环境的相互作用,一个是侧重环境对语言的影响,旨在促进语言环境的生态化和语言的多样性;一个侧重语言对环境的影响,旨在促进生态环境问题的改善和生物多样性。但生态语言学中除了这两种各有侧重的研究范式外,实际上还存在着另一种更具综合性的研究思路(它不占据主导地位),那就是同时关注"语言多样性和生物多样性"的研究。这种情形集中体现在皮特·穆尔豪斯勒的研究中。穆尔豪斯勒的生态语言学研究把保持语言多样性的诉求与人们对生物多样性的关心联系在一起。在穆尔豪斯勒看来,语言的多样性"反映了数千年来人类对复杂的环境状况的适应性",生物的多样性可以在不同程度上通过不同的语言来解释。[1] 有关新环境的话语能实际上对该环境产生影响,尤其是在语言资源缺乏的情况下,可能引起环境的退化。因此在穆尔豪斯勒的研究中,"对环境(或'共生境'(con-vironment)——一个更强调所有生物共存性的术语)的关心同对语言多样性丧失和小语种功能日渐缩小的关心

[1] Muhlhausler, Peter(1996a), *Linguistic Ecology: Language Change and Linguistic Imperialism inthe Pacific Region*, London and New York: Routledge, p.270.

结合在一起"。他的语言生态学,既在"隐喻"的意义上也在"字面"的意义上使用"生态"和"环境"的概念,并因此可能是生态语言学领域迄今为止最具包容性的研究思路。① 而著名的国际"Terralingu"组织,也正是明确把"保护、维持和恢复""生物的多样性、语言的多样性和文化多样性"作为他们的宗旨。在他们看来,生物、语言和文化一体相关,他们都是"生命"的组成部分。

三、生态语言学的意义与启示

通过以上梳理不难看出,生态语言学是一种已经远远超越了句法学、语义学和语用学的交叉学科研究。对于这门交叉学科,豪根曾经说,"这一领域的名称并不重要,但是语言生态学的名称对我来说似乎涵盖了一个广泛的兴趣领域。在这一范围内,语言学家能与所有面向语言与其使用者相互作用和理解的社会学家进行有意义的合作"②。生态语言学的开放性、跨学科性,使其意义已经不局限在语言学内部。它不仅能使我们更好理解语言和文化中的一些重要问题,也让我们看到了它对其他学科,对生态诗学、美学研究的意义。这种意义一方面表现在其语言理论观念对生态诗学、美学研究的语言基础建构所提供的理论支持上,一方面表现在其语言批评方法对于生态文学、文化批评方法的启示

---

① Alwin Fill and Peter Mühlhäuslereds., *The Ecolinguistics Reader*: *Language*, *Ecology and Environment*, London and New York: Continuum, 2001, pp.50—51.

② Alwin Fill and Peter Mühlhäuslereds., *The Ecolinguistics Reader*: *Language*, *Ecology and Environment*, London and New York: Continuum, 2001, p.59.

上。综合起来可概述如下：

　　第一，生态语言学对语言与世界观、语言与生态关系的论述，让人们清晰地看到了生态问题与语言问题之间的内在联结，也让人们更深刻地意识了到语言问题对于生态诗学、美学研究的重要意义，并且生态语言学的研究目标本身亦具有美学意义。

　　生态危机与世界观的关系为人们所共知，世界观与语言的关系也早为一些重要的哲学家、语言学家、人类学家所论及。但对于语言与世界观与生态危机之间关系的揭示，还没有哪种研究达到如此明确、细致、深入的程度。韩礼德、朝拉（Saroj Chawla）等学者都深刻地揭示了语言对于世界的重大的影响，论述了当代环境危机的语言和哲学根基。认为"生物环境的危机部分地是由语言造成的——或者是由特别的人类中心主义的语言结构造成的，这种结构预先决定了说话者对待环境的成问题的知觉和行为；或者是由语言共同体中的一些成员选择的特别的散漫的话语实践造成的"①。因此批评的生态语言学致力于对语言结构和言语运用的批评分析，找出其中的非生态因素，指出那种存在于语言中的把人类与其他生物隔离开来的、从对人类有用性角度看待自然的"人类中心主义"倾向，在一种更广泛的意义上，对潜藏于语言结构和语言运用中的增长主义、性别主义、阶级主义、物种主义和人类中心主义进行批评，力图从长远上促进"语言生态化"进程，并最终从根本上促进"生物、语言和文化的多样性"，促进一种健康、自然、协同的可持续发展的"绿色生存"，这种研究目标本身应

---

① Alwin Fill and Peter Mühlhäuslereds. , *The Ecolinguistics Reader：Language*, *Ecology and Environment*, London and New York：Continuum，2001，p.50—51.

该说就已经具有了美学性。但目前国内学界的生态诗学、美学研究较少注意到这一新兴学科,也未充分认识到语言问题与生态问题的关系,生态语言学可以让我们更清晰地看到语言与生态问题之间的关系,也有助于人们认识语言研究对于生态诗学、美学研究的意义。

第二,生态语言学强调语言与环境、语言与世界之间交互作用的关系,既克服了传统语言学单方面强调世界对于语言的决定性作用,又超越了结构主义语言学单方面强调语言的优先性,把语言作为自足的封闭的形式系统的局限性,是一种真正辩证的语言理论,能为当今的生态诗学、美学研究突破语言基础困境提供某种可能性。

我们知道,生态文化的核心价值目标,是促进人与自然的和谐共存的问题。与这种目标相一致,语言观念对生态观念的影响一方面表现在如何看待"语言"与(客体)"自然"的关系上,一方面表现在如何看待"语言"与(主体)"人"的关系上。在对待这一问题的看法上,如果说西方古代语言观的主导倾向是从客体性出发或在"物"的本原性基础上强调语言与客体自然的天然对应,西方近代语言观的主要倾向是从主体性出发或在主体性原则的基础上强调语言与主体情感、观念的自然联结,那么,20世纪"语言学转向"以来的以结构-后结构主义为代表的西方现代、后现代语言哲学,则是在"反主体性"、在"话语优先性"的基础上强调语言与客体自然、语言与主体人的分离甚至分裂的。这种语言观虽在"反主体性"上与生态文化具有某种相通性,但它总体上则是"非生态的"。因为在这种语言观看来,语言符号是任意的、人为约定的,语词与事物之间是分离的、断裂的、不存在什么对应关系的。语言既不是外在"自然"的摹写,也不是内在"自然"的表现,它不过是一种任意的、差别的、受强制性规则控制的、独立自主而又空洞无物的封闭的形式系统，所谓"自然"，无论客观的自然界，还是内在自然情感，都不过是用语言"建构"或"幻化"出来的。这种语言观从根本上取消了自然存在的真实性和语言对自然实在的指称性，也从根本上阻断了人类用语言与自然世界进行交流沟通的可能性。这对于倡导与掩藏在"符号海洋"之中的自然与真实宇宙"重新修好"的生态批评及一切生态文化研究来说都不啻为毁灭性的。如果我们不能对这种语言观进行反思清理的话，生态诗学、文化所追求的生态文化目标不仅在现实中难以实现，就是在理论上也是不可企及的。因此，在当今西方，无论是为生态学提供支持的后现代科学家大卫·雷·格里芬，还是生态批评家都非常重视语言问题，都对结构-后结构主义语言观表现出明确的拒斥和警惕。但遗憾的是，无论是生态性的后现代科学还是文学研究中的生态批评，它们虽然都敏锐地意识到结构-后结构主义语言观念对生态文化研究致命的危害性，但它们并没有找到一种新的、能够为它们提供全面支持的语言观来作为生态文化合理展开的语言哲学基础。大卫·雷·格里芬和一些生态批评家似乎都想从传统的强调"物"的本原地位的"自然语言观"和"词物对应物"中寻找支持，这种传统语言观虽然的确具有某种生态性，但它也并不能为生态文化提供全面的理论支撑。因为这种强调"物"的本原性、先在性的"自然语言观"和"词物对应论"虽然假定了语言（文学）与自然（实在）之间的对应性、可沟通性，但这种从"物"本身而非"语言"本身出发的语言理论，"真理"与"意义"没能清楚地区分，它也不能对文学自身的意义进行充分界定。尽管它对于说明某些"写实"性文学是有效的，但无法从根本上说明文学语言的虚构本性。众所周知，从内在本性上说，文学不可能是纯粹写实的,文学"不是一个确定事物的状况,或某个可见物的命题"(福柯),而是一种"虚构话语"。文学语言与真实的自然事物不存在一一对应的关系。如果严格坚持这样的语言观和文学观,必然不能进入文学精神的深广领域。而近代的自然语言观中虽也存在着生态诗学、文化研究可以利用的语言理论资源,但由于近代语言观是从主体精神出发解释语言自然性的,在这种基础上的文学观难以消泯"人类中心主义"的特征,它与生态文化的精神仍然存在着抵牾。这样一来,传统的"自然语言观"和"词物对应论"虽然具有某种生态文化意义,但不足以为生态诗学文化研究提供坚实的、全面的理论支撑。生态诗学文化研究实际上处于一种语言理论的困境之中。但我们通过对中西语言观的梳理考察发现,海德格尔的后期语言哲学以及我们这里所说生态语言学都对于突破生态诗学、文化研究的语言基础困境具有重要意义。①

　　生态语言学把生态学的概念、原则和方法运用于语言研究,也把生态学中的"生态系统"的概念移植到语言学领域,转指"语言世界系统"和"文化系统"。但同样是讲"系统",生态语言学所说的"语言世界系统"和结构主义所说的"语言系统"是有明显差别的。就像菲尔所说的,"生态语言学观点与结构模型形成明显对比,因为结构模式只用来研究语言本身,而不研究外部环境"。而芬克(Peter Finke)及其后继者如特拉普(Wilhelm Trampe)和斯特罗纳(Hans Strohner)等人,"他们运用生态系统的隐喻,旨在表明语言以及语言运用处在与其'环境'亦即世界的相互作用之中,并且阐明语言与世界之间的这种交互作用的变化进程是一直

---

① 参见赵奎英:《海德格尔后期语言观对于生态美学文化的历史性建构》,《文学评论》2009 年第 5 期。

在进行着的"(Trampe,1990:155)。因此菲尔评价说:芬克的贡献是对处于参数窘境中的结构主义语言学和其他把语言看作封闭系统的中心化语言学进行摒弃的主要见证。[①]

由此可以看出,生态语言学虽然很少直接论及语言与世界的指称关系,它研究的是语言与环境之间的相互作用问题,但这一研究表明了在生态语言学视野中,语言与自然、语言与环境、语言与世界是通过一种双向运动联系在一起的,二者之间是一体的,连续的,可以相互交流和沟通的。环境影响着人们的语言观念,影响着语言系统和对语言的运用,语言观念、语言系统和语言运用也对自然、环境和世界发生影响,语言与自然、环境或世界形成了一个开放的、有活力的、在相互作用之中运动着的"语言世界系统",生态文学、生态艺术以及生态诗学文化研究的语言文本,都是这种"语言世界系统"的一部分,人们可以通过语言与自然、与环境、与世界进行交流沟通。在这一意义上说,生态语言学的语言理论观念有助于当今的生态诗学、文化理论的建构,在某种程度上有助于突破生态诗学文化研究由于结构-后结构主义语言观的干扰所造成的语言基础困境。事实上,当代西方的一些生态批评家,已经把这种语言与环境之间双向运动的理论移植到生态批评中,用以克服结构主义语言理论的局限性。

第三,生态语言学把"语言"作为介于自然与文化之间的中介环节来理解,既强调其"自然"性,也强调其"文化"性;生态语言学中的"环境"概念,不仅指"自然环境",而且也指"社会环境",并且

---

① Alwin Fill and Peter Mühlhäuslereds., *The Ecolinguistics Reader: Language, Ecology and Environment*, London and New York: Continuum, 2001, p.45,4.

具有"精神心理"层面的含义,这种对"语言"和"环境"概念理解上的复杂性、包含性,对于解决生态诗学、美学研究中的一些理论难题,对于拓展生态诗学、美学的研究领域和范围都具有启示意义。

豪根在《语言生态学》一文中曾指出,"语言生态学或许可以界定为对任何给定语言与其环境之间相互作用的关系的研究"。对于"环境"一词,豪根特别指出:"环境的定义或许会把人的思想首先引向语言指示的指称性世界。然而,这不是语言的环境,而是语言的词汇和语法。语言真正的环境是把它作为一种符码来使用的社会。语言只是存在于它的运用者的精神中,并且仅仅在与其相关的使用者相互之间,在与自然,亦即在与自然和社会环境相互之间发生作用。"并由此认为:"语言的生态学因此一部分是心理学的","另一部分是社会学的"。① 由此可以看出,豪根是在广义上使用环境概念的,他不仅强调语言与物理自然环境的相互作用,也强调语言与社会文化环境之间的相互作用,并且突出强调语言与精神心理之间的关系。

与豪根对环境概念的复杂理解相一致,芬克(Peter Finke)把豪根的"语言生态学"作了进一步拓展,把生态学隐喻应用于文化领域,提出了"文化生态学"。在研究文化生态学有关问题时,芬克提出了语言作为自然与文化之间的"缺失环节假说"(missing-link-hypothesis)。他说:"我认为语言科学在探索文化生态学方面通过打造其众多子孙中的一种,也就是生态语言学,这也是其兴趣的中心,能够获得新的令人激动的身份规定性。探讨进化和

---

① Alwin Fill and Peter Mühlhäuslereds., *The Ecolinguistics Reader：Language，Ecology and Environment*, London and New York：Continuum, 2001,p.57.

语言交际的生态,能为从实质上革新我们的语言观念和语言学提供一个机会。"又说:"文化是自然的一个孩子,文化的进化是自然的子孙。"在从自然向文化进化的过程中,"我坚持语言是一种类似'活化石'的东西,亦即是一种中介性的结构环节,它今天仍然保存了一些生命进化过程中的大多数令人激动的时期的脚印"。[1]

　　芬克把"语言"作为介于自然与文化之间的中介环节来理解,既超越了结构主义语言学的任意语言观,也不同于传统的自然语言论,它对于生态诗学中的"自然写作"、生态美学中的"自然审美"等问题更富于解释的有效性。但我们这里不打算展开这一问题,而是要说,生态语言学,无论是在语言的性质问题上,把语言作为自然与文化之间的中介环节来看待,还是在环境的含义问题上,突出环境的社会乃至心理因素,都表明它在自己的研究对象上坚持一种更具有包容性、更为复杂辩证的态度,这使得他们,不仅可以把生态学的隐喻应用于语言,而且可以把生态学的隐喻应用于文化,有"语言生态学",也有"文化生态学"。这也启示我们,研究生态问题,并不就是仅仅研究自然问题,并不仅仅是关心自然环境的生态问题,也要关心社会环境和精神心理的生态问题,自然生态问题本来也主要是由人与社会造成的,排除了对于人与社会的深切关怀,既有悖于生态文化的人文目标,也是不利于自然生态问题的解决的。与此相关,生态美学研究也应在一种更广阔的视野中,不仅关注人与自然的和谐共存问题,也应在探讨人与自然和谐关系的基础上探讨人与社会、人与文化、人与自我的

---

[1] Alwin Fill and Peter Mühlhäuslereds., *The Ecolinguistics Reader*: *Language*, *Ecology and Environment*, London and New York: Continuum, 2001, p.85, 88.

和谐问题。在这一意义上说，生态语言学对"语言"与"环境"的理解，对于进一步拓展生态诗学、美学的领域和范围具有重要启发意义，它既可以为国内已经展开的那种广义的生态美学研究提供语言学理据，也可以回应国内一部分学者认为广义的生态美学已经不是生态美学的问题。

第四，如果说生态语言学的语言理论观念能为生态诗学、美学研究提供某种语言理论根基的话，生态语言学的批评方法则能为生态诗学、美学提供方法论的思考，并为生态文学、文化批评提供一些可资借鉴的方法模式。

文学是语言的艺术，文学批评不管其目的何在，要想真正获得实效，都必然落实为一种语言批评。在这一意义上说，生态语言学的话语分析无疑可以为与语言文本直接打交道的生态批评提供具体的分析方法模式。目前学界的生态美学研究，从抽象的理论层面展开的居多，对具体文本进行批评解读的经验研究相对滞后，更少语言的视野和话语批评分析的维度。生态美学研究虽然并不必然都要与文学文本打交道，但对于一种更具有实践性的生态美学研究来说，它的确应该关注生态文学、生态艺术、生态文化的具体文本，对其进行批评分析，以发现其所具有的生态美学或非生态美学特征，以从实践上促进生态美学文化的理论建设。因此，生态语言学的话语批评对于生态美学研究来说，同样具有借鉴的意义。

根据生态语言学的观点，生态危机与人们的世界观有着决定性的关系。而人们的世界观又与人们的语言观紧密联系在一起。但人们的世界观并不只是用明确的话语表述出来的，它也内在地存在于语言的结构系统和对语言的运用方式之中，亦即存在于语言的"词汇""句法"和"语用学"中。因此，生态语言学不仅注重对具体话语的分析,而且注重对语言系统的批评。《生态语言学读本》"导言"中说:"甚至在批评语言学出现之前,生态语言学家已经以生态和环境的观点视野批评语言运用。这种批评在其他主题中已被涉及。"又说:"自从批评话语分析兴起,生态批评已被许多人视为这一运动的扩张和发展。然而这里有一个本质的区别:不同于批评话语分析主要盯着话语,例如言语'parole',生态语言学批评则还批评词汇、句法,和言语及书写文本的语用学,因此,生态学家现在也批评地探讨语言系统,这些语言系统在许多情况下支持一种非生态的分裂和一种把人类与其他有生命和无生命的存在物隔离开来的做法。"①如果生态语言学的话语分析能为诗学、美学的文本研究提供具体的分析方法模式,生态语言学的系统批评则能为生态诗学、美学的经验研究提供基础的语言分析依据。

　　第五,生态语言学批评的话语对象是包含文学文本在内的所有环境文化文本,其批评的主要指向是发现语言文本中的非生态因素。这使得生态语言学批评具有更广阔的对象领域,更强的文化批判功能,以及更强的学科增生和辐射能力,它因此有助于拓展生态诗学、美学的研究视域。

　　生态语言学中的话语批评,不同于文学研究中的生态批评。生态批评主要是对文学与环境关系的研究。生态语言学批评的话语对象是包含文学文本在内的所有环境文化文本,而不仅仅是有关自然物理环境的文学文本。如丹麦学者班恩和杜尔,就应用

---

① Alwin Fill and Peter Mühlhäuslereds., *The Ecolinguistics Reader: Language, Ecology and Environment*, London and New York: Continuum, 2001, p.6.

生态语言学的理论，对大量的从报纸文章到议会法令、理事会章程再到文学文本进行仔细分析。生态语言学的话语批评应该说是一种"生态文化批评"，而不是"生态文学批评"。与生态批评另一点不同的是，生态批评选择的有关环境文本，往往都是具有生态精神的文本，或者是具有明显的生态因素的文本，但生态语言学的话语批评选择的文本，有的具有生态性因素，有的则具有非生态性因素，并且往往是后者，才更为他们所关注。他们主要是通过对文本、语篇中的"非生态因素"的揭示，来促进人们的语言意识和生态意识的提高，生态语言学批评也因此具有更强烈的文化批判的性质。专门对文学与自然环境的关系进行研究，专门选择生态性的环境文本进行生态诗学、生态美学的分析，是完全必要而且可行的，但生态诗学研究如能立足在生态文学文本的基础上，与生态语言学的对象领域保持必要的沟通，它无疑将获得更开阔的文化视域，更强的文化批判功能和更广阔的发展前景。

另外，批评的生态语言学，不仅批评作为其分析对象的话语文本中的非生态因素，而且批评学科自身的作为研究手段的语言是否也包含或体现了非生态因素。这样就使得生态语言学批评具有了"元批评"的性质，它包含着对自身学科理论话语的警醒。德国语言学家马特亚斯·容格（Matthias Jung）的文章《语言的生态学批评》（1996），就把批评的目光投向生态批评自身，并对操控语句选择的权力提出特别的质疑。这种自我反省的元批评性质，对生态诗学、文化自身的理论话语建构，也是非常具有启发意义的。它促使我们反思包括我们自己在内的研究者、批评家所写作的生态文学、文化批评文本，生态诗学、美学研究话语是不是用真正的生态语言或绿色语言写成的。

第十一章 生态审美教育

一、生态审美教育的提出

20 世纪后期以来,特别是联合国 1972 年环境会议之后,生态环境理论日渐发展,其中包括生态环境教育理论与实践的发展。生态审美教育就是生态环境教育的有机组成部分。由于生态审美教育具有极为重大的现实价值与意义,而且在自然观与审美观等一系列基本问题上有着重大突破,所以,倡导生态审美教育是当前美学与美育学科的重要任务之一。

生态审美教育是用生态美学的观念教育广大人民特别是青年一代,使他们确立必要的生态审美素养,学会以审美的态度对待自然、关爱生命、保护地球。它是生态美学的重要组成部分,是生态美学这一理论形态得以发挥作用的重要渠道与途径。生态审美素养应该成为当代公民,特别是青年人最重要的文化素养之一,是从儿童时期就须养成的重要文化素质与行为习惯。

生态审美教育是 1970 年以来在国际上日渐勃兴的环境教育的重要组成部分,甚至可以说是环境教育的重要理论立场之一,审美地对待自然成为人类爱护环境的重要缘由。1970 年,国际保护自然与自然资源联合会议(IUCN)指出:所谓环境教育,"其目的是发展一定的技能和态度。对理解和鉴别人类、文化和生物物理环境之间的内在关系来说,这些技能和态度是必要的手段。环境教育还促使人们对环境问题的行为准则做出决策"。1972 年,在斯德哥尔摩召开的联合国环境会议上,正式把"环境教育"的名称确定下来。会议通过了著名的《联合国人类环境宣言》,也称《斯德哥尔摩宣言》。《宣言》郑重宣布联合国人类环境会议提出和总结的 7 个共同观点和 26 项共同原则。其中与生态审美教育有关的主要是 7 个共同观点:"人类既是他的环境的创造物,又是他的环境的塑造者";"保护和改善人类环境是关系到全世界各国人民的幸福和经济发展的重要问题";"在现代,人类改造其环境的能力,如果明智地加以使用的话,就可以给各国人民带来开发的利益和提高生活质量的机会。如果使用不当,或轻率地使用,这种能力就会给人类和人类环境造成无法估量的损害";"在发展中国家中,环境问题大半是由于发展不足造成的。……发展中的国家必须致力于发展工作,牢记他们的优先任务和保护及改善环境的必要";"人口的自然增长继续不断地给保护环境带来一些问题,但是如果采取适当的政策和措施,这些问题是可以解决的";"现在已达到历史上这样一个时刻:我们在决定在世界各地的行动时,必须更加审慎地考虑它们对环境产生的后果。由于无知或不关心,我们可能给我们的生活和幸福所依靠的地球环境造成巨大的无法挽回的损害。反之,有了比较充分的知识和采取比较明智的行动,我们就可能使我们自己和我们的后代在一个比较符合人类需要和希望的环境中过着较好的生活。改善环境的质量和创造美好生活的前景是广阔的";"为实现这一环境目标,将要求公民和团体以及企业和各级机关承担责任,大家平等地从事共同的努力"。在 26 条原则中,第 19 条明确提出了环境教育的要求:"为了更广泛地扩大个人、企业和基层社会在保护和改善人类各种环境方面提出开明舆论和采取负责行为的基础,必须对年轻一代和成人进行环境问题的教育,同时应该考虑到对不能享受正当权益的人进行这方面的教育。"①以上,已经对环境教育的必要性、重要性与应该采取的措施做了比较全面的阐述与界定,对我们开展生态审美教育具有指导意义。1975 年,联合国正式设立国际环境教育规划署。同年,联合国科教文组织发表了著名的《贝尔格莱德宪章》,它根据环境教育的性质和目标,指出环境教育是"进一步认识和关心经济、社会、政治和生态在城乡地区的相互依赖性;为每一个人提供机会获得保护和促进环境的知识和价值观、态度、责任感和技能;创造个人、群体和整个社会环境行为的新模式"。由此可见,环境教育旨在确立人对环境的正确态度,建立正确的行为准则,并使每个人获得促进保护环境的知识、价值观、责任感和技能,以期建立新型的人与环境协调发展的模式,对自然生态环境的审美态度也成为当代人类与自然环境"亲和共生"的最重要、最基本的态度之一。

　　生态审美教育是每个公民享有环境与环境教育权的重要途径之一。1972 年联合国人类环境会议确定,"人类有权在一种能够过尊严和福利的生活的环境中,享有自由、平等和充足的生活条件的基本权利,并且负有保护和改善这一代和将来的世世代代的环境的庄严责任"。② 1975 年《贝尔格莱德宪章》又规定"人人

---

①联合国人类环境会议:《人类环境宣言》,万以诚、万岍选编:《新文明的路标——人类绿色运动史上的经典文献》,吉林人民出版社 2000 年版,第1—3、6 页。

②联合国人类环境会议:《人类环境宣言》,万以诚、万岍选编:《新文明的路标——人类绿色运动史上的经典文献》,吉林人民出版社 2000 年版,第3 页。

都有受环境教育的权利"。从"权利"的内涵来说,首先要有知情权,也就是首先知道自己有这个权利;其次就是了解权,也就是了解这种权利的内涵是什么。从了解权的角度,生态审美教育作用重大。环境权的付诸实施让每个人都得以"审美地生存"和"诗意地栖居",这才是"有尊严的生活";"环境教育权"就是让每个人都了解环境教育中所必须包含的生态审美教育的重要内容。缺少生态审美教育的环境教育是不完整的,或者说是有缺陷的环境教育。

与此同时,美学界也对生态审美教育发表了自己的看法。1970 年,美国《审美教育杂志》出版了一期主题为"环境与生活的审美质量"的特刊。拉尔夫·史密斯与克里斯蒂安娜·史密斯联合撰写了《美学与环境教育》一文,提出"通过从美学与审美教育的角度审查环境教育,来获取环境教育的一种合理方式"①。这就明确提出了审美教育角度的环境教育是环境教育的一种合理方式。此后,审美教育角度的环境教育即成为环境教育与审美教育的重要论题。

环境教育与生态审美教育的提出是时代与现实的需要。从时代的角度来说,人类经历了原始社会时代、农业文明时代以及以 1781 年瓦特发明蒸汽机为开端的工业文明时代。工业文明开始了人类现代化的进程,创造了无数的奇迹,但它的只顾开发利用不顾地球承载能力的发展模式造成了资源枯竭和环境污染的严重问题,向人类敲响了警钟。以 1972 年联合国人类环境会议

---

① Ralph Smith and Christiana Smith, "Aesthetics and Environmental Education", *Journal of Aesthetic Education*, Vol. 4, No. 4 (Oct., 1970), pp. 125—140.

为标志,人类社会开始超越工业文明,迈入新的后工业文明,即生态文明的新时代。生态文明时代的到来,意味着一系列经济、社会与文化制度与观念的重大变更,环境教育与生态审美教育由此应运而生。

从现实的情况来看,历经 200 多年的工业革命,地球的承载能力已经十分有限。据最近的一份《地球生命力报告》提供的信息,人类攫取地球自然资源的速度是资源转换速度的 1.5 倍。如果人类继续以目前的速度开发土地和海洋,那么,到 2030 年,要想生产出足够的资源并吸收转换人类排泄的废物,至少需要两个地球才够用。但有两个地球供人类使用是不可能的,因此,唯一的出路就是走生态文明发展之路,人们不仅需要改变自己的生活与生产方式,而且要首先改变自己的生活态度与文化立场,以审美的态度对待自然环境,珍爱地球。这就是生态审美教育提出的现实基础。

从中国的现实情况来看,生态环境保护特别重要。我国是人口众多的资源紧缺型国家,以占世界 9％的土地养活世界 22％的人口;森林覆盖率不到 14％,是世界人均的二分之一;水资源是世界人均的四分之一,北方的缺水情形更加严重。我国环境污染的严重性也是空前的,发达国家上百年工业化过程中分阶段出现的环境问题在我国近 30 年来已经集中出现。在这种情况下,我们必须立即改变发展模式和文化态度,走环境友好型之路,以审美的态度对待自然。所以,生态审美教育在我国显得特别重要,它是生态文明时代每个公民所必须接受的教育,是实现我国生态现代化的必要条件。

二、生态审美教育的基本内容

第一,生态美育的基本立足点与哲学基础。

生态审美教育最基本的立足点是当代生态存在论审美观的教育,即以马克思主义的唯物实践存在论为指导,从经济、社会、哲学、文化与审美艺术等不同基础之上,将生态美学有关生态存在论美学观、生态现象学方法、生态美学的研究对象为生态系统的观念、人的生态审美本性论,以及诗意栖居说、四方游戏说、家园意识、场所意识、参与美学、生态文艺学等等内容作为教育的基本内容;从生态审美教育的目的上来说,应该使广大公民,特别是青年一代能够确立欣赏自然的生态审美态度和诗意化栖居的生态审美意识。

生态审美教育的哲学基础是整体论生态观。众所周知,从工业革命以来,在思想观念中占统治地位的是"人类中心主义"生态观。生态文明新时代的到来,必然意味着"人类中心主义"的退场。而且,在"人类中心主义"生态观的基础上,生态审美教育也不可能走上健康发展之路。人类中心主义生态观的最大危害,是以人类,特别是人类的当下利益作为价值伦理判断与一切活动的唯一标准与目的,完全忽略了人与自然环境是一种须臾难离的关系,实行只顾开发不顾环境保护的政策,从而导致自然环境的严重破坏与人类的严重生存危机。最危险的是,他们不能从历史的角度看待人类中心主义生态观的必然退场。历史告诉我们,任何一种思想观念都是历史的,在历史中形成发展,并必然在历史中退场。不可能也没有永恒不变的思想观念。人类中心主义生态观是工业革命的产物。前现代在落后的经济社会发展的情况下,无论中西方都是一种与当时生产力相适应的自然膜拜论生态观。中国古代典籍《左传》告诉我们,"国之大事,在祀与戎"(成公十三年),说明在前现代,祭天祈神是当时最重要的活动与生存方式。西方古希腊神话也渗透着自然膜拜论。只是从文艺复兴,特别是工业革命开始,人类中心主义生态观才逐步代替自然膜拜论生态观,占据统治地位。文艺复兴时期是人性复苏时期,是以人道主义为旗帜反对宗教禁欲主义的重要时期,在人类历史上创造了辉煌的文化成就。但文艺复兴时期也是人类中心主义哲学观与生态观进一步发展完善时期。请看,莎士比亚在《哈姆雷特》中对人的歌颂的一段著名的独白:"人是一件多么了不得的杰作!多么高贵的理性!多么伟大力量!多么优秀的外表!多么文雅的举动!在行为上多么像一个天使!在智慧上多么像一个天神!宇宙的精华!万物的灵长!"工业革命时代由于科技与生产力的发展,人类中心主义得到极大发展。西方近代哲学的代表培根写出《新工具》一书,将作为实验科学的工具理性的作用推到极致,它不仅可以认识自然,而且能够支配自然。这就是培根的"知识就是力量"的重要内涵。德国古典哲学的开创者康德则提出了著名的"人为自然界立法"的观点。康德认为,"范畴是这样的概念,它们先天地把法则加诸现象和作为现象的自然界之上"[1]。以人类中心主义为标志之一的工业革命给人类文明带来了巨变,促进了人类社会的进步,但也因其片面性而造成恶劣的自然环境污染的后果,经济社会的发展已经难以为继。这就是20世纪50年代开始的人类中心主义生态观的逐步退出与整体论生态观的逐步出场。20世纪60年代以来,由于"二战"对人类所造成的巨大破坏,

---

[1] 转引自赵敦华主编:《西方人学观念史》,北京出版社2005年版,第251页。

环境灾难的不断加剧，促使各种生态哲学的逐步产生发展，进一步表明工具理性世界观以及与之相应的人类中心主义生态观的极大局限，从而促使法国著名哲学家福柯于 1966 年在《词与物》一书中宣告工具理性主导的"人类中心主义"的哲学时代的结束，并将迎来一个哲学新时代。福柯指出，"在我们今天，并且尼采仍然从远处表明了转折点，已被断言的，并不是上帝的不在场或死亡，而是人的终结"①。这里所谓"人的终结"，就是"人类中心主义"的终结。他进一步阐述说："我们易于认为：自从人发现自己并不处于创造的中心，并不处于空间的中间，甚至也许并非生命的顶端和最后阶段以来，人已从自身之中解放出来了；当然，人不再是世界王国的主人，人不再在存在的中心处进行统治，……"②但我们可以明确地说，这是一个新的生态文明的时代，以及与之相应的整体论生态观兴盛发展的新时代。它的产生其实是一场社会与哲学的革命。正如著名的"绿色和平哲学"所宣称的那样，"这个简单的字眼——'生态学'，却代表了一个革命性观念，与哥白尼天体革命一样，具有重大的突破意义。哥白尼告诉我们，地球并非宇宙中心；生态学同样告诉我们，人类也并非这一星球的中心。生态学并告诉我们，整个地球也是我们人体的一部分，我们必须像尊重自己一样，加以尊重。"③因此，整体论生态观是对传统哲学观与价值观基本范式的一种革命性的颠覆。

---

① [法]福柯：《词与物：人文科学与考古学》，莫伟民译，上海三联书店 2002 年版，第 503 页。

② [法]福柯：《词与物：人文科学与考古学》，莫伟民译，上海三联书店 2002 年版，第 454 页。

③ 转引自冯沪祥：《人、自然与文化：中西环保哲学比较研究》，人民文学出版社 1996 年版，第 532 页。

从哲学观的角度看,整体论生态观是人与世界的一种"存在论"的在世模式。众所周知,传统工业革命产生的"主体与客体"的"在世模式"必然产生人与世界(自然生态)对立的"人类中心主义"。存在论哲学所力主的却是"此在与世界",即"人在世界之中"的在世模式。在这种"在世模式"中,人与世界(自然生态)构成整体,须臾难离,是一种两者"共生"和"双赢"的关系。它与中国古代的"天人合一""和实生物,同则不继""和而不同"的"中和论"哲学观相互融通。从价值观的角度看,整体论生态观是对人与自然相对价值的承认与兼容,实际上是调和了"生态中心论"对自然生态绝对价值的坚持与"人类中心论"对人类绝对价值的坚持。从人文观来看,整体论生态观是人文主义在当代的新发展,是一种包含着生存维度的新的人文主义,即"生态人文主义"。

总之,整体论生态观坚持"万物并育而不相害,道并行而不相悖"(《礼记·中庸》)的原则,将"人类中心主义"与"生态中心主义"加以折中调和,建立起一种适合新的生态文明时代的有机统一和谐共生的新的哲学观,应该成为新的生态美学与生态审美教育的哲学基础。

第二,生态审美教育的手段是生态系统中的关系之美。

众所周知,传统美育所凭借的手段主要是艺术,所以,美育常常被称为艺术教育。诚然,艺术作为人类文明的结晶在美育中确实起着十分重要的作用,但将美育仅仅归结为艺术教育又是非常不全面的,是由人类中心主义所导致的艺术中心主义的产物。因为,从人类中心主义的视角来看,凡是人类创造的东西都必然要高于天然的东西。正因此,黑格尔将他的《美学》称作"艺术哲学"。他的"美是理念的感性显现"的命题讲的就是艺术美,因此将"自然美"排除在美学之外的，自然物只有在对人类生活有所"象征"时才存在某种"朦胧预感"之美。这样的美学与美育观念统治了美学与美育领域好几百年。直到 1966 年，才有一位美国美学家赫伯恩（Ronald W. Hepburn）写了一篇挑战这一传统观念的论文——《当代美学及自然美的遗忘》，尖锐地批判了将美学等同于艺术哲学而遗忘了自然之美的错误倾向，起到振聋发聩的作用，催生了西方环境美学的诞生。由此说明，生态审美教育所凭借的手段主要不是艺术，而是生态系统中的关系之美。这种美不是物质的或精神的实体之美。事实告诉我们，自然界根本不存在孤立抽象的实体的客观的"自然美"与主观的"自然美"。西文"自然"（natural）"有独立于人之外的自然界"之意。它与中国古代的"道法自然"中的"自然"内涵是不同的，它主要讲的不是一种状态而是指物质世界。早在古希腊，亚里士多德就在其《物理学》一文中论述了"自然"，他说"只要具有这种本源的事物（即因由于自身而存在）就具有自然。一切这样的事物都是实体"。①　可见，在西方，历来是将"自然"看作是相异于人、独立于人之外，甚至是与人对立的物质世界的。这就必然推导出自然之美就是这种独立于人之外的物质世界之美。但这种独立于人之外的物质世界之美实际上在现实中是不存在的。因为，从生态存在论的视角来看，人与自然是一种"此在与世界"的关系，两者结为一体，须臾难离。而且，人与自然是一种特定的时间与空间中此时此刻的关系，构成一刻也不可分离的系统，从不存在相互对立的实体。正如美国生态哲学家阿诺德·伯林特所说，"自然之外并无一物"，人与自

①《亚里士多德全集》第 2 卷，苗力田译，中国人民大学出版社 1991 年版，第 31 页。

然"两者的关系仍然只是共存而已"。① 恩格斯对这种将人与自然割裂开来的观点进行了严厉的批判，他说"那种把精神和物质、人类和自然、灵魂和肉体对立起来的荒谬的、反自然的观点，也就愈不可能存在了"。② 因此，在现实中，只存在人与自然紧密相联的自然系统，也只存在人与自然世界融为一体的生态系统之美。那就是利奥波德在《沙乡年鉴》中所说的"生物共同体的和谐、稳定和美丽"③。在这里，"生态"有家园、生命与环链之意，所以，生态系统的和谐、稳定、美丽就有家园与生命之美的内涵。但是否有实体性的"自然美"，是一个在国际上普遍有争论的问题。就拿环境美学与自然美学的开创者赫伯恩来说，在他那篇著名的《当代美学及自然美的遗忘》中仍然将"自然美"（natural beauty）这一概念以自然之美表述为实体美。④

那么，在自然之美中，对象与主体到底是一个什么样的关系呢？如果从生态系统来看，它们各自有其作用。荒野哲学的提出者罗尔斯顿认为，自然对象的审美素质与主体的审美能力共同在自然生态审美中发挥着自己的作用。从生态存在论哲学的角度来看，自然对象与主体构成"此在与世界"共存，并紧密相联的机缘性关系；人在"世界"之中生存，如果自然对象对于主体（人）是一种"称手"的关

①［美］阿诺德·伯林特：《环境美学》，张敏、周雨译，湖南科学技术出版社 2006 年版，第 9 页。

②《马克思恩格斯选集》第 3 卷，人民出版社 1972 年版，第 518 页。

③［美］奥尔多·利奥波德：《沙乡年鉴》，侯文蕙译，吉林人民出版社 1997 年版，第 213 页。

④Hepburn, R. W., 1966, "Contemporary Aesthetics and the Neglect of Natural Beauty," in *British Analytical Philosophy*, B. Williams and A. Montefiore(ed.), London: Routledge and Kegan Paul.

系,形成肯定性的情感评价,人处于一种自由的栖息状态,是一种审美的生存,那么,人与自然对象就是一种审美的关系。对于实体性的美之消解,以及生态系统之美能否成立,有学者认为,"美学作为感性学,它的最重要的特点就是必须指涉具体对象,生态学强调的关系无法成为审美对象"。这个问题是具有普遍性的。因为,在传统的认识论美学之中,从主客二分的视角来看,审美主体面对的倒确实是单个的审美客体;但从生态存在论美学的视角来看,审美的境域则是"此在与世界"的关系,审美主体作为"此在"所面对的是在"世界"之中的对象。"此在"以及在"世界"之中的对象,与世界之间是一种须臾难离的机缘性的关系,所以,这是一种关系性中的美,而不是一种"实体的美"。海德格尔对于这种"此在"在"世界"之中的情形进行了深刻的阐述。他认为,这种"在之中"有两种模式,一种是认识论模式的"一个在一个之中",另一种则是存在论的此在与世界的机缘性关系的"在之中",这是一种依寓与逗留。他说:"'在之中'不意味着现成的东西在空间上'一个在一个之中';就源始的意义而论,'之中'也根本不意味着上述方式的空间关系。'之中'('in')源自 innan—,居住,habitare,逗留。'an'('于')意味着:我已住下,我熟悉、我习惯、我照料。"①这说明,生态美学视野中的自然审美中"此在"所面对的不是孤立的实体,而是处于机缘性与关系性中的审美对象。所以,阿多诺认为,"若想把自然美确定为一个恒定的概念,其结果将是相当荒谬可笑的"。②

---

① [德]马丁·海德格尔:《存在与时间》,陈嘉映、王庆节译,生活·读书·新知三联书店 1987 年版,第 67 页。
② [德]阿多诺:《美学理论》,王柯平译,四川人民出版社 1998 年版,第125 页。

　　由上述可知,生态审美教育所凭借的主要手段不是艺术美,而是生态系统中的关系之美。这种"关系之美"既不是物质性的,也不是精神性的实体之美,而是人与自然生态在相互关联之时,在特定的空间与时间中的"诗意栖居"的"家园"之美。

　　第三,生态审美教育所凭借的主要审美范畴是"共生性""家园意识""诗意地栖居"与"生态审美的生活方式"。

　　生态审美教育所凭借的是新兴的生态美学的有关范畴。这些范畴是全新的,不同于传统美学的"比例、对称与和谐"等审美观念,而是一系列与人的美好生存密切相关的美学范畴,要通过生态美育使人们牢牢树立这些审美观念。

　　其一,"共生性"。

　　这是一个主要来自中国古代的生态美学范畴,意指人与自然生态相互促进,共生共荣,共同健康,共同旺盛。这就是所谓的"和实生物,同则不继"。这是中国古代"同姓不蕃"思想的延续,也是对中国传统生命论哲学的深入阐发。《周易》曰:"生生之谓易"(《系辞上》),"天地大德曰生"(《系辞下》)"元亨利贞"。这就告诉我们,在中国古人看来,"生命"是人类所得到的最大利益,"元亨利贞"之美好生存正是生命健旺之呈现,是中国古代传统的美学形态,古典的生态审美智慧。这种"共生性"的美学内涵引起西方哲学家的关注,是20世纪30年代以后资本主义工业化引起环境问题日渐突出之时。1934年,杜威在《艺术即经验》的演讲中提到,人作为有机体的生命只有在与环境的分裂与冲突中才能获得一种审美的颠峰经验。1937年,怀特海在论述自己的"过程哲学"时说到,应该"将生命与自然融合起来"。1949年,生态理论家利奥波德在著名的《沙乡年鉴》中提出"土地伦理学"与"土地健康"的重要命题,描述了一个人依赖于万物、依赖大地的"生命的金字塔"。20世纪90年代,加拿大著名环境美学家卡尔松更加明确地将生命力的表现看作是"深层次"的美,而将形式的外在的因素说成是"浅层次"的美。毫无疑问,这种"共生性"包含着东方的"有机性"思维,一种有机生成的、充满蓬勃生命力的活性思维。这种"共生的""有机生成"的思维成为生态美学的一个重要维度,成为生态审美教育必须要确立的一种审美观念。与之相反的,就是冰冷死寂而呆板僵持的"无机性",这是"舍和取同",是一种非美的属性。用这样的"共生性"视角审视我们周围的建设工程,那些与"有机生成性""人与自然性共生论""蓬勃的生命力"相背的所谓"工程",不都是非美的吗? 为此,我们要在"共生性"美学观念基础上重建我们城市美学以及整个美学学科。

其二,"家园意识"。

"家园意识"是我们在生态审美教育中需要树立的另一个极为重要的生态美学观念。在现代社会中,由于自然环境的破坏和精神焦虑的加剧,人们普遍产生了一种失去家园的茫然之感。当代生态审美观中作为生态美学重要内涵的"家园意识",即是在这种危机下提出的。"家园意识"不仅包含着人与自然生态的关系,而且蕴含着更为深刻的、本真的人之诗意地栖居的存在之意。"家园意识"集中体现了当代生态美学作为生态存在论美学的理论特点,反映了生态美学不同于传统美学的根本之点,成为当代生态美学的核心范畴之一。它已经基本舍弃了传统美学之中作为认识和反映的外在的形式之美的内涵,而将人的生存状况放到最重要位置;它不同于传统美学立足于人与自然的对立的认识论关系,而是建立在人与自然协调统一的生存论关系;人不是在自然之外,而是在自然之内;自然是人类之家,而人则是自然的一员。"家园意识"植根于中外美学的深处,从古今中外优秀美学资源中广泛吸取营养。

首先，我们要谈的就是海德格尔存在论哲学与美学中的"家园意识"。因为，海德格尔是最早明确地提出哲学与美学中的"家园意识"的，在一定意义上，这种"家园意识"就是其存在论哲学的有机组成部分。在海氏的存在论哲学中，"此在与世界"的在世关系，就包含着"人在家中"这一浓郁的"家园意识"。人与包括自然生态在内的世界万物是密不可分地交融为一体的。当代西方生态与环境理论中也有着丰富的"家园意识"。1965年以来，阿德莱·斯蒂文森等人反复使用亨利·乔治首创的"太空飞船地球"的观念，强调地球作为人类唯一的家园的极端重要意义。1972年，为筹备联合国环境宣言和环境会议，由58个国家的70多名科学家和知识界知名人士组成了大型顾问委员会，负责向大会提供详细的书面材料。同年，受斯德哥尔摩联合国第一次人类环境会议秘书长莫里斯·斯特朗的委托，经济学家芭芭拉·沃德与生物学家勒内·杜博斯撰写了《只有一个地球——对一个小小行星的关怀和维护》，其中明确地提出了"地球是人类唯一的家园"的重要观点。报告指出："我们已经进入了人类进化的全球性阶段，每个人显然有两个国家，一个是自己的祖国，另一个是地球这颗行星。"①在全球化时代，每个人都有作为其文化根基的祖国家园，同时又有作为生存根基的地球家园。在该书的最后，作者更加明确地指出："在这个太空中，只有一个地球在独自养育着全部生命体系。地球的整个体系由一个巨大的能量来赋予活力。这

①〔美〕芭芭拉·沃德、勒内·杜博斯：《只有一个地球——对一个小小行星的关怀和维护》，《国外公害丛书》编委会译校，吉林人民出版社1997年版，"前言"第17页。

种能量通过最精密的调节而供给了人类。尽管地球是不易控制的、捉摸不定的,也是难以预测的,但是它最大限度地滋养着、激发着和丰富着万物。这个地球难道不是我们人世间的宝贵家园吗? 难道它不值得我们热爱吗? 难道人类的全部才智、勇气和宽容不应当都倾注给它,来使它免于退化和破坏吗? 我们难道不明白,只有这样,人类自身才能继续生存下去吗?"①1978 年,美国学者威廉·鲁克尔特(William Rueckert)在《文学与生态学》一文中首次提出"生态批评"与"生态诗学"的概念,明确提出了生态圈就是人类的家园的观点。英国著名的历史学家阿诺德·汤因比于1973 年在《人类和地球母亲》中指出,现在的生物圈是我们拥有的——或好像曾拥有的——唯一可以居住的空间——人类的家园。进入 21 世纪以来,人类对自然生态环境问题愈来愈重视。环境哲学家霍尔姆斯·罗尔斯顿(Holmes Rolston)在《从美到责任:自然美学和环境伦理学》一文中明确从美学的角度论述了"家园意识"的问题。他说:"我们感觉到大地在我们脚下,天空在我们的头上,我们在地球上的家里。"②西方与中国古代都有着十分深厚的"家园意识"的文化资源。所以,我们认为,"家园意识"具有文化的本源性。正是因为"家园意识"的本源性,所以,它不仅具有极为重要的现代意义和价值,而且成为人类文学艺术千古以来的"母题"。例如,《荷马史诗》《奥德修纪》,以及《圣经》中

①[美]芭芭拉·沃德、勒内·杜博斯:《只有一个地球——对一个小小行星的关怀和维护》,《国外公害丛书》编委会译校,吉林人民出版社 1997 年版,第 260 页。

②[美]阿诺德·伯林特主编:《环境与艺术:环境美学的多维视角》,刘悦笛译,重庆出版社 2007 年版,第 167 页。

有关"伊甸园"的描写,乃至现代的《鲁宾逊漂流记》等等,无不包含着生态美学"家园意识"的内涵。我国作为农业古国,历代文学作品贯穿着强烈的"家园意识",这为当代生态美学与生态文学之"家园意识"的建设提供了极为宝贵的资源。从《诗经》开始,就有着我国先民择地而居,选择有利于民族繁衍生息地的记载,后来的中国文学史上更出现无数杰出的思乡、返乡的动人诗篇。

综合上述,"家园意识"在浅层次上有维护人类生存家园、保护环境之意。在当前环境污染不断加剧之时,它的提出就显得尤为迫切。据统计,在以"用过就扔"作为时尚的当前大众消费时代,全世界每年扔掉的瓶子、罐头盒、塑料纸箱、纸杯和塑料杯不下二万亿个,塑料袋更是不计其数,我们的家园日益成为"抛满垃圾的荒原",人类的生存环境日益恶化。早在1975年,美国《幸福》杂志就曾刊登过菲律宾境内一处开发区的广告:"为吸引像你们一样的公司,我们已经砍伐了山川,铲平了丛林,填平了沼泽,改造了江河,搬迁了乡镇,全都是为了你们和你们的商业在这里可经营得容易一些。"这只不过是包括中国在内的所有发展中国家因开发而导致环境严重破坏的一个缩影。珍惜并保护我们的生存家园,是当今人类的共同责任。如此,从深层次上看,"家园意识"更加意味着人的本真存在的回归与解放,即人要通过悬搁与超越之路,使心灵与精神回归到本真的存在与澄明之中。

其三,"诗意地栖居"。

"诗意地栖居"是海德格尔在《追忆》一文中提出的,是海氏对于诗与诗人之本源的发问与回答,也就是回答了长期以来普遍存在的问题:人是谁以及人将自己安居于何处? 艺术何为,诗人何为？——诗与诗人的真谛是使人诗意地栖居于这片大地之上，在神祇（存在）与民众（现实生活）之间，面对茫茫黑暗中迷失存在的民众，将存在的意义传达给民众，使神性的光辉照耀平静而贫弱的现实，从而营造一个美好的精神家园。这是海氏所提出的最重要的生态美学观之一，是其存在论美学的另一种更加诗性化的表述，具有极为重要的价值与意义。长期以来，人们在审美中只讲愉悦、赏心悦目，最多讲到陶冶，但却极少有人从审美地生存，特别是从"诗意地栖居"的角度来论述审美。"栖居"本身必然涉及人与自然的亲和友好关系，因而成为生态美学观的重要范畴。这里需要特别说明的是，海氏的"诗意地栖居"在当时是有着明显的所指性的，那就是指向工业社会之中愈加严重的工具理性控制下的人的"技术地栖居"。在海氏所生活的 20 世纪前期，资本主义已经进入帝国主义时期。由于工业资本家对于利润的极大追求，对于通过技术获取剩余价值的迷信，因而，滥伐自然、破坏资源、掠夺弱国资源成为整个时代的弊病。海氏深深地感受到这一点，将其称作是技术对于人类的"促逼"与"暴力"，是一种违背人性的"技术地栖居"。他试图通过审美之途将人类引向"诗意地栖居"。"诗意地栖居于大地"，这样的美学观念与东方，特别是中国传统智慧有着密切的渊源关系。中国古代所强调的不同与西方"和谐美"的"中和美"，就是在天人、阴阳、乾坤等的相生相济之中达到社会、人生与生命的吉祥安康的目的，这正是"中和美"对于人"诗意栖居"的期许，也与海氏生态存在论美学有关人在"四方游戏"世界中得以诗意栖居的内涵相契合，并成为当代生态美学建设的重要资源。

其四，生态审美的生活方式。

这是拉尔夫·史密斯等在《美学与环境教育》一文中所提出

的。他在该文中提倡"一种审美化的生活方式的生态学探讨"①，也就是生态审美的生活方式。具体包含这样三点内容。一是批判以消费为导向的、对物质具有无止境欲望的生活方式，倡导一种具有生态责任感的生活方式。例如，防治噪声，禁止以有毒素的燃料污染空气与挥霍浪费有限资源等。二是倡导以生态学的态度管理环境及其资源，确保可持续发展。三是批判最基本的审美体验只能由艺术作品提供的传统观念，倡导专门关注自然独特的审美价值，例如，聆听婉转的鸟鸣与溪水流淌的快乐等。

第四，生态审美教育的性质是人体各感官直接介入的"参与美学"的教育。

传统的审美教育在康德的静观的无功利美学思想的影响下，是一种与对象保持距离的"静观美学"的教育。但生态审美教育面对的是活生生的可见可感的自然生态环境，因此，它是一种人体各个感官直接介入的"参与美学"的教育，而不是保持距离的"静观美学"教育。

"参与美学"是由阿诺德·伯林特明确提出的，他说，"无利害的美学理论对建筑来说是不够的，需要一种我所谓的参与的美学"。② 又说："美学与环境必须得在一个崭新的、拓展的意义上被思考。在艺术与环境两者当中，作为积极的参与者，我们不再

---

① Ralph Smith and Christiana Smith,"Aesthetics and Environmental Education", *Journal of Aesthetic Education*, Vol. 4, No. 4（Oct., 1970）, pp. 125—140.

② ［美］阿诺德·伯林特：《环境美学》，张敏、周雨译，湖南科学技术出版社2006年版，第134页。

与之分离而是融入其中。"①它突破了传统的、由康德所倡导的被长期尊崇的"静观美学",力求建立起一种完全不同的主体以及在其上所有感官积极参与的审美观念。这是美学学科上的突破与建构,具有重要的价值与意义。诚如伯林特自己所说,"如果把环境的审美体验作为标准,我们就会舍弃无利害的美学观而支持一种参与的美学模式"②。"审美参与不仅照亮了建筑和环境,它也可以被用于其他的艺术形式并获得显著的后果,不管是传统的还是当代的。"③加拿大的卡尔松进一步从美学学科的建设角度对"参与美学"的价值作了评价。他说,"在将环境美学塑造成为一个学科的关键,便不仅仅只是关注于自然环境的审美欣赏,而更应关注我们周边整个世界的审美欣赏"。④"参于美学"以上述理念,阐明了环境美学对于普适意义上的美学而言所具有的重要含义,这种普适意义被伯林特看作是"艺术研究途径的重建"⑤。

"参与美学"的提出无疑是对传统无利害静观美学的一种突破,将长期被忽视的自然与环境的审美纳入美学领域,具有十分重要的意义;它不仅在审美对象上突破了艺术唯一或艺术最重要

---

① [美]阿诺德·伯林特主编:《环境与艺术:环境美学的多维视角》,刘悦笛译,重庆出版社 2007 年版,第 7 页。

② [美]阿诺德·伯林特:《环境美学》,张敏、周雨译,湖南科学技术出版社 2006 年版,第 142 页。

③ [美]阿诺德·伯林特:《环境美学》,张敏、周雨译,湖南科学技术出版社 2006 年版,第 142 页。

④ [加]艾伦·卡尔松:《自然与景观:环境美学论文集》,陈李波译,湖南科学技术出版社 2006 年版,第 7 页。

⑤ [美]阿诺德·伯林特:《环境美学》,张敏、周雨译,湖南科学技术出版社 2006 年版,第 155 页。

的框框,而且在审美方式上也突破了主客二元对立的模式。这里需要特别强调的是,"参与美学"将审美经验提到相当的高度,认为面对充满生命力和生气的自然,单纯的"静观"或"如画式"风景的审视都是不可能的,而必须要借助所有感官的"参与"。诚如罗尔斯顿所说,"我们开始可能把森林想作可以俯视的风景。但是森林是需要进入的,不是用来看的。一个人是否能够在停靠路边时体验森林或从电视上体验森林,是十分令人怀疑的。森林冲击着我们的各种感官:视觉、听觉、嗅觉、触觉,甚至是味觉。视觉经验是关键的,但是没有哪个森林离开了松树和野玫瑰的气味还能够被充分地体验"。① 从另一方面说,参与美学还奠定了生态美育重在实施的基本特点。雅各金斯基在 1987 年提出"培养学生思维中的绿色框架"的重要观点,引导学生积极参加修复被人类严重破坏的生态环境。他说:"将一种恢复生态的倾向引入教育过程中,会使艺术教育鼓励他们的学生将自己看成自然的一部分、与自然紧密相连的一部分,而不是自然之外的存在。对待事物的态度将变为'参与性的'而非'主宰性的'。"

三、生态审美教育的新维度

进入新世纪以来,学术界以"场所"为出发点,集中揭示其特有的生态独特性,并借助"场所"研究对现行教育和现行艺术的标准性与稳定性进行反思批判。这里,所谓"places",可译为"地方""场域"与"场所"等,我们译为"场所"。这是生态美学与生态批评

---

① [美]阿诺德·伯林特主编:《环境与艺术:环境美学的多维视角》,刘悦笛译,重庆出版社 2007 年版,第 166 页。

的特有范畴。"场所"具有地方性、独特性、原始性与滋养性等特征,包含着重要的生态审美内涵。它与"家园"密切相关,但又有区别,"家园"更加宏大、原初与根本,而"场所"则较为具体,并与人的栖息环境紧密相连,但却直接关系到人的具体生存状态。

海德格尔、伯林特与布伊尔都曾对"场所"做过专门论述。2000 年以来,艺术教育界倡导一种批判性的场所为基础的艺术教育,结合新的形势,进一步揭示与阐发了"场所"在新时代的生态审美与艺术教育中的价值意义。苏珊·穆桑特在《美国生态学会通讯》上发表《理解城市生态系统,正如理解彼此一样:团结起来达成科学与教育的共同目标》一文①;2002 年,《艺术教育研究》刊发了爱丽丝·莱与艾瑞克·鲍尔合撰的《艺术在哪里,家园就在哪里:通过艺术教育探索人类居住场所》②;2006 年,南希·格林、艾伦·考维奇与杰瑞·麦里洛在《美国生态学会通讯》上发表题为《生态学未来展望:我们今天在哪里?》③的短文;2007 年,《艺术教育研究》杂志再出特刊,主题为"艺术教育中的生态担当",马克·格莱姆撰写《艺术、生态学与艺术教育:在一种批判性的

----

① Susan Musante,"Understanding One Another as We Learn to Understand Urban Ecosystems: Teaming up to Reach the Common Goals of Science and Education", *Bulletin of the Ecological Society of America*, Vol. 81, No. 1(Jan.,2000),pp. 94—95.

② Alice Lai and Eric L. Ball,"Home Is Where the Art Is: Exploring the Places People Live Through Art Education", *Studies in Art Education*, Vol. 44,No. 1(Autumn,2002),pp. 47—66.

③ Nancy Grimm,Alan Covich and Jerry Melillo,"A Vision for Ecology's Future: Where Are We Today? " Frontiers in Ecology and the Environment, Vol. 4,No. 3(Apr.,2006),p. 115.

以场所为基础的教育学中定位艺术教育》一文①;2009 年,丽贝塔·乔丹、弗雷德里克·辛格尔等人在《生态学与环境前沿》上发表《每位公民应当知道哪些有关生态学的知识?》②。从上述这些论著看,有关环境、生态学与教育的思考在新世纪更为开放与宽泛,所针对的学科领域更加多元,其所关注的受教育群体规模更加庞大。学者们有意识地将生态意识与环境保护观念的教育普及到社会公民的大众层面,而不仅仅局限于教育者与学生的群体。

其中比较具有代表性的,是马克·格莱姆撰写的《艺术、生态学与艺术教育:在一种批判性的以场所为基础的教育学中定位艺术教育》。他指出,"在现代生活与教育中,地方性已经被大规模的消费经济所忽视,而这一大规模的消费经济对生态关怀的态度是漠不关心的。忽视地方性的人类与自然社群的后果,包括了退化的栖息地荒野的丧失、异化、失去根基的迷茫以及与社群之间关联性的缺失。批判性的以场所为基础的教育学为富有生态关怀的艺术教育的理论和实践提供了一种牢固的框架。这篇文章在批判性的以场所为基础的教育学视野中定位艺术教育,旨在为描述富于生态关怀、关注生态话题的当代艺术与艺术教育提供一

---

①Mark A. Graham,"Art,Ecology and Art Education: Locating Art Education in a Critical Place-Based Pedagogy", *Studies in Art Education*, Vol. 48,No. 4,Special Issue on Eco-Responsibility in Art Education(Summer, 2007),pp. 375—391.

②Rebecca Jordan, Frederick Singer, John Vaughan and Alan Berkowitz, "What Should Every Citizen Know about Ecology?" *Frontiers in Ecology and the Environment*,Vol. 7,No. 9(Nov.,2009),pp. 495—500.

个序言"。①

格莱姆所谓"批判性的以场所为基础的教育学"具体包含以下内容。

其一,这种教育的背景和意义表现为三方面。

首先,从当前环境状况的角度来看,人类进步加剧了对自然的统治,许多生态系统在地球上许多区域已经瓦解和丧失,现代文明已经通过污染、耗尽自然资源、气候变化、使生物多样性受到威胁与破坏、大范围的开垦荒野,改变了过去的环境条件。与此同时,从当前教育状况的角度来看,美国教育改革的主流已经深深地屈服于一种标准化的、试验性的文化。这种文化的倾向是忽视地方性场所的独特性,使所有学生的体验都变得标准化。地方性的人类与自然社群对于学校的课程而言往往不是重要的组成部分。因此,严重忽视生态与社群的教育,在标准化教育的侵蚀下使之变得退化。再者,从当前艺术创作的角度来看,虽然许多现代艺术家使生态主题成为自己作品的重要组成部分,但这些现代艺术与视觉文化却通常不是学校艺术教育课程的主要内容。这种忽视现代艺术与视觉文化的艺术教育剥夺了学生熟悉正在发展的艺术形式和艺术进程的权利,阻碍他们去了解那些塑造社会公正和生态公平的艺术家,也剥夺了他们获知艺术创作中的社会公正与生态公平问题的权利。

其二,"批判性的以场所为基础的教育学"的理论框架将以场所

---

① Mark A. Graham,"Art,Ecology and Art Education: Locating Art Education in a Critical Place-Based Pedagogy",*Studies in Art Education*,Vol. 48,No. 4,Special Issue on Eco-Responsibility in Art Education(Summer, 2007),pp. 375—391.

为基础的生态热点教育与关于社会热点的批判理论融合在一起。

格莱姆指出,"我们将批判性的以场所为基础的教育学的组成部分视作描述一种对地方场所和文化富于生态担当的艺术教育的前奏。……在批判性的以场所为基础的教育学的视野中定位艺术教育将对标准化的课程教学模型构成一定困扰,而且由于它对我们与自然的关系的重视、对地方性场所的独特性的关注,以及对人类进步的质疑,也会重新扩展教育目标的视野"。① 可见,在批判性的以场所为基础的教育学中,教育将变为一种对生态与地方文化的责任,艺术创作将随之变为一种具有反思性与变革性的社会意识。

其三,"批判性的以场所为基础的教育学"具有一种实践性,它为艺术的教与学创造了一种为地方性社群生态负责的可能性。

格莱姆认为,在这种路径下,艺术创作变为了一种社会责任的反思过程、批判过程、变革过程的一部分,艺术创作、社会批判、科学探求,以及行动主义之间的界线因而不再那么尖锐而鲜明。他谈道,"这是在地方性社群的特殊性基础上建立起来的方法和路径,它积极地致力于探索权利与文化是如何通过场所发生作用的,即其如何增强或限制人类潜能的"。② 批判性的以场所为

---

① Mark A. Graham,"Art, Ecology and Art Education: Locating Art Education in a Critical Place-Based Pedagogy", *Studies in Art Education*, Vol. 48, No. 4, Special Issue on Eco-Responsibility in Art Education(Summer, 2007), pp. 375—391.

② Mark A. Graham,"Art, Ecology and Art Education: Locating Art Education in a Critical Place-Based Pedagogy", *Studies in Art Education*, Vol. 48, No. 4, Special Issue on Eco-Responsibility in Art Education(Summer, 2007), pp. 375—391.

基础的教育学所塑造起来的艺术教育，强调的是行动主义、艺术创作为生态恢复所提供的可能性，因而能够确保学生在学校之外进行学习与参与的需要。

其四，以批判性场所为基础的艺术教育拓展了"生态视觉化"的领域。

格莱姆认为，"我们与自然界之间关系的许多方面，包含着若干容易被忽视但却很实质性的表现方式，譬如生态视觉化便是一种跨学科的合作性的实践"。① 所谓"生态视觉化"包含着科学、技术以及视觉艺术，在媒介艺术、信息视觉化、计算机技术以及可持续性规划等多个领域中进行研究和实践，旨在使生态化的关系变得直观可见。生态艺术家的创作便是典型的生态视觉化实践，他们将艺术创作视作一种社会实践，认为它能够提升生态社群的重构，帮助界定社群概念本身，并且弘扬一种生态责任感，建议艺术创作应当包含着跨学科的关联性，并激活人们对生态复原工作的参与。

格莱姆总结道，艺术教育存在于学校课程标准化与教学试验高投入化等教育目标的边缘地带。但正是在这一边缘位置上，艺术更有可能做出它最为独特杰出的贡献。艺术要求我们反抗传统思维模式习惯，并要求我们思考自己为了什么而活着。艺术教育追求对人际的、环境的、社会的等重要问题做出自由多样的回答，因而要求富于创造力和想象力的解答。他指出，"在批判性的

① Mark A. Graham，"Art，Ecology and Art Education：Locating Art Education in a Critical Place-BasedPedagogy"，*Studies in Art Education*，Vol. 48，No. 4，Special Issue on Eco-Responsibility in Art Education(Summer，2007)，pp. 375—391.

以场所为基础的教育学的塑造下,艺术教育为学生思考关于自然、场所、文化与生态等问题创造了机会,并使他们得以参与这类艺术的创作。……随着文化、生态与社群的复杂挑战在未来的生存中越来越重要,我们呼吁一种扩展当前教育目标并涵盖社会公正与生态公平的育人路径"①。批判性的以场所为基础的教育学所遵循的恰是这样一种路径,因其"旨在于自然与人类社群之间建构一种富于意义的、富于同情的关联",并鼓励学生去珍视自己的生命和文化背景中那独一无二的维度,帮助学生迈出主流流行视觉文化之外,批判地思考身边无处不在的媒体图像背后所暗藏的假设和隐喻。可见,格莱姆所提出的这种艺术教育倡导教育者、受教育者及艺术家对生态、场所与社群的责任和担当,使受教育者学会以审美的态度对待环境、尊重自然、关爱社群、保护地球,可作为生态审美教育的一个具体的、典型的案例,对我们探索生态文明语境下的人文教育的新维度具有一定的启示意义。

四、生态审美教育的重要保障

生态审美教育是需要条件的,其重要条件就是必须要有一个良好的大环境,那就是必须要在生态文明时代背景下以生态型大学建设作为其保障。众所周知,在 20 世纪 70 年代之前,人类社会处于工业文明时期,遵循"人类中心主义"原则,以经济发展为

---

① Mark A. Graham, "Art, Ecology and Art Education: Locating Art Education in a Critical Place-Based Pedagogy", *Studies in Art Education*, Vol. 48, No. 4, Special Issue on Eco-Responsibility in Art Education (Summer, 2007), pp. 375—391.

社会建设的最重要指标，以改造与开发自然为基本任务。在这种情况下，大学也是工业文明的组成部分，遵循传统"人文主义"与"理性至上"原则，以培养改造与开发自然的人才为己任。在这种情况下，实行生态审美教育是不可能的。1972 年之后，工业革命以来对自然环境的破坏已经使得经济社会的发展难以为继，社会形态不得不由工业文明转到生态文明新时代。以 1972 年的斯德哥尔摩第一次联合国人类环境会议为标志，人类社会开始了生态文明新时代。我国作为后发展国家，到 2007 年 7 月也提出了"生态文明建设"的重要课题，2012 年又进一步提出了"美丽中国"建设的重要目标。生态型大学建设就是在这种形势下提出的大学建设的新课题，是高等教育适应时代发展的必然趋势。2014 年 4 月 15 日，王焰新在题为《生态型大学是生态文明建设的基石》一文中指出，"生态型大学建设就是要在绿色大学建设积累的经验基础上，寻求大学生态化发展新战略，以实施生态教育、完善生态学科、推动生态科技进步和建设生态校园为基本内容，拓展大学教育的内涵及功能"①。这就大体勾画了生态型大学的绿色背景、生态化发展新战略与基本建设内容，将实施生态教育作为生态型大学的必有建设内容。这说明，实施包括生态审美教育在内的生态教育是生态文明新时代以绿色发展为其背景的生态型大学所特有的建设内容，而且也只有在生态型大学才有可能真正实施生态审美教育。

其一，从办学理念来看。在传统的工业文明时代，大学的办学理念是"人类中心主义"，将人与自然生态二分对立起来，尊奉

---

① 王焰新：《生态型大学是生态文明建设的基石》，《光明日报》，2014 年 4 月 15 日。

改造与战胜自然的基本原则。在这种文化与理论背景下,是不可能实施生态审美教育的。生态文明时代的生态型大学尊奉"生态整体主义"的原则,将人与自然生态视为密不可分的整体,力倡人与自然亲和共生的原则。只有在这种文化与理论背景下,生态审美教育才得以实施。

其二,从知识结构来看。工业文明时代的大学教育内容是唯理性主义知识体系,这种知识体系力倡人与自然敌对,人可以无止境地开发自然资源,经济发展是唯一的社会指标,人是宇宙间唯一高贵的主宰,等等。在这种知识结构与背景下,生态审美教育是没有立足之处的。生态文明新时代的生态型大学将人与自然生态的和谐发展作为知识体系中最重要的内容,力主敬畏自然、顺应自然与保护自然;人与自然的共生以及发展与环境保护的双赢;生态现代化成为现代化的必然内涵;建设美丽中国成为中华民族伟大复兴的重要标志。在这种知识结构与背景下,生态审美教育成为现代生态型大学的必不可少的内容。

其三,从办学目标来看。传统工业文明时代的大学的办学目标是为工业革命与经济发展培养人才,提供成果,生态审美教育不可能纳入办学目标。新的生态型大学是以培养生态文明新时代的建设者为其办学目标,生态审美教育是其必需的内容。

由此可见,生态型大学建设是生态审美教育的重要保障与必要前提。当然,生态型大学是对于高等教育而言的,生态文明新时代同样要求建设生态型中小学与生态型职业教育等其他教育形式,这是时代的需要与历史的发展趋势。

第 三 编

中国传统生态审美
智慧的当代意蕴

　　生态美学在中国发展不是偶然的，是有着深厚的文化土壤的。中国古代长期的农耕文明与广袤的内陆环境诞育了人与天时、地利紧密相关的生态文化。"天人合一"成为中国古代的文化与哲学诉求，决定了生态文化与生态美学在中国古代几千年的文化土壤上有着原生性的根基。我们的任务就是努力发掘这种古典形态的丰富的生态哲学与生态美学智慧，结合当代现实加以发扬。

第十二章　生生之谓易

"生生之谓易"是中国传统哲学中最具生态哲学意味，并对中国传统生态审美智慧影响最为深远的学说。它是中国传统的农业文明文化语境下生态哲学观念、生态审美智慧的集中体现，《周易》对"生生之谓易"学说的提出并在中国传统文化中发挥深远影响起了最为重要的作用。

《周易》由经、传两部分构成，《易经》成书"当在西周初年"[①]，《易传》则是先秦儒家解释《易经》的文献。《易经》是中国古代农业文明时代巫官文化阶段的重要典籍。中国农业文明历史悠久，农业文明时代最重要的问题莫过于人与自然的关系，顺应自然，按照自然运行的节律安排人类活动，成为人类活动成功、人类生活获致幸福的关键。在巫术、宗教时代，先民主要靠卜筮等巫术活动去经验和体会人与自然的关系，人的对待自然的经验，人对自然万物的亲和、敬畏之情只能以巫术"话语"来言说。因此，我们可以通过《易经》卦爻的排列组合和卦爻辞的象喻、论断去认识和把握先民在悠远的农业文明发展中积淀而成的生态观念和审美智慧。到了《易传》时代，中国文化思想已经走出原始蒙昧时代，弥漫在《易经》中的不自觉的生态观念和审美智慧得到了哲理

[①] 高亨：《周易古经今注》，中华书局 1984 年版，第 6 页。

性的表述和形而上的升华。由于儒家在中国文化思想中的主体地位和《周易》的"群经之首"甚至"百家之源"的崇高地位,《周易》的生态哲学与生态审美智慧对中国文化思想、文艺审美观念产生了其他文化经典无可比拟的深远影响。中国哲学之所以被称为"深层生态学"①,便在很大程度上与《周易》有关。

一、"天地之大德曰生"的生命哲学

从现代生态哲学看,《周易》首先值得重视的是作为其核心思想的"生生"之学。"生生"之学是《周易》对包括人类在内的自然万物的生命存在与生命活动之规律的揭示。在《周易》看来,包括人类与自然万物在内的宇宙整体是一个生命不断生成发育、洋溢着无限生机的大化流行的世界。《周易·系辞上》指出:"易有太极,是生两仪,两仪生四象,四象生八卦,八卦定吉凶,吉凶生大业。"这是对从自然到人类的生命创生过程的描述。"太极"即天地未分时的元气,"两仪"即天地。《周易》将天地视为自然与人类的创生者,所谓"有天地然后万物生焉","有天地然后有万物,有万物然后有男女,有男女然后有夫妇,有夫妇然后有父子,有父子然后有君臣,有君臣然后有上下,有上下然后礼义有所措"(《周易·序卦》)。《周易》以乾坤两卦象征天地,"大哉乾元,万物资始,乃统天。云行雨施,品物流形"(《周易·乾·象》),"至哉坤元,万物资生,乃顺承天。坤厚载物,德合无疆,含弘光大,品物咸亨"(《周易·坤·象》),"乾知大始,坤作成物"(《周易·系辞上》)。乾坤称"元",意味着天地是万物的生命生成之根源。万物

①蒙培元:《为什么说中国哲学是深层生态学》,《新视野》2002年第6期。

始于"天"而生于"地"。天地创生万物，是一种"天施地生，其益无方"（《周易·益·象》）的生命过程。《周易·系辞上》指出："夫乾，其静也专，其动也直，是以大生焉；夫坤，其静也翕，其动也辟，是以广生焉。"天地不仅生成万物，而且养育万物。《周易·颐·象》指出："天地养万物"，《周易·说卦》亦云："坤也者地也，万物皆致养焉"。因此，在《周易》看来，天地最伟大的功德就在于生成和养育万物，这就是所谓的"天地之大德曰生"（《周易·系辞下》）。而且，在《周易》看来，天地对万物的生成和养育是生生不息，恒久而无间断的，是所谓"日新之谓盛德，生生之谓易"（《周易·系辞上》）。

《周易》认为，天地之生养万物，是阴阳二气"合德"之结果。"乾，阳物也；坤，阴物也。阴阳合德而刚柔有体，以体天地之撰，以通神明之德"（《系辞下》）。"阴阳合德"以生成、化育万物又是"二气感应以相与"的过程，是所谓的"天地感而万物化生"（《周易·咸·象》），"天地氤氲，万物化醇；男女构精，万物化生"（《周易·系辞下》），"天地相遇，品物咸章"（《周易·姤·象》）。因此，所谓"合德"，即阴阳二气之交感、感应。阴阳二气交感施受，始终处于对立转化之中，天地生成、化育自然万物正是通过阴阳二气"刚柔相推而生变化"实现的，这就是所谓的"一阴一阳之谓道"（《周易·系辞下》）。

在《周易》看来，由天地阴阳所创生的自然万物始终处于永恒的运动变化之中，所谓"天地之道，恒久而不已也"（《周易·恒·象》）。这种运动变化又是有规律的。《周易·豫·象》指出："豫，顺以动，故天地如之"，"天地以顺动，故日月不过而四时不忒"。所谓"顺以动"，是指天地万物是按照一定的秩序、节奏变化发展的。《周易·革·象》："天地革而四时成"，《周易·节·象》："天地节而四时成"。"四时"正是天地万物之运动变化之有规律的表现。《周易》通过对天地四时运动的论述揭示出天地以"生生"之德为核心的运动变化的规律性,其突出表现即以"盈虚""反复""消息"为标志的"天道"或"天行"。《周易·蛊·彖》:"'先甲三日,后甲三日',终则有始,天行也",《周易·剥·彖》:"君子尚消息盈虚,天行也",《周易·丰·彖》:"日中则仄,月盈则食,天地盈虚,与时消息",《周易·损·彖》:"损刚益柔有时,损益盈虚,与时偕行。""天行"的最突出表现即"消息盈虚"。"消息盈虚",指的是构成自然万物生成、变化的阴阳二气的消长变化。这种消长变化表现出"终则有始"、循环往复的规律性,从而形成以四时有序更迭为主要标志的自然运行。《周易》泰卦九三爻辞"无平不破,无往不复",其《象传》云:"'无往不复',天地际也"。复卦《象传》云:"'反复其道,七日来复',天行也。"因此,在《周易》的哲学视野中,生命活动,生命的生成、发展,并非盲目的自然冲动,而是有其自身节律的。这种节律也就是《系辞下》所说的"昔者圣人之作易也,将以顺性命之理"的"性命之理"。

蒙培元先生指出:"'生'的问题是中国哲学的核心问题,体现了中国哲学的根本精神","中国哲学就是'生'的哲学",而"'生'的哲学"的基本含义就是生命哲学与生态哲学,"生生之谓易"则"是对'易'的根本精神的最透彻的说明"。①《周易》的"生生之谓易"的生命哲学,既构成了其生态哲学之根本,同时也是生态审美智慧的根源。在《周易》生命哲学的影响下,中国美学始终将包括人类在内的天地万物看作是永恒地鼓荡、洋溢着生机和活力的有

---

① 蒙培元:《人与自然——中国哲学生态观》,人民出版社 2004 年版,第 4、117 页。

机的生命整体,它不仅本身就是美的存在,而且是文学艺术的审美价值的生命根源。中国美学提倡文艺作品体现"阳刚之美""阴柔之美",乃至"中和之美",追求"气韵生动"(南齐谢赫《古画品录》),"生气远出,不著死灰"(唐司空图《二十四诗品》)的审美境界,都是《周易》生态审美智慧的体现。

二、"天人合一"的生态整体观

《周易》的生态哲学的典型形态无疑是其"天人合一"的生态整体观。中国哲学"天人合一"论的核心是人与自然的和谐关系。但是,"天人合一"论是个相当复杂的观念系统,冯友兰曾分析过中国古代的"天"的观念的多重内涵,指出其有"物质之天""主宰之天""命运之天""自然之天""义理之天"等五个义项。① 由此,中国哲学的"天人合一"论呈现出相当复杂的观念形态,有各种不同性质意涵的"天人合一"。显然,并非所有"天人合一"论都具有生态哲学意义。中国传统哲学以儒、道思想为主,儒、道都有各自的"天人合一"学说。相对说来,道家的"天"更多侧重于"自然之天",儒家的"天"的观念则比较复杂。冯友兰指出:"孔子所言之天为主宰之天;孟子所言之天,有时为主宰之天,有时为命运之天,有时为义理之天;荀子所言之天,则为自然之天。此盖亦由道家之影响也。"②荀子思想较多受到道家思想影响,但他虽然赋予"天"以"自然之天"的意涵,而在天人关系中更倾向于强调"天人相分"。在儒家思想系统中,只有《周易》立足于"生生之谓易"的

①冯友兰:《中国哲学史新编》,人民出版社1998年版,第103页。
②冯友兰:《中国哲学史》,华东师范大学出版社2000年版,第216页。

生命哲学最早揭示出人与自然和谐关系的"天人合一"论的生态哲学主旨。

首先,《周易》所言之"天"或"天地","就是生长着万物的大地和覆盖着大地的天空,也就是我们今天所说的自然界",①"天、地合而言之,则常常以'天'代表天、地,亦即代表整个自然界。"②《周易》的成立就是通过"仰以观于天文,俯以察于地理"(《系辞上》)、"仰则观象于天,俯则观法于地"(《系辞下》)创制而成的。《周易》八经卦所象征的天、地、雷、风、云、日、山、泽,以及日月、四时等,都与自然万物的生长、发育有直接关系。根据《周易·序卦》,由"夫妇""父子""君臣""上下""礼义"所构成的人类社会也是由天地所生,是自然整体的组成部分。这体现了《周易》的人与万物一体观念,因而,天地"生生"之道也同样适用于人与人类社会。同样,人也以由"乾道变化"所禀承的"性命之理"参与天地化育万物的进程,"保合大和",从而达到自然整体的和谐。可见,《周易》是在"生生之谓易"的生命哲学和"天人合一"的生态整体论的前提下思考天人关系、人与自然的和谐关系的。

其次,《周易》通过六十四卦的有序排列建构了一个符号化的、象征性的宇宙整体图式。《周易》符号图式由自乾至未济六十四卦之排列构成,六十四卦由乾、坤、震、巽、坎、离、艮、兑八经卦"因而重之"(《系辞下》)构成,八经卦由阴阳二爻为基本构成。阴阳二爻象征着普遍存在于天地万物之间的,促成天地万物生成、存在和发展的两种基本力量,八经卦象征着决定自然万物生成、

①刘纲纪:《周易美学》,湖南教育出版社1992年版,第47页。
②蒙培元:《人与自然——中国哲学生态观》,人民出版社2004年版,第111页。

化育的天、地、雷、风、水、火、山、泽八种事物,六十四卦则象征着自然万物之间的复杂关系。六十四卦的卦与卦之间通过爻的阴阳变化而相互转化,而爻的变动则象征着自然万物因阴阳二气之或刚或柔的推荡而发生的变化。所谓"刚柔相推而生变化"(《系辞上》),"刚柔相推而变在其中矣","爻也者,效天下之动者也"(《系辞下》)。《周易》六十四卦的排列始于乾、坤而终于既济、未济,根据《序卦》的论述,《周易》的卦序不是混乱的、机械的,而是有着内在的、有机的意义联系的。从"生生之谓易"角度说,六十四卦以乾坤创生万物为始,至既济而"刚柔正而位当"(《周易·既济·象》),达到自然整体的和谐完满状态,最后一卦的未济,六爻均不当位,意味着一个新的创生历程的开始。因此,《周易》六十四卦建构了一个既具整体性又具开放性、既内在联系又相互生成,始终处于动态和谐状态的宇宙整体图式。在《系辞上》看来,整个的宇宙整体图式"与天地准,故能弥纶天地之道""与天地相似,故不违""范围天地之化而不过,曲成万物而不遗",是对天地万物的生成、化育的"生生"之道的摹拟和概括。

再次,《周易》所建构的宇宙整体图式本身就具有整体联系、动态和谐、生成转化的生态整体意味。这一生态整体不仅包含着人与自然的关系,而且其所摹拟、概括的天地"生生"之道也成为人类达到与自然和谐所应遵循之"道"。人既然本身就是与天地万物一体的,天地之道与人之道在根本上也是相通的。《系辞下》指出:"《易》之为书也,广大悉备。有天道焉,有人道焉,有地道焉。兼三材而两之,故六。六者非它也,三材之道也。"《周易》一书兼备天、地、人"三才之道","三才之道"又具备于六十四卦之中。《说卦》指出:"昔者圣人之作易也,将以顺性命之理。是以立天之道曰阴与阳,立地之道曰柔与刚,立人之道曰仁与义。兼三

才而两之，故易六画而成卦。"《周易》六爻分上中下三组，分别像
"天道""人道""地道"。可见，"三才之道"之义涵虽各有不同，但
都是为"顺性命之理"而"立"的，因而它们在作为"性命之理"上是
一致的。在对待人与自然万物的关系上，《周易》成为人类体认天
地之道并在生命活动和社会行为中自觉地遵行天地之道，正其
"性命"，始终保持与天地万物处于和谐状态的关键。这就是《系
辞上》所说的"明于天之道而察于民之故，是兴神物以前民用"。
《易》之制作，其意义不仅在于指导人趋吉避凶，更是通过对人的
行为的指导，使人的生命活动"顺性命之理"，达到人与自然的和
谐。这种观念在《周易》中可以说到处皆是，如"天地以顺动，故日
月不过，而四时不忒。圣人以顺动，则刑罚清而民服"（《豫·
象》），"天地养万物，圣人养贤以及万民"（《颐·象》），"天地节而
四时成。节以制度，不伤财，不害民"（《节·象》），"天地变化，圣
人效之"（《系辞上》）。《周易》的《象传》对三百八十四爻爻辞中
"吉凶""悔吝""利"与"不利"等的解释，也大都是从人是否能够顺
承、取法于天地之道出发的。《系辞上》指出："《易》曰：自天祐之，
吉无不利。子曰：祐者，助也。天之所助者，顺也；人之所助者，信
也。履信思乎顺，又以尚贤也。是以'自天祐之，吉无不利'也。"
这意味着，人作为自然整体的组成部分，只有尊重并遵行自然整
体的规律，始终保持与自然的和谐，才可能成功并获致幸福。不
仅如此，《周易》还把人与自然的和谐统一视为人生的修养的重要
内容，并以之为理想人格的主要标准。《乾·文言》指出："夫大人
者，与天地合其德，与日月合其明，与四时合其序，与鬼神合其吉
凶。先天而天弗违，后天而奉天时。天且弗违，而况于人乎？况
于鬼神乎？"作为理想人格的"大人"，就是最能够做到与天地自然
和谐的。需要指出的是，"与天地合其德"不仅是指人自觉、主动

地顺应天地之道,达到与自然的和谐,而且还指"财成天地之道,辅相天地之宜"(《泰·象》),主动地促进自然生态整体的和谐。这也就是下文所要谈到的"继善成性"的问题。

《周易》的"天人合一"的生态整体论蕴含着非常深刻的审美智慧。中国美学自先秦开始就将人与自然的和谐视为理想的审美境界,中国古代的诗、乐、文、绘画、书法、园林、建筑等艺术都始终将亲近自然、回归自然、融入自然作为创作"母题",涌动和洋溢着对自然万物的亲和感和家园感,对天地造化的尊重、敬畏之情。这些都在很大程度上来源于以《周易》的生态整体观为代表的中国哲学"天人合一"论的生态审美智慧。

三、"继善成性"的生态
人文主义精神

如上所述,《周易》是在"生生之谓易"的生命哲学和"天人合一"的生态整体论的前提下思考人与自然的和谐关系的。但《周易》并没有将人类视为自然生态整体的普通成员,也没有将人与自然的关系仅仅限定在人自觉地、主动地顺应和遵循天地之道上。这涉及《周易》对人在自然生态整体中的地位及其对自然万物的伦理责任问题的看法。

在中国思想史上,老子可以说最早在天人关系上、在生态整体意义上提出了人的地位问题。《老子·二十五章》指出:"故道大,天大,地大,人亦大。域中有四大,而人居其一焉。人法地,地法天,天法道,道法自然。"在"道法自然"的前提下,人的地位高出自然万物,虽然低于天、地,但也是自然整体中"四大"之一。这一思想到了《周易》,就发展为《易传》的"三才之道"。如上所述,根

据《系辞下》《说卦》的论述，《周易》一书兼备天、地、人"三才之道"。"三才之道"内涵虽各有不同，如"立天之道曰阴与阳，立地之道曰柔与刚，立人之道曰仁与义"，但都是"性命之理"的体现。由此可见，在《周易》看来，天、地、人构成了自然整体的三个最重要的组成部分，这也就是所谓"六爻之动，三极之道也"（《系辞上》）。问题在于，《周易》在赋予了人以超出自然万物而与天地并立的崇高地位的同时，在人与自然关系问题上意味着人将承担什么样的责任和使命？《说卦》称"立人之道曰仁与义"，"仁与义"作为"人道"的内涵不仅适用于人的社会生活之中，而且体现在人对自然万物的关系中。《系辞上》云："显诸仁，藏诸用，鼓万物而不与圣人同忧，盛德大业至矣哉！""仁"作为"盛德"的意义在于"鼓万物"。《乾文言》论"元亨利贞"之"四德"云："君子体仁足以长人，嘉会足以合礼，利物足以合义，贞固足以干事"，"利物"也是"义"的基本要求。因此，作为"人道"的"仁义"在人与自然的关系上就是顺承天地"生生"之道以化育万物。《无妄·象》云："天下雷行，物与无妄。先王以茂对时育万物。"北宋理学家程颐解释道："先王观天下雷行发生赋与之象，而以茂对天时，养育万物，使各得其宜，如天与之无妄也。……对时，谓顺合天时。天道生万物，各得其性命而不妄。王者体天之道，养育人民，以至昆虫草木，使各得其宜，乃对时育物之道也。"①南宋理学家朱熹亦云："天下雷行，震动发生，万物各正其性命，是物物而与之以无妄也。先王法此以对时育物，因其所性，而不为私焉。"②可见，所谓"育

---

① （宋）程颐：《周易程氏传》，《二程集》（下），王孝鱼点校，中华书局 1981 年版，第 823—824 页。

② （宋）朱熹：《周易本义》，廖名春点校，中华书局 2009 年版，第 113 页。

万物"，就是实践"乾道变化，各正性命"的"生生"之"大德"。
《坤·彖》云："坤厚载物，德合无疆。含弘光大，品物咸亨。"其《象
传》亦云"地势坤，君子以厚德载物。""君子"法坤之"厚德"以"载
物"，其目的是使"品物咸亨"，也就是使自然万物"各正性命"，
使其生长繁育亨通畅遂。《泰·象》："天地交，泰。后以财成天
地之道，辅相天地之宜，以左右民"。程颐论曰："天地交而阴阳
和，则万物茂遂，所以泰也。……财成，谓体天地交泰之道，而财
制成其施为之方也。辅相天地之宜，天地通泰，则万物茂遂，人
君体之而为法制，使民用天时，因地利，辅助化育之功，成其丰美
之利也。"①

　　需要指出的是，《周易》赋予人的辅助天地以化育自然万物的
使命和责任，原本就是"性命之理"的题中之义。用《系辞上》的话
来说，这就是"继善成性"："一阴一阳之谓道。继之者善也，成之
者性也。"所谓"继之者"，即以人道承继天地之道；"成之者"，即以
人道成就万物，使自然万物"各正性命，保合大和"。这才是"善"，
是人对自然真正意义上的伦理责任。《系辞上》的"成性存存，道
义之门"，《系辞下》的"天地设位，圣人成能"，《乾·文言》的"圣人
作而万物睹"等，都只有在"继善成性"意义上才能得到真切的理
解。蒙培元先生指出："从'生'的目的性出发，解决'天人之际'的
问题，便在人与自然之间建立起内在的目的性关系。所谓'生'的
目的性，是指向着完善、完美的方向发展，亦可称之为善。善就是
目的。但是，自然界的目的是潜在的，只有实现为人性，才是'现
实'的。因此，人才是自然目的的'实现原则'。这就是中国哲学

────────────

① (宋)程颐：《周易程氏传》，《二程集》(下)，王孝鱼点校，中华书局 1981 年
　　版，第 754 页。

所说的‘继善成性’的问题。”①《周易》在自然生态整体上将人置于与天地并立的地位，赋予人的“继善成性”、成就天地“生生”之“大德”的生态伦理责任，也就是后世中国哲学所经常讨论的“参天地，赞化育”。《礼记·中庸》指出：“能尽人之性，则能尽物之性。能尽物之性，则可以赞天地之化育。可以赞天地之化育，则可以与天地参矣。”所谓“尽物之性”，也就是秉承天地“生生”之德以“赞天地之化育”。而对人来说，只有“赞天地之化育”，才“可以与天地参”。同时，“尽物之性”“赞天地之化育”，也就是“尽人之性”，是其“成性”的重要表现。正如《说卦》所说，“圣人之作《易》”的目的就是指导人类“和顺于道德而理于义，穷理尽性以至于命”。因此，“尽物之性”“赞天地之化育”不仅是完成人对自然生态的责任，而且是成就“人之性”的必然要求。

从现代生态哲学看《周易》的“三才”论，其独特性与当代价值是很突出的。首先，《周易》的“三才”论明显不同于西方传统的“人类中心主义”。根据《韦伯斯特第三次新编国际词典》的解释，“人类中心主义”包括三个方面的含义：第一，人是宇宙的中心；第二，人是一切事物的尺度；第三，根据人类价值和经验解释或认知世界。②《周易》虽然赋予人超越自然万物并与天地并立的崇高地位，但人只是自然生态整体的“三极”之一，并非“宇宙的中心”。同样，人也并非自然万物的尺度。人与天地的最高尺度是天、地、人这一自然整体的“性命之理”，也就是“生生”之道。人类自身的生存和发展不仅不能离开自然整体，而且应该遵循与

---

① 蒙培元：《人与自然——中国哲学生态观》，人民出版社 2004 年版，第 7 页。
② 参见余谋昌、王耀先主编：《环境伦理学》，高等教育出版社 2004 年版，第48 页。

自然万物一体的、相通的"性命之理"，还负有"赞天地之化育"、促进自然万物达到整体和谐的伦理责任。更为重要的是，"人类中心主义"根本不承认人类对自然生态负有伦理责任，而《周易》则视"厚德载物"、"赞天地之化育"、使自然万物"各正性命"为"继善成性"，也就是人性的必然要求。其次，《周易》的"三才"论也不同于现代生态中心主义。"生态中心主义"通过生态平等主义消解人类之于自然的主体地位，使人类成为生态整体的普通成员，视生态整体的存在与和谐为最高的价值，另一方面又倾情呼唤人类对于自然万物的伦理关怀。按照前一方面作逻辑推演，实际上无法要求人对自然应该有伦理关怀，而其后一方面观念其实仍未摆脱内在的"人类中心主义"的影响，在价值取向上是内在矛盾的。《周易》的"三才"论以及《礼记·中庸》的"参天地，赞化育"说将人类提高到与天地并立的地位，固然不是"生态中心主义"，也完全不同于"人类中心主义"。它虽然强调人类超越自然万物的崇高地位，但又赋予人类以"厚德载物"、"赞天地之化育"的伦理责任，从而不会有堕入"人类中心主义"的危险；它虽然追求自然生态的整体和谐，但同时肯定人是促进这自然整体和谐的积极力量，从而能够解决生态整体观与人类自身生存和发展的矛盾。

先秦以来的中国古代文献有着非常丰富的按照自然界四时运动的节律安排农时和提倡自觉保护自然生态的观念，儒家由此发展出"仁民而爱物"（《孟子·尽心上》）、"民胞物与"（张载《西铭》）等观念，《周易》的"继善成性"说可以说已经从生命哲学和人性论高度提出并阐述了这一问题，代表了一种"古典形态的'生态人文主义'精神"。这可以说是《周易》生态哲学最具当代价值的内涵。它不仅可以为解决西方现代生态哲学的理论困境提供一条有益的思路,而且可以为当代生态文明的建设起到积极的定向作用。

四、"保合大和"的生态审美境界

《周易》的生态哲学以"生生之谓易"的生命哲学为根本,以"天人合一"论为核心,在人与自然的关系中既主张"与天地合其德",又强调"参天地""赞化育",其最高境界则是自然生态整体的和谐。《乾·象》云:"乾道变化,各正性命。保合大和,乃利贞"。《周易》以乾坤二卦象天地,天地是自然万物"资始""资生"之"元",乾"统天"(《乾·象》),坤"顺承天"(《坤·象》)。因此,所谓"乾道变化",实即天地"生生"之道的"变化"。天地既赋予自然万物以生命,又养育万物,而且使万物各得其"性",各自生长发育其"性",各得其"性命"之正。这种天地万物"各正性命"、各顺其自然"性命之理"生长发育的整体和谐境界就是"大和"。

从思想史的发展来看,《周易》的"大和"思想有两个来源。首先是西周末期史伯的"和实生物"说。《国语·郑语》载,史伯云:"夫和实生物,同则不继。以他平他谓之和,故能丰长而物归之。若以同裨同,尽乃弃矣。""以同裨同"是同类事物的累积,"以他平他"则意味着事物的多样性统一。《国语》以事物的多样性统一为"和","和实生物"是说只有多样事物的统一才能达到事物生长、繁茂。《周易》的"各正性命"指的正是生态整体中的自然万物各得其天地赋予的"性命",各自发育成长其"性命"。《文言传》云:"利者,义之和也","利物足以和义"。这也体现了"和"的状态是最有利于自然万物生长繁育的"和实生物"思想。

其次则是老子的"冲气以为和"说。《老子·四十二章》:"万物负阴而抱阳,冲气以为和"。三国吴韦昭注《郑语》"和实生物"云:"阴阳和而万物生。"①朱熹释《周易》之"大和"云:"大和,阴阳会合冲和之气也。"②《周易》强调天地之生养万物是"阴阳合德,而刚柔有体"的结果。因此,所谓"大和"即构成自然万物的阴阳二气之融合、调谐的理想状态。要达到这种理想状态,在《周易》看来,最重要的是要经常保持天地阴阳之气的交感。《泰·象》云:"'泰,小往大来。吉,亨',则是天地交而万物通也,上下交而其志同也。"泰卦象征着天地之气的交感,自然万物的生长发育由此而得以亨通、畅遂。与此相反的,则是否卦所象征的"天地不交而万物不通"(《否·象》),天地之气否隔而不相交通,万物也无由生成发育,所谓"天地不交而万物不兴"(《归妹·象》)。在中国美学中,这种自然整体的和谐是最为理想、最高的审美境界。《礼记·乐记》云:"地气上跻,天气下降,阴阳相摩,天地相荡,鼓之以雷霆,奋之以风雨,动之以四时,暖之以日月,而百化兴焉。如此,则乐者天地之和也。"此段文字和观念都明显受到《周易》的影响。《乐记》认为,"乐"是"天地之和"的表现,只有"阴阳相摩,天地相荡",才能使"百化兴焉"。

按照《周易》"生生"之学和"天人合一"论,人不仅要通过自觉、主动地顺应天地之道以达到与自然和谐的境界,而且要"赞天地之化育"以"继善成性",达到自然生态整体的和谐。因此,人在促进自然生态达到"大和"境界中起着关键作用。在《周易》看来,

---

①《国语》,上海师范大学古籍整理所校点,上海古籍出版社 1978 年版,第516 页。

②(宋)朱熹:《周易本义》,廖名春点校,中华书局 2009 年版,第 90 页。

人在发挥这种关键作用之时，也要遵循"中和"原则。《周易》坤卦六五爻辞"黄裳元吉"，坤卦《文言传》释为："君子黄中通理，正位居体，美在其中，而畅于四支，发挥于事业，美之至也。"《周易》崇尚中正之位，中比正更为理想。坤卦六五爻居坤上卦之中位，黄是天地之中色，象征着"君子"所处为天地间的中正之位。所谓"黄中通理，正位居位"，指的是"君子"处位中正，得其"性命之理"。而"发挥于事业"，则意味着"君子"在"通理""正位"的前提下"赞天地之化育"。《礼记·中庸》对这种理想境界有经典表述："中也者，天下之大本也；和也者，天下之达道也。致中和，天地位焉，万物育焉"。从"天人合一"思想发展来看，《中庸》的"致中和"无疑是《周易》"保合大和"思想的发展。

《周易》"保合大和"观所力图达到的生态整体和谐境界是其"生生"之学的生态审美智慧的充分体现，对后世中国美学有非常深刻的影响，其中最具代表性的无疑是《礼记·乐记》的"大乐与天地同和"思想。如前所述，《乐记》认为"乐"是"天地之和"的体现，只有天地阴阳之气"相摩""相荡"才能达到"天地之和"，从而使"百化兴"。在《乐记》看来，"和"是"乐"的本性，最高的艺术审美境界也就是最为和谐的境界，这种境界与天地自然的整体和谐境界是相通的，这就是所谓的"大乐与天地同和"。而这种生态整体和谐的审美境界也是最能够保证生态整体中每一事物"各正性命"，各按其"性命之理"生长繁育的理想状态。《乐记》由此云"和故百物不失"，"和故百物皆化"。《乐记》还认为，以"和"为本性的"乐"也有其"赞天地之化育"之功："夫歌者，直己而陈德也。动己而天地应焉，四时和焉，星辰理焉，万物育焉。"不仅如此，《乐记》还对人以礼乐"参天地""赞化育"所达成的生态整体和谐的审美境界做了极富诗意的描述："是故大人举礼乐，则天地将为昭焉。

天地䜣合，阴阳相得，煦妪覆育万物，然后草木茂，区萌达，羽翼奋，角觡生，蛰虫昭苏，羽者妪伏，毛者孕鬻，胎生者不殰，而卵生者不殈，则乐之道归焉耳。"从这段文字可以明显看出《乐记》的美学思想与《周易》的相关性。"大人举礼乐，则天地将为昭焉"，与《周易·乾·文言》的"圣人作而万物睹"含义相近。《乐记》将生态整体和谐的境界称之为"乐之道"，不仅是其"大乐与天地同和"思想的体现，而且揭示了《周易》"大和"境界的审美意蕴。

第十三章 道 法 自 然

在中国古代儒、道、释三家中,最富有生态存在论意义的就是道家思想。以老子和庄子为代表的道家以"道法自然"思想为核心,以"道"为本体,融通自然与人文,讲求"天人合一",形成了一种特有的东方古典形态的生态存在论思想。其中蕴含着丰富的生态智慧,具有浓厚的生态美学意蕴。

"道法自然"是道家的基本观念,对于道家的生态存在论思想具有全局性的意义。道家以"道"为宇宙的本体,在道的世界中,人类与自然同源共生。道家的"道法自然"就体现了这种"道通为一"的整体生态观。基于"道法自然"的基本观念,道家提出了一系列极具生态意义的思想。道家"道法自然"的生态存在观最终落实于个体以"无己"的修养,成全"天人合一"的生命境界,入于"天地与我并生,而万物与我为一"的生态大美之域。这使得"道法自然"思想具有了独特的生态美学意义。

一、"道法自然"与道家古典生态整体存在智慧

"道法自然"是道家生态存在论智慧的核心命题。"道法自然"出自《老子·二十五章》:"人法地,地法天,天法道,道法自

然。"正如庄子所言,"已而不知其然,谓之道。"(《庄子·齐物论》)"自然"就是自然而然,也就是"道"的自然本性。所以,"道法自然"的意思是说"道"依其自然而然的本性而运作。老子说:"故道大,天大,地大,人亦大。域中有四大,而人居其一焉。"(第二十五章)"天""地""人"构成了世界的整体。"法"是师法、取法的意思。"天""地""人"皆取法于"自然",也就是说,天地万物皆以道为本体依据,"道"也就是世界的本体。"道法自然"归根到底是人法"自然"。"自然"是道的本性,取法于道的本性也就是取法于"道"本身,所以,"道法自然"思想的实质也就是人要师法、体顺以"自然而然"为基本运作形态的本体之"道"。

基于对"道"运作方式的把握,道家提出了一种以道为本体的气化整体生态观思想。所谓"道通为一""通天下一气耳"(《庄子·知北游》),"气"是"道"运化万物的中介。"气变而有形,形变而有生。"(《庄子·至乐》)万物无不是道的气化生成,无不是本体之道于现象界的显现。"人之生,气之聚也。聚则为生,散则为死。"(《庄子·知北游》)"气"和而物生,人作为万物中的一员,也是气聚而生,与他物无别。

由这种道本体的整体存在观,道家发展出一种"万物齐一"论思想。现象界诸物虽各有不同,但皆具其内在统一的道性,正所谓"自其异者视之,肝胆楚越也;自其同者视之,万物皆一也"(《庄子·德充符》)。在道的境域中,万物相通,一而不二,是"天地一指也,万物一马也"(《庄子·齐物论》)。"其分也,成也;其成也,毁也。凡物无成与毁,复通为一。"(《庄子·齐物论》)万物的成毁变灭也都是现象界表相的不同,一切无不是道自然运作的显现。

"一"体现了道的本体性。道家对"一"的守持就充分体现了对本体之道的把握。这同时也是落实"道法自然"思想的根本保障。老子说："昔之得一者：天得一以清，地得一以宁，神得一以灵，谷得一以盈，万物得一以生，侯王得一以为天下贞。"（《老子·三十九章》）"圣人抱一为天下式。"（《老子·二十二章》）得"一"就是入于道的境域之中。"道"是自然而然，入于道的境界是回归生命本然的通透自在。这是人生落实"道法自然"思想的根本途径。

在道家的视域中，天地万物相因相续，周流不息，是一个充满生机的生态整体。《庄子》中有言："万物皆种也，以不同形相禅（传接），始卒若环，莫得其伦，是谓天均。天均者，天倪也。"（《庄子·寓言》）世间万物的相因相续，相生相成，促成了天地万物"相禅若环"的不息周流。这种天地万化一体周流的宇宙全体生态观，体现出了道家"通天下一气"的气化整体生态智慧。

在道的世界中，自然和人文作为同源共生的整体而存在。人所栖存的场域，道家称之为"天地"。"天""地"自道而生，皆禀有道的运化之理。"道"于天地之中贯通自然和人文世界，而被称为"天道"。"夫道，于大不终，于小不遗，故万物备。"（《庄子·天道》）人类与自然万物同根共本，共同栖存于天地之间，存在于以道为"本根"（《庄子·知北游》）的世界。在自然界中，"道"的运作如其本然地呈现；而在人类社会中，"道"的运作却常常为人的私欲、僵化、执着所障碍而不能显明。人类社会的良性运转不能脱离天道，个体生命的存续也需要在对天道的体悟和践行中得以成全。依于"天道"，生命个体才能全其天命，人文世界才能涌现生机，生态整体才能健康存续。因此，人类需要于自然界运转之"常"中领悟天道，从而化人文以合天然。道家就多于自然世界中体悟天道常理，比如，老子说的"上善若水"（《老子·八章》）、"飘风不终朝，骤雨不终日"（《老子·二十三章》），都是从人生视角对自然生生之道的体悟。庄子论著中也有很多寓言，比如"鹤长凫短"(《庄子·骈拇》)、"相濡以沫,不若相忘于江湖"(《庄子·大宗师》)等都是受之于自然界的启发。人类社会与自然生态同样源道而生,依道而行,从根本上来说是不可分的。人类社会不可能脱离"天道"而独立。所以,老庄的思考虽然落脚于人生,却于自然处取道良多,呈现出丰富的生态智慧,比如,"顺物自然""知足知止"等理论的提出都或多或少受到了自然界运作方式的启发。这体现出"道"在人类社会和自然界的统一性。

　　道家"道法自然"的生态存在论思想落实于人生,就体现在生命于本源处的自在通透。于外无所执着,"顺物自然"(《庄子·应帝王》)、"以和为量"(《庄子·知北游》),依于道而安居于世;于内"徇耳目内通而外于心知"(《庄子·人世间》),"致虚极,守静笃"(《老子·十六章》),回归清明的本性之心和自然本然的生命状态,使生命体入道的"内外不二""物我一如"的本然之域,复归于无所限隔的大道之朴。

二、"道法自然"视野中人与
自然相和的在世方式

　　道家生态审美智慧中具有一种"和"的生态之美的理想,这是"道法自然"思想的题中之义。道家的"顺物自然"思想、"以和为量"的生命态度和"此予宅也"的生态安居意识,都是"和"的理想之展开,呈现出"道法自然"视野中人的在世方式。

1. 顺物自然

　　基于"道法自然"的观念,道家提出了"顺物自然"的思想,这一思想极富生态存在论价值。"夫水之于汋也,无为而才自然矣"

（《庄子·田子方》）。"道"的运作就像水的涌流一般自然而然。"汝游心于淡，合气于漠，顺物自然而无容私焉，而天下治矣。"（《庄子·应帝王》）"顺物自然"就是体顺物的自然之性。这一思想要求人们不能以私意来束缚事物的自然本性，不能主宰于物。这反映出道家"无为"的生态存在论智慧。

"顺物自然"思想体现了道家"道法自然"观念所蕴含的"尊道贵德"的天道情怀。老子说："道生之，德畜之，物形之，势成之。是以万物莫不尊道而贵德。"（《老子·五十一章》）老子的尚"慈"（《老子·六十七章》），庄子所说"兼怀万物"（《秋水》）等，都是道家天道情怀的体现。万物作为"存在者"，其背后不在场的"存在"就是"道"。万物的生发皆是道的显现，使万物皆具道性。对万物自然之性的维护，就体现了道家"尊道贵德"的天道情怀。

"顺物自然"思想是对生态整体秩序所呈现出的生态之美的维护。在道家有机联系的整体生态观中，万物各具其"性分"，共同构成了生态的整体秩序。所谓"天性所受，各有本分"①，万物自其化生，"各有仪则"（《庄子·天地》），各具其所独有的"性分"。能"顺物自然"，尊重万物的"仪则"，也就是对万物"性命之情"（《庄子·骈拇》）的安顿。正所谓"物固有所然，物固有所可，无物不然，无物不可。"（《庄子·齐物论》）万物的"性分"与生俱来，是无可移易的，正如《庄子》中所说："梁丽可以冲城，而不可以窒穴，言殊器也；骐骥骅骝，一日而驰千里，捕鼠不如狸狌，言殊技也；鸱鸺夜撮蚤，察毫末，昼出瞋目而不见丘山，言殊性也。"（《庄子·秋水》）"天地固有常矣，日月固有明矣，星辰固有列矣，禽兽固有群

---

① （晋）郭象：《庄子注》，郭庆藩《庄子集释》，王孝鱼点校，中华书局 2013 年版，第 120 页。

矣,树木固有立矣。"(《庄子·天道》)这种种无可置换、复杂多样的物性,构成了世间天地万物存在的自然秩序。这种种各具"仪则"之物的共生共存就构成了一个丰富多彩的充满生机的生态整体。这使得世界充满了生态之美。道家以"顺物自然"的思想维护物的自然存在,也就保全了物的特性,维护了生态的整体秩序。

不同于"顺物自然"思想,人类中心观点是对"道"的无视和对生态整体秩序的破坏,是对"道法自然"观念的背离。世间万物本无贵贱之分,在道的视域之中都是平等的。正如庄子所说,"以道观之,物无贵贱;以物观之,自贵而相贱;以俗观之,贵贱不在己。"(《庄子·秋水》)从存在论的层面看,"合者不为骈,而枝者不为跂;长者不为有余,短者不为不足。"(《庄子·骈拇》)万物自然而然的存在,皆是道的显现。然而,"以物观之","以俗观之",物就出现了高低贵贱之分。这是因为此两种观物方式都偏离了物的自然本性,或以有私之我,或以固蔽之俗,与物相对待,这同时也就背离了万物生发所依恃的道的"本根"(《庄子·知北游》)。以这样的态度,无论待物或是待己,都会造成如"凫胫虽短,续之则忧;鹤胫虽长,断之则悲"(《庄子·骈拇》)一类"残生伤性"的后果。人类中心论就是这样一种"以物""以俗"的待物态度。"牛马四足,是谓天;络马首,穿牛鼻,是谓人。"(《庄子·秋水》)这就是古代道家所描述的人类中心论所造成的悲剧。在这一观念引导下,物的自然存在就难以得到保障,生态整体秩序就会受到破坏。

人类并没有宰制万物的权力。《庄子》载,有栎社树"其大蔽数千牛,絜之百围,其高临山,十仞而后有枝,其可以舟者旁十数。观者如市,匠伯不顾,遂行不辍。"众人钦仰树的"大""高",所赞叹的是树的内在自然性如其所是的呈现。而在匠伯看来,栎社树是"散木也。以为舟则沈,以为棺椁则速腐,以为器则速毁,以为门户则液樠,以为柱则蠹。是不材之木也,无所可用。"(《庄子·人世间》)作为匠伯,有自己的职业惯性是可以理解的,但问题是他蒙蔽于自己的职业惯性而缺少一种"万物齐一"的视角,全然功利的态度使其丧失了一种具有生命温度的天道情怀。唯以功利眼光来审视万物,就难免会陷入人类中心论的泥潭。栎社树之神批评匠伯,"且也若与予也皆物也,奈何哉其相物也?"(《庄子·人世间》)人类也是万物中的一种,与物同源于道,共生于世,虽有所需取,但绝无宰制万物的权力。所以,庄子说:"物而不物,故能物物。"(《庄子·知北游》)只有不以僵化的物我对待之心而以"顺物自然"的态度与万物相处,万物才能各得其所,依其"性分"成其所是。万物各依其自然本性而存在,于天地之间相和共生,就是所谓的"万物复情"(《庄子·天地》),这也就保全了生态自然的有机性和完整性。

2. 以和为量

"和"既是万物化育的必备条件,也是"道"基本的运作状态,呈现出了生态审美智慧的内在意蕴。"至阴肃肃,至阳赫赫;肃肃出乎天,赫赫发乎地。两者交通成和而物生焉,或为之纪而莫见其形。"(《庄子·田子方》)阴阳"交通成和"(《庄子·田子方》),是万物所由生的方式。所谓"(身)是天地之委形也;生非汝有,是天地之委和也;性命非汝有,是天地之委顺也。"(《庄子·知北游》)人的生命也是成之于天地之"委和""委顺",可见"和"对于生命而言具有关键意义。老子常以婴儿喻道。婴儿浑朴天然,无所与杂,纯素天和,蕴满生机,是"和之至也"(《老子·五十五章》)。婴儿的状态就是道的自然状态。《庄子·缮性》篇说:"当是时也,阴阳和静,鬼神不扰,四时得节,万物不伤,群生不夭,人虽有知,无所用之。此之谓至一。当是时也，莫之为而常自然。"依于道的自然运转，世界的面貌也是安然和静，无扰无伤的，充满了生态之美。所谓"万物负阴而抱阳，冲气以为和"（《老子·四十二章》），"和"就是道的基本运作状态。

"和"是"道法自然"思想对于"德"的内在要求。正如《庄子》中所说，"夫德，和也"（《庄子·缮性》），"德者，成和之修也"（《庄子·德充符》）。"德"与"和"具有内在一致性，都是"道法自然"思想的体现。"真人""抱德炀和以顺天下"（《庄子·徐无鬼》）。"和"乃人的本真之性所自然具有的生命态度。"与物穷者，物入焉；与物且者，其身之不能容，焉能容人！不能容人者无亲，无亲者尽人。"（《庄子·庚桑楚》）"与物穷"是和物顺应相终始，也就是与物之天性相合。"与物且"则是和外物龃龉。不能和者"尽人"，可见，脱离了"和"的境域，生命就会落入可悲的境地。"圣人……其于物也，与之为娱矣；其于人也，乐物之通而保己焉。故或不言而饮人以和，与人并立而使人化，父子之宜。"（《庄子·则阳》）有德者与万物相悦，"乐物之通"，待人如温煦之和风，让接近他的人无不受到感化，这就是一种"和天"的精神风貌。"夫明白于天地之德者，此之谓大本大宗，与天和者也。……与天和者，谓之天乐。"（《庄子·天道》）"和"是生命入于本源之域，进入了畅然无蔽的通透之境。

"以和为量"的生命态度是以"顺物自然"为基础的，不提倡刻意营求。道家之"和"是自然而然的，发之于本性之心的生机显现。所谓"一上一下，以和为量，浮游乎万物之祖。"（《庄子·知北游》）刻意为和是"以己养养鸟"之类违背物之天性、伤物害道的造作，是不明于道的表现，也就无所谓"浮游乎万物之祖"了。由此，体道而"不缘道"（《齐物论》），知和而不刻意求和，这也是道家的通明之处。

3."此予宅也"

道家把世界看作人可安然依存、诗意栖居的家园，而不是对立性的客观对象。《庄子·则阳》篇载，"王果曰：'我不若公阅休。'彭阳曰：'公阅休奚为者邪？'曰：'冬则擉（戳取）鳖于江，夏则休乎山樊。有过而问者，曰：'此予宅也。'""此予宅也"体现出道家对于此在与世界关系的理解。人生于天地之间而栖居于此，依于天地之道而于世安居。"此予宅也"所体现出的生态安居意识为道家"道法自然"的生态存在论思想做出了明确的注脚。

庄子的逍遥之乐也体现出一种诗意的栖居于世界之中的安居态度。对于惠子认为是"无所可用"的大瓠，庄子说："今子有五石之瓠，何不虑以为大樽而浮乎江湖。"对于"大本臃肿而不中绳墨，其小枝卷曲而不中规矩"的无所可用的樗树，庄子快然道："今子有大树，患其无用，何不树之于无何有之乡，广莫之野，彷徨乎无为其侧，逍遥乎寝卧其下。"（《庄子·逍遥游》）在《列御寇》篇，庄子甚至于将死之时对弟子说："吾以天地为棺椁，以日月为连璧，星辰为珠玑，万物为赍送。吾葬具岂不备邪？何以加此！"这些无不显现出一种于世安居的逍遥之乐，一种旷达而诗意的生活态度。

人于宇宙中的栖居，是符合人的天性的生态的安居。所谓"胞有重阆，心有天游。……大林丘山之善于人也，亦神者不胜。"（《庄子·外物》）自然生态对人的身心大有神益，对人的心神的安适和滋养，是无可比拟的。人也本然地需要回归一种生态的自然的存在方式，需要在于生态自然的自在游憩之中，与天地相融为一，使生命回归于"同于大通"的本然状态。舜以天下让于隐者善卷,善卷说:"余立于宇宙之中,冬日衣皮毛,夏日衣葛绨。春耕种,形足以劳动;秋收敛,身足以休食。日出而作,日入而息,逍遥于天地之间,而心意自得。吾何以天下为哉!"(《庄子·让王》)隐士的生活与天地相合,与四时同节,怡然自足,呈现出一种逍遥自得的生命状态。这样的生活无疑是一种生态的安居,一种人与自然和合为一的"诗意地栖居"。栖居之乐,乐而不能离。

道是天地万物的本源和归宿。生命安居于道的世界,体现出道家的生态安居之美。道作为万物之本体,乃"万物之所系,而一化之所待"(《庄子·大宗师》)。"夫大块载我以形,劳我以生,佚我以老,息我以死。故善吾生者,乃所以善吾死也。"(《庄子·大宗师》)在以道为"真宰"的天地之间,仿佛没有什么可以忧虑了。"若夫藏天下于天下而不得所遁,是恒物之大情也。……故圣人将游于物之所不得遁而皆存。"(《庄子·大宗师》)心安居于"道",生命便可以得到彻底的安顿,可谓"纵浪大化中,不喜亦不惧"(陶渊明《形影神·神释》)。这呈现出一种依于本源而安居于天地之间的道家的生态安居之美。

道家的家园理想体现了其生态安居意识。老子首先提出了"小国寡民"的思想。"小国寡民,使有什伯之器而不用;使民重死而不远徙。虽有舟舆,无所乘之;虽有甲兵,无所陈之。使民复结绳而用之。甘其食,美其服,安其居,乐其俗。邻国相望,鸡犬之声相闻,民至老死,不相往来。"(《老子·八十章》)老子的言说是针对当时战乱频仍、民不聊生的社会现实而提出的,追求一种民众素朴无为,生活内敛,不事纷争而各自安居乐道的人文生态图景。这一具有理想化色彩的生活图景,就是老子生态存在智慧的写照。庄子则描绘了一幅具有原生态意味的

"至德之世"的家园景象,反映出一种人与自然交融为一的生态安居理想。"吾意善治天下者不然。彼民有常性,织而衣,耕而食,是谓同德;一而不党,命曰天放。""天放"就是一种顺应道的自然性而存在的生命状态。"故至德之世,其行填填,其视颠颠。当是时也,山无蹊隧,泽无舟梁;万物群生,连属其乡;禽兽成群,草木遂长。是故禽兽可系羁而游,鸟鹊之巢可攀援而窥。""夫至德之世,同与禽兽居,族与万物并。恶乎知君子小人哉!同乎无知,其德不离;同乎无欲,是谓素朴。素朴而民性得矣。"(《庄子·马蹄》)那种素朴无我的"民如野鹿""同与禽兽居,族与万物并"的"至德之世"的家园理想,体现出了庄子"无知""无欲"地游乎自然的生命理想和与自然万物同体共生,相与共存的"人与万物齐一"的愿望。在这个大同图景中,人文与自然浑然无际。这一理想的世界就是一个完全合乎天道自然的纯然生态的世界,一片浑然天成的自在之域。"至德之世"的描述,诗意地体现出了道家东方古典形态的生态存在论理想,具有深厚的生态审美智慧。

三、"道法自然"对"至人无己"
自身修养的必然要求

"道法自然"的生态存在论智慧落实于人生,首先表现在"知止尚俭"和"法天贵真"的生命觉悟上,进而从根本上落实于"无己"的修养。道家"无己"的修养论,以"心斋""坐忘"为代表,倡导一种"止"而后观的修养方式,是对现象界之物与知见的"悬隔",可以说是一种古典形态的现象学。

1. 知止尚俭、法天贵真

在现实生活中,人们常会陷入某种贪欲和世俗的牵绊中难以自拔,这不符合"道法自然"的精神。对此,道家劝导人们化却执着贪念,解脱现象界的种种羁绊,以澄明本心。这是实现道家生态存在论思想的保证。道家对于欲求和世俗的超越分别产生了"知止尚俭"和"法天贵真"这样具有生态存在论意义的思想。

人陷入贪欲之中便背离了"道法自然"的精神,世人观物,往往不能于物中见道,而是执着于物,为其所缚。《庄子·盗跖》篇中说:"目欲视色,耳欲听声,口欲察味,志气欲盈。"《庄子·天运》篇中说:"以富为是者,不能让禄;以显为是者,不能让名;亲权者,不能与人柄。"不论贪图耳目口腹之欲,还是追逐世俗名利,都是执着于外境而为物所役,意味着人可能会变成为欲念和执见所役使的工具。人如果落入这样的境地,便是"非通道者""天之戮民",就无所谓"道法自然"。陷于贪欲之中,人就会向外境无穷地索取。如果人类无止境地求索于自然,无视生态的健康存续,就会导致严重的生态破坏。这正是生态问题出现的根本原因。

"知止尚俭"的生活态度是对人类过度欲求的化解,是道家非常重要的具有生态意义的理念。人居于世,如"鹪鹩巢于深林,不过一枝;偃鼠饮河,不过满腹"(《庄子·逍遥游》)。人的欲求如果超出了真实的需要,也就违背了"道法自然"的精神。所以,老子说:"五色令人目盲;五音令人耳聋;五味令人口爽;驰骋畋猎,令人心发狂;难得之货,令人行妨。是以圣人为腹不为目,故去彼取此。"(《老子·十二章》)就是说,人不能"火驰"于现象界之"有",要"见素抱朴,少思寡欲"(《老子·十九章》)。正是基于这样的生命觉悟,道家提倡"知止尚俭"的生活态度,提出"甚爱必大费,多藏必厚亡。故知足不辱,知止不殆,可以长久"(《老子·四十四章》)的思想;奉守"俭"的原则(《老子·四十七章》);以"啬"为"长生久视之道"(《老子·五十九章》);要求"去甚,去奢,去泰"(《老子·二十九章》)。这些都蕴含着对合于道的素朴的"知止尚俭"的生活方式的认同,从根本上化解了人类向生态自然无限索取的心理因素。可见,"知止尚俭"是一种健康合理的生活态度,也是一种对于生态保护而言具有重要现实意义的生命智慧。

"法天贵真"思想是"道法自然"的必然要求,也是"知止尚俭"观念所能落实的精神保障。这一理念的提出反映了解除世俗遮蔽以澄明本心的需要。《庄子·渔父》篇中说:"真者,所以受于天也,自然不可易也。故圣人法天贵真,不拘于俗。""真"具有本体属性,是天道自然的本然状态。"愚人""禄禄而受变于俗",是失性于世俗好尚的表现,所以圣人贵真而不为俗所拘。《庄子·缮性》篇认为,"附之以文,益之以博"是"兴治化之流……去性而从于心"的后果。然而,"文灭质,博溺心",对"文""博"的崇尚会使得民众更加远离性情的本真。对本来发乎天性的礼乐加以框制,也会导致同样的后果。由此,道家认为用世俗的学问(出于人为造作的"文""博"和"礼乐"之类)来修制本性,于世俗观念的纷驰中调制欲念,以求澄明本心是不可能的。所谓"趣舍滑心,使性飞扬"(《庄子·天地》),世俗之心蒙蔽本真,道心就不能显发。人如果没有清醒的判断,而人云亦云、随波逐流,就会迷失本性,成为"道谀之人"(《庄子·天地》)。在道家看来,像这样"丧己于物,失性于俗"的人都是"倒置之民"(《庄子·缮性》)。所以,道家提出了"法天贵真"的思想。《庄子·秋水》篇中说:"无以人灭天,无以故灭命,无以得殉名。谨守而勿失,是谓反其真。"要反归本真,就不能以人的欲念、知见泯灭天道,不能以不符合本心的着意造作损伤性命,不能因利益的得失追逐于世俗之名而迷失本性。

"法天贵真"是富有生态存在论意蕴的道家思想。道家有对"独志"的倡导,"独志"体现出了"法天贵真,不拘于俗"的精神。"大圣之治天下也,摇荡民心,使之成教易俗,举灭其贼心而皆进其独志。若性之自为,而民不知其所由然。……欲同乎德而心居矣。"(《庄子·天地》)对于民之"性""同德",《庄子·马蹄》篇说"彼民有常性,织而衣,耕而食,是谓同德。"对于"志",《庄子·缮性》篇说:"乐全之谓得志","古之所谓得志者,非轩冕之谓也,谓其无以益其乐而已矣。"正所谓"与天和者,谓之天乐"(《庄子·天道》),养民之"独志",也就是解除对民心的束缚,使民不起偏私之念,依其天性之本然,安居于天地之间,与天合德,入于完然自得,不随外境迁灭的天乐之境。这体现了"法天贵真"思想的生态存在论意蕴。

"无己"的修养是道家"法天贵真"观念的落脚点。世俗之人蔽其明于现象界之"有",所以难以理解体道之人。正所谓"吾以无为诚乐矣,又俗之所大苦也。"(《庄子·至乐》)因此,面对世俗对人心的缠缚,要有一种"游于世而不僻,顺人而不失己。彼教不学,承意不彼"(《庄子·外物》)的生命智慧。所谓"人莫鉴于流水而鉴于止水"(《庄子·德充符》),只有生命体入虚明无我的状态,也就是"无己"的状态,才能显发出这样的生命智慧。有了这样的生命智慧,才能够与世推移,无所于逆,"接而生时于心"(《庄子·德充符》),知行知止而应物无伤。因此,"无己"的修养是"法天贵真"观念的必然指向。

2."无己"之修养

"无己"的修养是道家"道法自然"的生态存在观的根本落实。

道家倡导"道法自然"，这就引出一个现实的问题："庸讵知吾所谓天之非人乎？所谓人之非天乎？"（《庄子·大宗师》）虽然《庄子·田子方》篇有所谓"不修而物不能离"的圣人，但这是一种对道家人格理想的表达。现实生活中，人心往往处于某种蔽而不明的状态，怎么能知道自己的所思所为是顺应自然，合乎天道的，还是出于俗心的偏执呢？庄子给出的答案是："有真人而后有真知。"（《庄子·大宗师》）在庄子看来，"真人""不以心捐道，不以人助天"，"与物有宜而莫知其极"，是"能登假于道者"（《庄子·大宗师》）。"真人"虚己以游世，无利害之思，于道境优游，其核心品质是虚己、无心，也就是庄子说的"至人无己"（《庄子·逍遥游》）。由此看来，道家认为要真正做到"道法自然"，就要澄明一心，入于"无己"的本然通透之境。正如《庄子·天地》篇所言，"忘乎物，忘乎天，其名为忘己。忘己之人，是之谓入于天。"能"无己"，才是对"道法自然"的生态存在观的根本落实。

"无己"绝不是真的混混沌沌、无知无觉。"无己"是得"一"的境界，是于本源处的自在通透。道是万物所由生的本源，入于道的境界就是回归生命的本源之域。"无己"的实现过程，是恢复生命真性的过程。正如《庄子·天运》所说，"苟得于道，无自而不可。"所以，梓庆"齐以静心"后所造之"鐻"（似夹钟的乐器）能让见者"惊犹鬼神"；庖丁"不以目视""官知止"，而解牛能"如土委地"（《庄子·养生主》）。这都是生命入于"无己"的境界所自然而然显现出来的灵心妙用。

道家认为，"无己"的修养是体道的必经之途，其效果不是知识的学习所能达到的。"道"是存在者背后的"存在"，不能诉诸认识论的范畴，所以说"道，物之极，言默不足以载。非言非默，议有所极。"（《庄子·则阳》）"视之无形，听之无声，于人之论者，谓之冥冥,所以论道而非道也。"(《庄子·知北游》)所以,轮扁说桓公所读之书是古人糟粕。虽然这样的观点近乎极端,但也从侧面说明道的境界只能以切身的体悟来感知。由此,道家提出了以"心斋""坐忘"为代表的一系列澄明心性的方式。

庄子说:"若一志,无听之以耳而听之以心,无听之以心而听之以气。"(《庄子·人世间》)也就是说,要以清明的觉知于本源处相通达,而不能蒙蔽于耳目之见闻。"气也者,虚而待物者也。唯道集虚。虚者,心斋也。"(《庄子·人世间》)"心斋"就是"虚",是荡涤胸淬,澄明一心的"虚己"的修养。"虚"和"道"由"气"的概念一体贯通,显示出体道的修养中"虚己"的必要性。"仲尼曰:斋,吾将语若。有心而为之,其易邪?易之者,皞天不宜。"(《庄子·人世间》)"心斋"的修养,唯需"无心"为之,无心而得是得益于本性之心,所无之心是蒙蔽本心的偏执。

至于如何"虚己",庄子在《大宗师》篇又以"坐忘"之说做了更具体的说明。"堕肢体,黜聪明,离形去知,同于大通。此谓坐忘。"(《大宗师》)"堕肢体""离形",说的是使本心解蔽于由形体引发的执著。"眼耳鼻舌身意"对于内外的执着都会造成心念的纷驰,导致生命的不自由。这在现代社会表现得特别明显。对形体的去蔽,同时也就是对物欲的消解,是解除好恶情执而反归性天本真的通透,这是"无己"的基本条件。"黜聪明""去知",是从人的意念和知见上说的。要觉知意念的造作、知见的偏执,以虚己而"听之以气"的体物方式来化解于物对待的心机智巧,化却俗思、成见对本心的遮蔽,反归道心的圆满光明。"坐忘"所显发的生命状态,是"同则无好也,化则无常也"(《庄子·大宗师》)。经过"坐忘"的修养,忘物忘我,同于大通,就不会存在好恶之心;形神俱化,便不会起偏执之念。化却好恶执着,复归大同,入于道境通明之域才是道家所说的"无己"。

四、"道法自然"所指向的"天人
合一"的全美之境

"天人合一"是"道法自然"思想所指向的生态全美之境,体现出道家的生态审美智慧。在"天人合一"境界中的人,"与物无际"(《庄子·知北游》),"万物与我为一"(《庄子·齐物论》)。此境界中所显现出的美,即为生态全体之大美。这种道境中的美,是超越了对物的审美判别的全生态的无言之大美。

1. 物我一如

道家"道法自然"的思想是一种"天人合一"的东方存在论思想。"天人合一"之美是一种存在论的境界之美。"物我一如"就是"天人合一"之美的体现。"物我一如"是道家生态审美智慧的重要命题,体现了人与自然同本共源,皆具内在道性,在本源之域不可分际,一体存在的观点。这在庄子对生命境界的描述中多有体现。

在道的视域中,物我相通,合而不离,具有内在一致性。道家论理想人格,多包含着对物我关系的表达。在对"神人"生命境界的描述中,"上神乘光""(神人)乘云气,御飞龙,而游乎四海之外"(《庄子·逍遥游》)。"神人"于物,是使"万物复情"(《庄子·天地》),"使物不疵疠而年谷熟"(《庄子·逍遥游》)。这都体现出一种虽游于天地而与万物不离的生态情怀之美。所谓"淡然无极而众美从之"(《庄子·刻意》),"至人之于德也,不修而物不能离焉。"(《庄子·田子方》)能自然无为,回归性天本具之"德",则万

物自然亲附而不肯离去。可以说,在道的视域中,人与物具有一种通透的,无分限的内在一致性。

在"天人合一"的生态之美的生命体验中,物我是一体不二的。《庄子·秋水》篇载,庄子观鱼曰:"鲦鱼出游从容,是鱼之乐也。"其中包含着一种天人和合的天乐情怀。惠子却说:"子非鱼,安知鱼之乐?"惠子是以主客判然,人与物不可融通的认知态度来看待这个世界的。由此,精神远离了本体之道而不能与物相和合。庄子的精神世界此时已然入于道境的自由之域,恍惚间忘却物我之际,一化而为鱼,逍遥游弋于天地宇宙之间了。

在道的境域之中,我与万物,以至于整个世界都化入了"道"的一体亘流。"其生也天行,其死也物化";在道的境域中,人超越了死生的牵绊而游心于天地之间,与万物冥合,进入了"旁礴万物以为一"(《庄子·逍遥游》)的生命境界。正所谓"天地与我并生,而万物与我为一。"(《庄子·齐物论》)在这样的生命境界之中,其生命状态是"静而与阴同德,动而与阳同波"(《庄子·天道》)。无所谓物,无所谓我,我与万物激荡,与天地同体流转。此时,不唯物我合一,人与整个世界都处于同体周流之中,一切都化入了大道之永恒流转。

2. 大美不言

"大美不言"是"道法自然"思想所指向的生态全美的境界,是生态全体于"天人合一"的境界中所呈现出的永恒之大美。

道家所说的无言之大美不同于现象界的审美。在道家看来,对于现象界诸物而言,美丑具有不确定性。好恶是相对的,也没有放之天下而皆准的美的标准。正所谓"毛嫱丽姬,人之所美也。鱼见之深入,鸟见之高飞,麋鹿见之决骤。四者孰知天下之正色哉？"（《庄子·齐物论》）现象界美丑的判断标准随万物之"仪则"
而各有不同。人类也是如此，对于现象界诸物的美丑判别和是非
分辨往往"随其成心而师之"（《庄子·齐物论》）。师于"成心"而
不能反归本心，就会造成对性天本明的遮蔽。"以道观之"，万物
都是道的显现，是无所谓美丑的。所以，老子说"天下皆知美之为
美，斯恶已；皆知善之为善，斯不善已。故有无相生，难易相成，长
短相形，高下相倾，音声相和，前后相随。"（《老子·二章》）世俗对
美与丑、善与恶的判断，多由"成心"分辨而起。如果一味随其"成
心"，追逐于物的表相，而不能体会事物背后的本体之道，师其迹
而不能于本性之心，明了其性天之真，如"东施效颦"一般"彼知颦
美而不知颦之所以美"（《庄子·天运》），就难保美善不向其对立
面转化。更何况"是其所美者为神奇，其所恶者为臭腐。臭腐复
化为神奇，神奇复化为臭腐"（《庄子·知北游》）。世间万物成毁
变灭，现象界之美本不具有永恒性，所以，道家有所谓"厉与西
施……道通为一"（《庄子·齐物论》），认为应超越对现象界诸物
美丑好恶的执着，回归现象与本体一体不二的大美之域。"天地
有大美而不言，四时有明法而不议，万物有成理而不说。圣人者，
原天地之美而达万物之理。是故至人无为，大圣不作，观于天地
之谓也。"（《庄子·知北游》）天地之大美，是超越世俗美丑判断而
在"天人合一"境界中所感受到的天地之间一种生生不息的无言
之美，一种道的境域中的生态全体之大美。

　　在道的境域中，一切皆美，或者说无所谓丑无所谓美。人人
于"无己"的通透之境，其性天的光明自然就会呈现出来。在明澈
心光的映照之下，一切物都显发出其内在道性的本真，世界也将
呈现出"道通为一"的本来面目。正所谓"宇泰定者，发乎天光。
发乎天光者，人见其人，物见其物。"（《庄子·庚桑楚》）这时的生

命体验是无内无外，物我为一的，一切都是道之光明的显现。如此，人便复归于无所不通、全然明朗的本真之域了。于此境域之中，体道者游心于"物之初"，了然宇宙万物一体无分限的真实面目。这就是由生命内在的道性所能通达的大美不言之域。这样的大美境界才是道家"道法自然"思想所指向的生态全美的境界。

正所谓"执古之道，以御今之有，以知古始，是谓道纪。"（《老子·十四章》）判断我们的观念、行为是否符合生态存在论思想，以及判断解决生态问题的策略恰当与否，都需要一种长远的，超越当下的智慧观照。道家"道法自然"的生态存在论思想就给我们提供了这样一个超越的纬度。虽然时代已经发生了巨大的变革，道家智慧依然闪耀着不灭的光芒。20世纪以来，道家思想对西方以海德格尔为代表的现代存在论美学和深层生态哲学都产生了深刻的影响，其"道法自然"思想对于后现代思想的建构而言依然具有重要的意义。

道家留给了我们丰富的"道法自然"的生态存在论智慧。其"道法自然"的生态原则，以道为本体的气化整体生态观，"顺物自然"的生命态度，"以和为量"的生态情怀，依于本源而居的生态家园意识，"知止尚俭"的生活态度，"法天贵真"的精神品格，"无己"的心性修养智慧，"物我一如""大美不言"的美学境界论，都是以老庄为代表的道家所留下的一笔宝贵的精神财富。虽然先秦时期尚不存在生态问题，但道家却于"道法自然"观的展开中自然而然地维护了生态的存续，这正是道家智慧"无为而无不为"的妙处之所在。

我们的时代与先秦时期已经产生了很大的不同，当代有当代的生态使命。面对古代经典，我们应当把握其精神实质，为我所用。正所谓"得鱼忘筌"，我们也要有一种不死于句下的"化古为今"的态度。当今时代,生态问题已经到了极其严重的程度,就如庄子寓言中那个车辙中的鲋鱼,亟须回归拯救生命的水源。面对当前的生态现状,我们亟须做的是从人与自然所共同遭受的苦难中回过头来,从一种天人对立的不合于"道法自然"思想的观念中解放出来,从工具理性的认识论转向生态存在论,以生态的视角来体观人与世界的统一性。如果我们都能珍视这样的生命智慧并合理地践行,就一定会出现这样一个契机,使我们得以逐步进入生态全美的世界。

第十四章　气韵生动

　　"气韵生动"是南朝的谢赫在《古画品录》中提出来的。他对前人的绘画实践进行了总结,认为绘画有"六法":"六法者何?一气韵生动是也,二骨法用笔是也,三应物象形是也,四随类赋彩是也,五经营位置是也,六传移模写是也。"这是中国绘画理论史上第一个相对完备的绘画理论体系,后人对"六法"的理解与解释虽然多有分歧,但都认为在六法之中"气韵生动"是核心,其他五法都是为表现气韵生动服务的。谢赫时代的绘画主要是人物画,六法主要针对人物画提出。后来,气韵生动进入山水画等领域,成为中国艺术理论的核心范畴,产生了广泛而深刻的影响。宋代艺术理论家郭若虚《图画见闻志》说:"六法精论,万古不移。"宋代画论家邓椿《画继》也认为"画法以气韵生动为第一"①。宗白华先生《美学散步》也指出:"气韵生动,这是绘画创作追求的最高目标,最高的境界,也是绘画批评的主要标准。"②

　　气韵生动作为中国艺术理论的核心范畴,表征着中国艺术的独特精神气质,是中国美学对全人类艺术思想的独特贡献,可以

① 王伯敏、任道斌主编:《画学集成·六朝—元》,河北美术出版社 2002 年版,第 667 页。
② 宗白华:《美学散步》,上海人民出版社 1981 年版,第 51 页。

说,不了解气韵生动,就不能进入中国艺术世界的大门。但是,从更为广泛的文化思想背景来看,气韵生动绝对不只是一个艺术理论问题,也不仅仅是一个美学范畴。它其实是中国文化精神在艺术理论领域的具体表现,它建立在中国文化"天人合一"的思想基础之上,表现着中国人的世界观、自然观、人生观、真理观、伦理观、审美观、价值观等,具有十分丰富而深刻的理论价值与解释学意义。

在现代思想背景下,气韵生动这一古老的艺术范畴依然具有强大的生命力,特别是当现代生态问题日益严重、生态文明成为现代人类文明的发展方向时,特别是当西方传统主客二元文化思想模式日益显现出弊端、生态存在论的思想价值不断被学术界所重视时,气韵生动显现出独特的理论意义与丰富的思想内涵,成为生态美学的重要理论范畴。

或许人们会问:气韵生动问题自南朝谢赫提出,距今已有1500多年,那个时代并不存在如现代社会的生态问题,它怎么会具有生态美学的意义呢?传统社会固然不会产生现代的生态问题,但是并不等于古人没有生态思想。恰恰相反,中国传统社会的生态思想非常丰富并独具特色,这已为当前学界所公认。而"气韵生动"这一艺术范畴就是中国传统生态思想所孕育出来的,它的体用不二的思想背景以及天人一气的世界观、生生不息的生命意识等均是生态美学的重要问题。

下面我们首先对思想背景进行分析。

从思想背景看,"气韵生动"这一范畴具有相当大的哲学意义,它表现出了中国文化独特的体用不二的本体思想,与生态美学的存在论思想背景有极大的相通之处,这一思想与西方传统的主客二元文化语境中的本体思想有极大的差异。

　　第一，西方二元文化视野中的世界是确定性、实体性、现成性的物的世界，这个世界处在存在者的层面，所以其本体论是关于自然之物、物理之物的本体理论。它以诸存在者（诸物）为基础，以认识自然界的本质与规律为最高目标，体现着求知的科学精神。从本质上看，这种思想是对"存在"本体的遗忘，其本体只不过是一个特殊的"存在者"而已。这种思想把自然界当成人的对立物，而不懂得自然、宇宙就是人类自身，所以其生态思想天然地存在着二元对立的缺陷。而"气韵生动"理论视野中的世界则是非现成性、非确定性、浑灏流转的生生之易，它是生命的洪流。因而其本体论是关于人与宇宙大化流行、一体不二的存在本体论，它以生命存在为基础，以人与宇宙生命洪流的浑然一体为最高境界，表现着"游乎天地之一气"的生态美学精神。这种世界不是生硬的存在者的世界，不是诸物的集合，而是一个"气韵生动"的、生灵活泼的"存在"的世界，正是这样一个世界，使得诸存在者如此地显示出来，使万物成为现实的万物，人与万物处在息息相关的生命系统中，因而具有极大的存在论意义。

　　第二，西方传统本体论具有二元性、两离性的基本特征，即本体界与现象界是二元的、对立的。如柏拉图的理念论认为，理念在天国之中，理念世界是圆满的，而现实世界只不过是理念世界的影子，是不真实的，人生的意义在于超越虚假的现实，回归理念世界；中世纪的基督教也具有这样的特征；西方也有一些本体与现实相统一的观念，如黑格尔。但这种统一与二分都处在同一理论层次，有分必有合，二者都是两离性特征的体现。在这种思想视野中，现实世界不可存在"圆满"与"完美"。二元性特点使人的生存充满了矛盾与冲突，孕育出了西方文化的悲剧精神。这在生态意识中则表现为人与自然的对立与冲突，这种文化背景下难以产生生态美学观念，因为生态美学只有在人与自然浑然合一的文化基础上才能产生出来。而"气韵生动"所反映的本体论则具有本体与现象无差异的浑朴为一的基本特征。也就是说，本体与现象是浑然一体的，二者从来就没有分离过，也不存在所谓的"合一"，本体就在现象之中，现象就是本体的"在场"。在这种思想视野中，现实人生本然地具有"圆满"与"完美"的特征，正如张岱年先生所说："印度及西洋哲学讲本体，更有真实义，以为现象是假是幻，本体是真是实。本体者何？即是唯一的究竟实在。这种观念，在中国本来的哲学中，实在没有。中国哲人讲本根与事物的区别，不在实幻之不同，而在于本末、原流、根支之不同。万有众象同属实在，不惟本根为实而已。以本体为唯一实在的理论，中国哲人实不主持之。"①本体与生活日用是一体的，生活日用就是道，"中国之言本体者，盖可谓未尝离于人生也"②。这种体用一如的思想在生态意识上具体表现为人与自然是浑然一体的"气韵生动"，它原本就是生态之美。这是一种源始性的、世界的本真的存在状态，那种人与自然对立的观念是对这种世界本真的"遗忘"。

第三，西方人认识本体的基本方法是逻辑思维。西方自古希腊就产生了影响深远的理性主义传统与科学精神，逻辑与理性是认识世界本体最有效的思维工具，现代非理性主义作为理性主义传统的否定性体现，同样表征着这种传统。这种逻辑思维其实是主客二元思维模式于人类中心主义的典型表现，在这种思维模式

---

① 张岱年：《中国哲学大纲：中国哲学问题史》，中国社会科学出版社1982年版，第9页。
② 汤用彤：《汉魏两晋南北朝佛教史》，北京大学出版社1997年版，第191页。

下，人与自然是二元分立的，万物外在于人，并作为人的理性认识活动的对象，人是具有能动性的认识主体，自然则是被动的"被认识"的对象。所以，逻辑思维基础决定了这种本体论实质上是认识论的本体论，它实则只能到达存在者，而无法通达使存在者存在的"存在"。人与自然无法成为一体，人与自然"共在"的"世界"被遮蔽，无法进入生态美学的境界。中国人把握本体的方法则是虚静的体悟思维。这种思维不同于西方的逻辑思辨。它与本体的关系不是二元的，而是一体的、不分彼此的非对象性关系。在这种关系中，那种与自然对立的"自我""主体"是不存在的，人与自然是一体的，"天下无一物非我"。它还是一种超越所有名相与理论图式的思维，它不是像认识论那样运用先在的理论工具与逻辑范畴去分析事物以把握规律，而是超越了任何现成的理论与概念，使人心从既定的名理逻辑中解放出来，获得巨大的"自由"，以"空心""无心"之心直悟本体。在中国文化史上，这种思维为儒、道、佛三家所推崇，在传统文化中占有主要地位，产生了重大影响。在这种思维基础上，人与自然不是二元性认识关系与功利关系，而是浑然一体的诗性的生态美学关系。

　　只要搞清了"气韵生动"的思想背景，其作为生态美学范畴的特点与内涵就容易理解了。生态美学不同于传统美学，传统美学是在二元语境下形成的，具有人类中心主义特点，但生态美学以生态存在论为语境，本然地具有天人一气的生态整体特点。"气韵生动"作为生态美学范畴，是指人与自然是一个氤氲交感的生命整体，在这个整体中，自然与人的生存之美是不可分的一体关系；而且这个整体是有机的而非机械的，它自本自根，化生天地之大美，具有生生不息、大化流行的生命力；人只有不断超越对世界的二元态度，才能进入这种天人一气的生态美学境界，而在这种美学境界中,人的生命与心性又会得到不断纯化与超越。

一、有机整体性的生态观

"气韵生动"体现了世界的有机整体性。气韵生动作为生态美学范畴,体现了中国文化人与自然合一的有机整体生态观及其生态之美。人与自然是不可分的有机整体,自然是人的生命不可分割的部分,人是自然生命的体现。"生物是不能局限于其机体的,即不当脱离那关系着生物机体所赖以生活的自然环境条件而孤立地、静止地来看它,而是应当联系着那机体和其环境关系,总合为一整体的。那么,一个人不就同样地应当如是来认识吗?马克思尝谓'自然界是人的非有机的躯体'。其义盖在此。"①在中国文化中,这种人与自然的生命整体是以气为基础的,二者统一于气。自然生命与人类生命"游乎一气",这是一种超越二元语境的存在论的境界,表现了中国文化体用一如的本体观。这种气体现了中国美学的精神,也体现了中国生态美学观的核心思想。

"气韵生动"经由气论本体思想发展而来,气是"气韵生动"的核心。清代方薰《山静居画论》云:"气韵生动为第一义,然必以气为主。气盛则纵横挥洒,机无滞碍其间,韵自生动矣。杜老云:元气淋漓幛犹湿。是即气韵生动。"②气是中国文化的核心范畴之一,反映了中国人的世界观与生命观。人与万物都由气生成,其

① 梁漱溟:《人心与人生》,学林出版社1984年版,第200页。
② 王伯敏、任道斌主编:《画学集成·明—清》,河北美术出版社2002年版,第541页。

本质都是气。气是宇宙生命的体现,是生命的根基,有气则生,无气则死,自然万物与人一样有着鲜活的生命,这种生命是气的表现。所谓生动,是指气本然地具有的生命力,只要有气,必然生动。

在中国文化中,"气"字很早就已出现,它的本义一般被释为元气。许慎《说文解字》曰:"气,云气也,象形,凡气之属皆从气。"段玉裁注曰:"气本云气,引申凡气之称,象云起之貌。"由此可见,它的原义只是一个物质性的概念。但在后来的文化发展过程中,它渐渐发展成为一个具有本体意义的概念,体现了中国文化的本体思想。张岱年先生曾指出:"气之观念,实即由一般所谓气体之气而衍出的。气体无一定形象,可大可小,若有若无,一切固体液体都能化为气体,气体又可结为液体固体。以万物为一气之变化的见解,当是由此事实而导出的。"①

在《左传》《国语》中,"气"字有了很大程度的抽象意义,已经不再是具体的事物,而是具有了统摄自然、人的生理及情志活动的抽象意义。

《左传》提出了"六气"的观念:"天有六气,降生五味,发为五色,征为五声,淫生六疾。六气曰:阴、阳、风、雨、晦、明也。分为四时,序为五节。过则为灾,阴淫寒疾,阳淫热病,风淫末疾,雨淫腹疾,晦淫或疾,明淫心疾。"②五味、五色、五声等现象以"六气"为本源,是"六气"的表现;人的疾病也与"六气"有关,当"六气"失调时,人就会生病。而且,人的情感也是这种"六气"的体现,"民

①张岱年:《中国哲学大纲:中国哲学问题史》,中国社会科学出版社 1982 年版,第 40 页。
②《左传·昭公元年》。

有好恶喜怒哀乐,生于六气。是故审明宜类,以制六志。……哀乐不失,乃能协于天地之性,是以长久。"①人的"好恶喜怒哀乐"六种情感活动源于"六气",人应当"协于天地之性",像"六气"那样协调,人才能长生久视。但人心易为外物所感,内在的欲望与追求也容易迷乱人的心志,使人在不自觉中丧失天地自然所赋予的协调平和本性,出现社会争斗与混乱。为避免这种情况,就要制礼设法以调控人的情志。而礼法之设立,也应效法天地六气之性,使之成为人们保持自然本性、与天地一统的准则,即"则天之明,因地之性,生其六气,用其五行。气为五味,发为五色,章为五声,淫则昏乱,民失其性,是故为礼以奉之"②。所以,礼法在本质上并不是人为设置的,而是"六气"及其特性在社会生活中的体现,故奉守礼法,也就是奉守天地"六气"之序。

这种把自然现象,人的生理、情志及社会礼法统一于"六气"的观念具有很大的理论意义,在气论思想发展过程中具有比较重要的地位,它体现了中国文化的自然与人是有机整体的生态观。

类似的思想观念也出现在《国语》中。周灵王二十二年:"古之长民者,不坠山,不崇薮,不防川,不窦泽。夫山,土之厚也;薮,物之归也;川,气之导也;泽,水之钟也。夫天地成而聚于高,归物于下。疏为川谷,以导其气;陂塘汙庳,以钟其美。是故聚不阤崩,而物有所归;气不沉滞,而亦不散越。是以民生有财用,而死有所葬。"③山薮川泽等自然存在是天地运化的结果,不能

①《左传·昭公二十五年》。
②《左传·昭公二十五年》。
③《国语·周语下》。

人为破坏,像鲧那样堙土御洪,干扰了自然的平衡,破坏了气的聚散,招致了更大灾害。而禹则顺天地之性,疏导百川,使"天无伏阴,地无散阳,水无沈气,火无灾燀,神无间行,民无淫心,时无逆数,物无害生"①。由于自然与社会都与气相关,所以只有天地之气通达协和,大自然才能风调雨顺,人心也会平和,社会才会安定。

这里不仅表现了人与自然相统一的生态整体观,还表现了人类对大自然的敬畏感,人不能随意对待自然,人对自然的利用与改造要非常谨慎,人与自然是以气为基础的生命共同体,对自然的破坏就是对人类自身的破坏,反之,对自然的尊重也是对人类自身的尊重。这是一种超越二元思想的世界观,具有非人类中心主义的特色,是中国文化生态思想的体现。

《左传》《国语》中的气论观念虽然还不具有本体论的高度,但已经有了重要的理论意义,为气论本体思想的产生打下了基础。

《管子》提出了"精""气"的概念,初步具有了气论本体论意识。《管子·心术下》曰:"一气能变曰精。"《管子·内业》曰:"精也者,气之精者也。"这种"精""气"具有很重要的地位。一方面,它是人的生命的根本,《管子·内业》曰:"凡人之生也,天出其精,地出其形,合此以为人。"《管子·白术下》云:"气者身之充也。"又《管子·枢言》云:"有气则生,无气则死,生者以其气。"另一方面,气还是万物的本源,《管子·内业》曰:"凡物之精,此则为生,下生五谷,上为列星。流于天地之间,谓之鬼神;藏于胸中,谓之圣人。是故此气,杲乎如登于天,杳乎如入于渊,淖乎如在于海,卒乎如

_____

①《国语·周语下》。

在于己(按:当作'山')。是故此气也,不可止以力,而可安以德;不可呼以声,而可迎以意,敬守勿失,是谓成德。德成而智出,万物毕得。"这段文字比较重要,是气论本体思想的重要表述,同时也表现了以气为基础的人与万物合一的生态美学观,思想内涵比较丰富。首先,气在这里已经具有的统摄人与万物的本体高度,是万物的本源、世界的本体。日月星辰,五谷植被,上至圣人,下至鬼神,总之,万物与人类都由气而生,世界的本质就是气。"杲乎""杳乎""淖乎""卒乎"一组形容词说明气既博大无边又无形无迹,此气无处不在,无时不有,变化多端,深不可测。这种似有若无,似无若有的特点,正是生态之美的特征。其次,更重要的是指出得到这种气的方法,这涉及生态美学中人与自身的和谐问题。这种气不可用"止以力""呼以声"的方法获得,因为这些方法本质上是以二元语境为基础的,把气当成了外在客观对象,这种主客二元态度只能遮蔽本体之气。正确的方法是"安以德""迎以意","德"和"意"都属心灵问题。也就是说,本体之气只能通过心灵修养的方法获得。很显然,这种气属人生问题,是存在论视野中的生存本体,这是一个人与自然万物"共在"的、充满生命力的"世界"。这种气的世界中,人与万物是一体的。"安以德""迎以意"就是指通过心性修养,超越对世界的二元态度,超越名理与私欲,超越认识论与功利主义,从而进入与万物一体的生态审美境界。由于受二元思维模式的影响,人们很容易把这种气理解为自然科学意义上的物质微粒或构成宇宙万物的质料,如果是这样的话,这种气就只能通过科学实验的方法而不是心灵修养获得。而且,这种气也就只能属现象之物而不是本体,只是存在者而不是存在。再次,指出人们进入这种气的生态审美境界后,还要"敬守勿失",即用"敬"的方法守护它。敬是中国传统文化心性修养的重要问题,《管子》对其非常重视。敬是高度的心灵自觉,有严肃、虔诚、平静等义,"严容畏敬,精将至(自)定","敬除其舍,精将自来"①。"舍"指内心,"精"即气,也就是人与自然整一的本体境界,"敬除其舍"即将内心清扫干净。如何才算干净呢?一般而言,人们很容易对世界采取二元态度:一是私我之心生起,产生占有欲;二是产生认知之心,进入主客对立的认识论领域。这些都会遮蔽人与万物一体的本体境界,故应超越。通过"敬"的方法,纯化心灵,超越与万物对立的自我,进入与万物一体的"共在"关系,这时就会"精将自来",即本体境界自然澄明,从遮蔽中涌现出来。其实,人生的这种本体之境是常存常在的,它是人生的真相,无所谓来,也无所谓去,只要有足够的心灵修养功夫,超越二元心态,这种境界自然就能显现出来。最后,只要能守住这种气,就能达到"成德""智出""万物毕得"的生态审美境界。所谓"成德",就是时刻处在与万物一体的气的境界中,绝不失落,这体现了本体之"善";"智出"是指在这种气的本体境界中,心如明镜止水,无彻不照,对物我合一的气的世界了了分明,这体现了本体之"真";"万物毕得"是指在这种生态审美境界中,我就是世界,世界就是我。这万物既不是占有欲的对象,也不是认知的对象,而是物我同体的本体之气。所以"万物毕得"就是人生存在境界的"毕得",即存在的澄明,这体现了本体之"美"。也就是说,在这种本体境界中,真善美、智德乐浑然一体,这正是生态审美境界的特点。

《庄子》中的气论本体思想更加明确,达到了前所未有的高度。在《庄子》中,"气"字大量出现,具有了统摄人与万物于一体的本体高度,是较为完备的气论本体论。

---

①《管子·内业》。

在庄子看来，人与万物不是对象性的关系，而是以气为本体的浑然一体。《知北游》曰："人之生，气之聚也；聚则为生，散则为死。若死生为徒，吾又何患！故万物一也。……故曰：'通天下一气耳'，圣人故贵一。"在这里，气是人与天地万物为一的状态，也就是生态审美的境界。"天地与我并生，而万物与我为一"①的"一"也是这种气。人与万物皆统于气，这是很明确的气本论思想。庄子眼中的"天地""万物"不是二元语境中作为主体对象的天地与万物，不是一个物理的世界，而是人与万物一体的"存在"的世界，是具有诗性的人文世界，也就是生态之美的世界。《庄子》与《管子》的观点相同，认为这个"世界"的本质是气，即所谓"通天下一气耳"。如何理解这种气呢？气是对具有本源意义的"存在"的描述。人之为人，就在于其"生存"活动，这种生存活动具有"存在"意义，也就是说，在这种生存活动中，人与万物是一体的，万物与人共同参与"生存"过程。这种生存过程是生生不息的、发展的、变化的，是不断生成性的，像流水一样川流不息。因此，它不是现成性的、确定性的"什么"，而是正在进行时态的"怎么"，其最大特点就是"生动"，它不居定相，不处定所，不是具体之物，以"气"称之，极为生动形象。"世界"上的万物都是因这种"生存"而出现的，也即由气生成的，一切人类文化都是它的生成之物；自然之物所以成为如其所是的、向人类显示出来的自然之物，也是它的作用，万物都是这种"生存"的确证及表征。正是在这种"生存"的无休无止的进程中，人才成为人，"世界"才产生出来，显明出来，所以庄子说"天地与我并生"。此"我"是存在论意义上的与万物一体的"大我"，而非与客体世界

---

① 《庄子·齐物论》。

相对立的、作为主体的"小我"。庄子又说："万物与我为一。"人与"世界"万物的关系不是对象性的,而是处于一气之中的一体不二的关系。因为人的本质就是"生存",而万物由"生存"而生成,万物是"生存"的显示。故人在物中,物因人显,万物与我浑然一气。满眼望去,"世界"就是这种生生不息、氤氲交感的"气",故庄子曰:"通天下一气耳。"这不正是生态之美的境界吗?

　　"人之生,气之聚也;聚则为生,散则为死。"《知北游》又曰:"自本观之,生者,暗醷物也。""暗醷"是气团聚貌,即人的生命是气的凝聚。这里的生死,虽然也可以从生理学角度理解,但更重要的是它具有本体与生态美学的意义。气作为世界本体,是人与万物浑然一体的生态之美的境界,这是人的"本真的存在"。在此境中,人的生命就是凝聚不散的、具有造化之力的气。但在二元语境中,人就会与万物形成主客对立关系,那种与万物一气的生态之美的境界就会遮蔽,从而造成人的"非本真的存在"。在这种二元境界中,本体之气或成为神秘不可知的东西,或"退化"为形而下的、物理学意义上的物质微粒,人也由于本体之气的消散与失落,丧失了"本真"的生命,这正是"散则为死"的存在论意义。人与自身的和谐是生态美学的重要内容,这种和谐只有在"气之聚"的"存在"境界中才能完全实现。在工业社会,二元文化语境占据主导地位,由于二元矛盾冲突的加剧,人生境域中的本体之气已经丧失殆尽。有气才能生动,无气则机械呆板。二元世界就是一个机械而无气的"祛魅"的世界,是一个缺失生态之美的"世界",生命也就失去了"活性",进入"死"的状态。现代社会中心理与精神疾患等现象的大量出现,不正是佐证吗?正如何绍基所说:"此身一日不与天地之气相通,其身必病;此心一日不与天地之气相通，其心独无病乎？……但提起此心，要它刻刻与天地通尤要。请问谈诗何为谈到这里？曰：此正是谈诗。"①这不仅是谈诗，也是谈生态之美。

只有在本体之气的生态之美的境界中，人才能"本真"地生存，正如《庄子·大宗师》所言，"游方之外者"，"方且与造物者为人，而游乎天地之一气"。"游方之外者"与"游方之内者"相对，"游方之内者"的生命处于形而下的器的层面，与万物是对立的二元关系，只见存在之物而不见本体，与本体之气是隔绝的；而"游方之外者"则相反，"芒然彷徨乎尘垢之外，逍遥乎无为之业"②，其生命居于形而上的道的层面，处于存在之境，与万物是同体的关系。天地万物不是外在于人的、与人无关的客观对象，而是生动之气，是自身生命的体现，所以才能处在"游乎天地之一气"的生态之美的境界。

《庄子》的气论本体论表明人与自然宇宙是不可分的生命整体，这个生命整体充满了人与万物谐和的生态之美。那种人与自然对立的世界观，是对这个生态之美的世界的"遗忘"。

由以上分析可见，《管子》《庄子》气论本体思想比较深入，为天人一体的生命世界提供了坚实的理论基础，但同时，也表现出了过于注重本体而忽视现象界的偏向，特别是对通过伦理修养而通达本体道德实践不够重视。这种偏向，在《孟子》气论思想中得到了纠正。

《孟子》的气论本体思想主要表现在对"浩然之气"的论述。

---

① （清）何绍基：《与汪菊士论诗》，《何绍基诗文集》二，岳麓书社2008年版，第736页。
② 《庄子·大宗师》。

弟子公孙丑问:"敢问何谓浩然之气?"曰:"难言也。其为气也,至大至刚,以直养而无害,则塞于天地之间。"①一些学者认为浩然之气只是一种主观的道德精神,但我们认为,浩然之气的实质是人与本体浑然一气的状态,它是超越了主客二元语境,具有极大的生态美学意义。孟子首先指出浩然之气"难言也",一般论者对此重视不够。它难以言说,是因为它是非对象性的、物我浑然一体的本体境界。它不是对象性的具体之物,而是源始性的诸物之源,它在概念之先,言语之外,因而难以言传。其次,浩然之气还"至大至刚""塞于天地之间"。也就是说,当"我"与世界本体合一时,"我"就是世界,世界就是"我"。这种本体之气造化一切,使万物呈现出来,故"至大至刚",威力无比;它还广大无边,如天之无不覆,似地之无不载,此气存在于每一事物之中,整个"世界"都是它,故曰"塞于天地之间"。这里的"天地",就是物我浑然一气的生态之美的世界,在此世界中,"万物皆备于我,反身而诚,乐莫大焉"。②

对于如何培养浩然之气,由孟子的论述可知,是从具体的伦理实践入手的,这是一种由生活现象而通达本体的途径。"其为气也,配义与道,无是,馁也。是集义所生者,非义袭而取之也。行有不谦于心,则馁矣。"③这种气的培养离不开道义,"是由正义的经常积累所产生的,不是偶然的正义行为所能取得的,只要做一件于心有愧的事,那种气就会疲软了"④。这种经由日常道德

---

①《孟子·公孙丑上》。

②《孟子·尽心上》。

③《孟子·公孙丑上》。

④杨伯峻:《孟子译注》上册,中华书局 1960 年版,第 66 页。

实践的积累而通达本体境界的途径是儒家一贯提倡的,对中国文化具有非常重要的意义。由于本体就在现象中,进入本体境界最切实的方法就是在当下的生活日用中不断提高道德修养的境界,通过孝悌忠信礼义廉耻、格致诚正修齐治平的履践,通过下学而上达的心性功夫,超越与世界对立的私欲、私我,使与天地一体的本性心显明出来,从而养成"至大至刚"的浩然之气,进入体用一如的生态审美的境界。从伦理角度看,生态问题的根源就在于人类的私欲,当私欲不断膨胀时,人与自然、人与社会、人与自我的生态冲突就无可避免,必然在各个层面出现生态丑的现象。孟子关于气的修养思想具有重要的理论意义,同时也具有切实可行的实践意义,只有把道家对高妙本体之境的追求与儒家踏踏实实的道德实践功夫结合起来,体用一如的本体境界才会完美地显现出来,人人本有的本性之心才会澄明,生态审美的境界才是人人都可通达的。

先秦时期气本论思想的境界非常高,在后代的思想史中,这种思想不断发展丰富。如《淮南子·天文训》谈到气的根本作用:"道始于虚霩,虚霩生宇宙,宇宙生气。气有涯垠,清阳者薄靡而为天,重浊者凝滞而为地。清妙之合专易,重浊之凝竭难,故天先成而地后定。"也就是说,天地的本质是气,天地间的万物与人当然也是由气生成的。王充也认为天地万物与人都是由气所生,"天地合气,万物自生"[①],"夫天覆于上,地偃于下,偃,仰也。下气烝上,上气降下,万物自生其中间矣"[②]。人则是由元气而生,"人未生在元气之中,既死复归元气,元气荒忽,人气

---

① 《论衡·自然》。
② 《论衡·自然》。

在其中"①。在气论思想的发展过程中,宋代张载的思想比较重要,他说:"凡可状者皆有也,凡有皆象也,凡象皆气也。"②他认为气有聚、散两种状态,气聚而为物,是具体可见的,气散而为太虚,则不可见。"气聚则离明得施而有形,气不聚则离明不得施而无形。③"一切有形、无形者都是气,"太虚无形,气之本体,其聚其散,变化之客形尔。太虚不能无气,气不能不聚而为万物,万物不能不散而为太虚。气之聚散于太虚,犹冰凝于水,知太虚即气,则无无。"④"游气纷扰,合而成质者,生人物之万殊。"(《正蒙·太和》)现象界千差万别的事物和人都是由这种气生成的。王阳明也认为人与万物皆同于一气,"盖天地万物与人原是一体,其发窍之最精处,是人心一点灵明。风雨露雷,日月星辰,禽兽草木,山川土石,与人原只一体。故五谷禽兽之类,皆可以养人;药石之类,皆可以疗疾,只为同此一气,故能相通耳"⑤。"人心一点灵明"即人的灵性、觉性,它也是气的表现,这与《庄子》"听之以气"的思想是一致的。

总之,通过对气论思想的分析,可见万物与人一气相通是中国文化的基本观念,体现了人与万物一体的整体生态观。在这种思想维度之中,美具有存在论的意义,自然的美与人的美是不可分的,二者一体。"气韵生动"的美,就在于这种人与万物浑然一体的气。所以,中国艺术家都非常重视这种气,并把它作为艺术

---

① 《论衡·论死》。
② 《正蒙·乾称》。
③ 《正蒙·太和》。
④ 《正蒙·太和》
⑤ 《传习录》。

的源泉。北宋董逌《书徐熙画牡丹图·广川画跋》卷三云:"且观天地生物,特一气运化尔。"①清代沈宗骞《芥舟学画编》曰:"天下之物本气之所积而成。"②清人方东树《昭昧詹言》说:"观于人身及万物动植,皆全是气之所鼓荡。气才绝,即腐败臭恶不可近,诗文亦然……诗文者,生气也。"③在气论本体论语境中,这种气不是二元语境中的客观对象,不是现象界中的具体之物,这一点,清代唐岱的《绘画发微·气韵》说得非常明确:"画山水贵乎气韵。气韵者,非云烟雾霭也,是天地间之真气,凡物无气不生。"④"真气"就是自然与人合一的本体之气,它是非对象性的,具有存在论意义。自然中的"云烟雾霭"之气只是具体事物,只是借以传达"真气"的形器而已,而绝不是真正要表现的气。由此,决定了中国艺术之真也就是这种本体之气的真,而不是二元语境下客观事物的逼真。五代艺术家荆浩《笔法记》说:"画者画也,度物象而取其真。物之华,取其华;物之实,取其实,不可执华为实。若不知术,苟似可也,图真不可及也。……似者得其形遗其气,真者气质俱盛。"⑤"执华为实"就是把事物的形似当成事物之真,这样只能

---

①周积寅编著:《中国历代画论:掇英·类编·注释·研究》下编,江苏美术出版社 2007 年版,第 869 页。

②王伯敏、任道斌主编:《画学集成·明—清》,河北美术出版社 2002 年版,第 604 页。

③(清)方东树著:《昭昧詹言》,汪绍楹校点,人民文学出版社 1961 年版,第 25 页。

④王伯敏、任道斌主编:《画学集成·明—清》,河北美术出版社 2002 年版,第 448 页。

⑤王伯敏、任道斌主编:《画学集成·六朝—元》,河北美术出版社 2002 年版,第 191 页。

做到"似",而不可能做到"真"。"似"与"真"的区别何在呢?"似者得其形遗其气,真者气质俱盛。""似"只是表现出了事物的外表,而失掉了作为其本质的本体之气,这实际上是二元语境中作为客体的事物的"逼真",而真正的"真"是"气质俱盛",也就是气与形都要表现得非常完美。这种以本体之气为艺术之"真"的思想,在清代原济那里说得更简洁明白:"画松一似真松树,予更欲以不似似之。真在气不在姿也。"①所以"作书作画,无论老手后学,先以气胜,得之者,精神灿烂出之纸上"②。这种表现了气的作品才是最美的,这种美的实质就是人与自然合一的生态之美。由此可见,中国艺术所追求的美的本质就是天人合一的生态之美,而不是以二元论为基础的美学观所理解的作为人的客观对象的美。

二、创造性的生命世界

"气韵生动"还体现了生命世界的创造性特点。"气韵生动"作为生态美学范畴,不仅体现了中国文化以气为本体的有机整体生态观及其生态之美,还表现出这个有机的生态系统具有极大的造化力量。"天地以生物为心"(朱熹语),万物在这种人与自然合一的有机体中不断显现出来,这说明"气韵生动"的生态之美不是静态的,而是动态的,充满了生命的活力与创造力量,这种力量实

---

① 王伯敏、任道斌主编:《画学集成·明—清》,河北美术出版社 2002 年版,第 322 页。
② 王伯敏、任道斌主编:《画学集成·明—清》,河北美术出版社 2002 年版,第 311—312 页。

则是本体之气本然具有的。

所谓"气韵生动"，从气论本体论层面来说，并不仅仅是具体之物——即存在者"气韵生动"，也不只是整个世界——包括宇宙人生的世界之全体"气韵生动"。其更深的意义是指万物在"气韵生动"中显现出来，这强调了其化生万物的力量。"生动"一词具有气论本体论或存在论的意义，表现了中国人对世界基本特性的认识。中国人认为世界是一个不断生成的世界，在刹那间浑灏流转着，世界的本质就是生生不息的"流转"（熊十力先生称之为"恒转"）。子在川上曰："逝者如斯夫，不舍昼夜。"[1]现成之物来自于人对世界的执着态度，只是这个流转不已的世界显现的"相"，是"人为地"对这个生成性的、流转的世界的"定格"，只是一种暂时性的状态。在认识论语境中，现成之物被认为是人们掌握世界的起点，但气论本体论中，现成之物却是世界的终点，是世界的"僵化"状态，当物成为现成之物时，它已经走到最后一个环节，已经完成。而在此之前，物从无形到有形的运化、生成的过程，才是世界最本然的状态。这种造物的活的过程就是本体之气由气到凝聚为物的运化过程，此乃世界的真相，是"气韵生动"的另一个重要特点，也是生态美学的重要意义。但是它往往为人们所忽视，特别是在二元语境中，这个"气韵生动"的充满创造力的世界被人们"遗失"了。

"气韵生动"的"韵"字就表现了本体之气的这种运化特点。"韵"最初指声音，《说文解字》："韵，和也。从音，员声。"如蔡邕《琴赋》曰："繁弦既抑，雅韵乃扬。"《世说新语·术解》："每至正会，殿庭作乐，自调宫商，无不谐韵。"刘勰《文心雕龙·声律》："异

---

[1]《论语·子罕》。

音相从谓之和,同声相应谓之韵。"由此可见,韵的本义就是音乐的节奏、旋律的动态之美。当韵上升为美学范畴时,特别是与气并用时,就有更为深刻的意义。它是指以气为本体的生命世界造化万物时所表现出的律动,这种律动是本体之气本有的特点,正是宗白华先生所说的:"气韵,就是宇宙中鼓动万物的'气'的节奏、和谐。"①

　　世界的这种生生不息的造化万物的特点,在《周易》气本论思想中表现非常明确。《周易》的气论本体表现为阴阳之变,阴与阳是《周易》最基本的概念。阴阳即阴阳二气,《周易·乾·文言》曰:"'潜龙勿用',阳气潜藏。"《咸·彖》则曰:"咸,感也。柔上而刚下,二气感应以相与……"这里的"二气"即阴阳二气。《系辞下》亦曰:"天地氤氲,万物化醇。"高亨注曰:"天之阳气与地之阴气交融,则万物之化均遍。"②在这里,"天"即阳气,"地"即阴气。按《周易》的思想,阴阳不可分离,《系辞上》:"一阴一阳之谓道。"阴阳是道的一体两面,一物二性。分而言之,道即阴阳;合而言之,阴阳即道。"道"所指何物?它不是什么神秘的东西,就是中国人眼中的世界,这个世界是由阳气与阴气构成的。阴阳分别是人类生存世界的两种不可分的特性、两种势能。阴阳又分别有许多别名,如阳又称为乾、天、象、辟等,阴则称为坤、地、形、阖等。

　　在六十四卦中,《易传》最重视乾、坤两卦。作者将二者列于诸卦之首,除了六十四卦都有的《彖》《象》以外,还单独为乾、坤两

①宗白华:《中国美学史中重要问题的初步探索》,林同华主编:《宗白华全集》第3卷,安徽教育出版社2008年版,第51页。
②高亨:《周易大传今注》,齐鲁书社1979年版,第577页。

卦写了《文言》，作了重点性的论述与发挥。乾坤两卦反映了生生不息的世界的造化能力。

《乾·彖》曰："大哉乾元，万物资始，乃统天。云行雨始，品物流行。"高亨注曰："谓大哉天德之善，万物赖之而有始。"①可见天具有"始物"功能，为万物之本源。《坤·彖》："至哉坤元，万物资生，乃顺承天。坤厚载物，德合无疆。"孔颖达释曰："初禀其气谓之始，成形谓之生。乾本气初，故云资始。坤据成形，故云资生。"②可见地具有"成物"功能，它使万物具有定形、定相。《周易》借用自然现象，给予阴阳以形象的阐释。上天"云行雨始"，大地才能使万物各具其形，各有其性，因而天为万物本源。但天无定形，自身并不直接现身面世，而是由地"顺承"其能，使物成形以显天之功用。这个思想反复被强调，如《益·彖》："天施地生，其益无方。"《系辞上》："乾知大始，坤作成物。""知"即主管，也就是乾更为本源。周敦颐《通书·顺化》云："天以阳生万物，以阴成万物。"故《系辞上》又曰："天尊地卑，乾坤定矣。"故《乾·文言》盛赞曰："乾始能以美利利天下，不言所利，大矣哉！"由此可见，乾就是世界的本体，坤则是世界的现象。诸物"始"于乾，"成"于坤，由乾至坤是世界"造物""成物"的运作过程。

在《周易》中，作为阳气的乾又称为"象"，作为阴气的坤又称为"形"。《系辞上》曰："在天成象，在地成形，变化见矣。""中国人很重视这个'象'，认为它是起主导作用的，它支配着'地'上的一切'形'、'器'，然而，'象'又不是成形的，所以，又说，'象也者像

---

① 高亨：《周易大传今注》，齐鲁书社1979年版，第53页。
② 十三经注疏整理委员会整理：《周易正义》，北京大学出版社2000年版，第　30页。

也.'(《系辞下》)似乎是些'什么',又似乎不是些'什么',不像'地上'的那些'器',清清楚楚."①"象"与"形"也是《周易》借用自然现象,分别从无形与有形的角度对乾、坤的进一步描述.一切天象如日月星辰、风云雨雪等都运动变化,不居常形,故"象"是不确定的,无定形的;而地上诸物都具有常态,故"形"是确定的、有定形的.也就是说,阳、乾、天作为本体都是"象",为无(形);阴、坤、地作为现象都是"形",为有(形).由于阴阳不可分离,故形与象可并称为"形象"."形象"一词有深刻的本体意义:在确定的"形"中含有不确定的"象",有(形)中含着无(形).这无形的"象"才是最根本的,它实际上就是作为本体的气,故气与象又可并称为气象,物的根本不在形,而在气象,气象也就是生态之美的本体.

《周易》还以"阖""辟"之变分析世界的造物力量:"是故阖户谓之坤,辟户谓之乾,一阖一辟谓之变,往来不穷谓之通."②高亨对"阖""辟"有详尽的解释:"阖,闭也.辟,开也.坤为地,此坤为地气,即阴气也.乾为天,此乾为天气,即阳气也.秋冬之时,万物入,宇宙之门闭,是地之阴气当令,故曰:'阖户谓之坤.'春秋之时,万物出,宇宙之门开,是天之阳气当令,故曰:'辟户谓之乾.'"③这两个概念又是借用自然现象对"气韵生动"的世界造化特点的描述,阖、辟是世界(阴阳之道)的两种势能.辟为"始"物能力,即世界之门打开,由无形的乾之阳气从幽深之所推出形物;阖为"成"物能力,即世界之门关闭,坤阴之气使来自乾的"始"力"冷却""凝聚",成为具有确定性的形物.阖、辟之变是生生不息

①叶秀山:《叶秀山学术文化随笔》,中国青年出版社1999年版,第291页.
②《系辞上》.
③高亨:《周易大传今注》,齐鲁书社1979年版,第537页.

的世界造化万物的基本方式,事物不断从世界的幽深处涌现,新生事物的出现是乾通过辟户现身以显明的行为,它通过这种方式出世。但乾为本体之气,为无(形),新生事物一旦生成,就具有了一定的形态,即转为坤,为有(形),为阖户。于是乾阳通过辟户而现身的行为由于坤阴阖户(成形)而自行隐蔽,从无形的幽暗之所走向有形的敞亮的过程,也就是从光亮之处抽身而退的过程。这种自行隐蔽与抽身而退是指作为本体的乾阳不能直接面世,但它并无别的去处,它就在由它所推出的形器与诸物当中,犹"象"在"形"中,气在物中,体用不可分离。一辟一阖是物的产生过程,是世界变易的具体方式,只有辟阖之变顺利实现,世界之大化流行才能健康、通畅地进行,世界才能保持不息的推陈出新的造物功能,生态之美才能显现出来。

由以上分析可见,阳气是本体,是世界的"始物"力,阴气则是现象,为世界的"成物"力,此二者不可分离,阴阳大化、乾坤交合、天地相感、形象一体、阖辟成变,由此形成了世界的生生不息的创造伟力。《系辞下》曰:"天地之大德曰生。"张载云:"天地之大德曰生,则以生物为本者,乃天地之心也……天地之心唯是生物,天地之德曰生也。"[1]朱熹亦曰:"某谓天地别无勾当,只是以生物为心。一元之气,运无流通,略无停间,只是生出许多万物而已。"[2]这里的"天地"不是二元世界中的物理的天地,而是存在论意义上的人与万物共同参与的、存在论意义的"天地",它是由阴阳之化而构成的生活"世界",其最大的特点就是"生",也即化生万物。"生

---

①（宋）张载:《横渠易说》,《张载集》,章锡琛点校,中华书局1978年版,第113页。

②（宋）黎靖德编:《朱子语类》,王星贤点校,中华书局1985年版,第4页。

生之谓易"①,"天地之道,可一言而尽也。其为物不贰,则其生物不测。"②在这种造物力量的推动下,世界呈现出"苟日新,日日新,又日新"的"气韵生动"的变易特点。故《系辞上》曰:"日新之谓盛德。"又曰:"易不可见,则乾坤或几乎息矣。"但是,在当人类以二元态度对待世界时,世界就成了现成之物的世界,其本体性的造化力量(阳气)就会被遮蔽,从而使生活失去生生不息的造化力,世界就会因"硬化"而窒息,失去气韵生动的特性。

由于对作为本体的乾阳的重视,《易传》还特别使用"神"这一概念,对其特性进一步分析。《系辞上》曰:"知变化之道者,其知神之所为乎。"也就是说,生生之易是由"神"推动的,此神即乾之阳气(本体),"神"具有永不枯竭的造化力量,它不断推出新物,使现象界奇妙无比,故又曰:"神也者,妙万物而为言者也。"③而且,"神"作为本体,也是无形无象的,即"神无方而易无体"④。神无形无体,微妙难测,具有非对象的特点,不可思、不可议,难以用对象性的语言描述。神是世界之变易的根本动力,人能知神,必然懂生生之易,懂天地之心,这是中国人所追求的最高境界,故曰"穷神知化,德之盛也"⑤。由于中国文化具有体用不二的特点,所以作为本体的神在推出形物时也隐身于物中,诸物皆含"神",犹诸形皆含(气)"象"。所以在本体层面上,神与气是同格的,故可并称为"神气",神气就是造化万物的乾阳之气。这个与物之形

①《周易·系辞下》。
②《礼记·中庸》。
③《周易·说卦》。
④《周易·系辞上》。
⑤《周易·系辞下》。

一体的"神"也就是生态之美的本体,它就是"气韵生动"。中国艺术家认为,天地间的一草一木皆有神,都气韵生动地"存在"着,"世徒知人之有神,而不知物之有神"①。神才是世界的真正面貌,才是万物的"本质",艺术的创作目的就是要表现这隐身在万物中的"神",而不是追求对物之形的刻画。"凡物得天地之气以成者,莫不各有其神。欲以笔墨肖之,当不惟其形,惟其神也。"②只要传达出了神,就表现出了世界造化万物的特性,自然能气韵生动,所以元代杨维桢《图绘宝鉴序》说:"传神者,气韵生动是也。……若此者,岂非气韵生动、机夺造化者乎?"③明代书法理论家项穆《书法雅言》也说:"况大造之玄功,宣泄于文字。神化也者,即天机自发,气韵生动之谓也。"④所谓"造化""大造"皆指创造现象诸物的本体之气、神,艺术家的天职就是要把它淋漓尽致地表现出来,从而使作品气韵生动。从这个角度说,中国艺术就是生态艺术,中国文化的美就是生态之美。

通过上述分析,可知"气韵生动"既是人与自然合一的生命世界的本质,也是这个世界所显现出的造化万物的特征。由此可见,"气韵生动"既是生态之美的本体,也是生态审美的特点。一个健全的世界必然是气韵生动的。

---

① (宋)邓椿:《画继》,王伯敏等主编:《画学集成·六朝—元》,河北美术出版社 2002 年版,第 667 页。
② (清)沈宗骞:《芥舟学画编》,王伯敏等主编:《画学集成·明—清》,河北美术出版社 2002 年版,第 580 页。
③ 周积寅编著:《中国历代画论:掇英·类编·注释·研究》下编,江苏美术出版社 2007 年版,第 595—596 页。
④ 王伯敏等主编:《书学集成·元—明》,河北美术出版社 2002 年版,第 427 页。

三、"气韵生动"与生态审美

"气韵生动"还对人的生态审美素养提出了要求。气韵生动不仅揭示了人与自然合一的有机整体性及生命世界的造化特性,还对人的生态审美素质提出了要求。世界上并不缺少生态之美,而是缺少发现生态之美的眼睛。"自然宇宙、社会人生及其艺术审美之类,都是生气灌注、气韵生动的。"①可是,人们具备怎样的素质才能发现这处处皆存在的气韵生动的生态之美呢?

气韵生动是超越主客二元语境的天人合一之境,此境是人与自然一体的生生之气,此境中的人与二元语境中的人显然是两种存在状态。在二元语境中,人类把自己"设定"为世界的中心,并以两种态度与世界对立:一是把世界作为认识的客体对象,以概念思维、逻辑思维为工具认识世界,掌握世界的规律。二是以功利主义态度把世界作为消费对象,以满足人类私我的占有欲望。此二者在当代社会分别表现为现代科技体系与资本主义市场经济体系,而且这两大体系密切结合,不断膨胀的占有欲控制了强大的科技利器,在人与世界之间造成了严重对立,遮蔽了气韵生动的生命世界,造成了生态丑。

很显然,人们要进入气韵生动的生态美学境界,就要超越这两种态度,而代之以生态审美所必备的心态。宗白华先生说:"艺术心灵的诞生,在人生忘我的一刹那,即美学上所谓

————————————

① 王振复:《中国美学范畴史研究的一点思路》,《上海大学学报》2006年第2期。

'静照'。静照的起点在于空诸一切，心无挂碍，和世务暂时绝缘。这时一点觉心，静观万象，万象如在镜中，光明莹洁，而各得其所，呈现着它们各自的充实的、内在的、自由的生命，所谓万物静观皆自得。……空明的觉心，容纳着万境，万境浸入人的生命，染上了人的性灵。所以周济说：'初学词求空，空则灵气往来。'"①这里谈到的"艺术心灵"，正是生态审美所需要的心灵，它是人本有的"觉心"，由"静照"而"空诸一切"，"照见五蕴皆空"②，无所挂碍，我们把这种心灵状态称之为虚静。所谓虚静，就是超越对象性的概念思维与心态，对世界进行非对象性的静观，感受与世界一体的生命境界。这种心灵还能超越对世界的功利主义态度，使心灵从私我占有欲中解脱出来，从而使与天地生命一体的大我显现出来。下面我们进行简要分析。

中国艺术家认为，气韵生动是世界的真相，只有通过虚静的心灵，才能发现这种生生之气。明代李日华《紫桃轩杂缀》云："乃知点墨落纸，大非细事，必须胸中廓然无一物，然后烟云秀色与天地生生之气，自然凑泊，笔下幻出奇诡。若是营营世念，澡雪未尽，即日对丘壑，日暮妙迹，到头只与糨采垸墁之工，争巧拙于毫厘也。"③"胸中廓然无一物"即心灵的虚静状态。而"营营世念"则是二元心态，这种心态只能看到形物的世界，常常把占有世间形物作为人生的意义，而不懂得生命的真相是人与天地一体的生命之流，也就不能发现世界的生生之

---

① 宗白华：《论文艺的空灵与充实》，林同华主编：《宗白华全集》第2卷，安徽教育出版社2008年版，第345—346页。
② 《心经》。
③ 周积寅编著：《中国历代画论·掇英·类编·注释·研究》上编，江苏美术出版社2007年版，第318页。

气。处于这种思想语境界的艺术家只能看见具体事物,而看不到形物之中内蕴的生生之气,其艺术创作也只知刻画物之形体,而无法做到气韵生动。清代恽寿平《南田画跋》曰:"川濑氤氲之气,林风苍翠之色,正须澄怀观道,静以求之,若徒索于毫末间者离矣。"①澄怀观道与静是什么关系? 二者是一回事,澄怀观道是静的另一种说。所谓澄怀,就是澄净心灵,也即超越主客对待的二元境界,从而达到与万物浑然一气的心灵状态。在这种状态之中,没有作为主体的我,也没有作为客体的对象,这是一种不可言说的境界,因为没有能言说的主体,也没有所言说的客体,更没有用以言说的概念,世界只是一气,也可称为无,但却能造化万物,是一切形物之本源。"此宇宙生命中一以贯之之道,周流万汇,无往不在;而视之无形,听之无声。老子名之为虚无,此虚无非真虚无,乃宇宙中混沌创化之原理;亦即画图中所谓生动之气。画家抒写自然,即是欲表现此生动之气韵;故谢赫列为六法第一,实绘画最后之对象与结果也。"②

　　道家认为这种静是人的心灵的本然状态,是生命的根本,只有在此境中,人才能复归与天地合一的本性。老子认为主客相对的二元语境会使人失去这种生命的本真之性,"五色令人目盲,五音令人耳聋,五味令人口爽,驰骋畋猎令人心发狂"③。五色、五音等外境与人的感觉器官构成对象性关系,物我一气的生态之美

①王伯敏等主编:《画学集成·明—清》,河北美术出版社 2002 年版,第366 页。
②宗白华:《徐悲鸿与中国绘画》,林同华主编:《宗白华全集》第 2 卷,安徽教育出版社 2008 年版,第 50—51 页。
③《老子·十二章》。

的境界就会分裂为主客对立的二元世界。人与天地合一的"本真的存在"就会被遮蔽，人的虚静的、本真的心灵就会"目盲""耳聋""口爽""发狂"。所以，老子提出了"涤除玄鉴"的观点，即澄静心怀，超越主客二元境界，进入天人一气的大化之境，"致虚极，守静笃。万物并作，吾以观复"①，即守住虚静的心灵，与生生不息的生命世界合一。

庄子则把这种虚静的心灵称为"气"的思维。《庄子·人间世》中，孔子与颜回谈"心斋"时说："若一志，无听之以耳而听之以心，无听之以心而听之以气。耳至于听，心至于符，气也者，虚而待物者也。唯道集虚，虚者，心斋也。"庄子认为人心大致分为两个层面：一是非对象性的本性心，它是人的灵明、觉性，当它发挥主导作用时，就会超越物我二元对立，处于物我一气的生命之境；二是对象性的世俗心，它是二元世界中的主体自我，它指向对象性的世界，是二元语境的心理基础，当它发挥主导作用时，人们就只能见具体形物，很难体会到"游乎天地之一气"的生命境界。"心斋"就是本性心完全发挥作用的状态，它的出现是有条件的，即超越对象性的世俗心，所以要"无听之以耳""无听之以心"。"耳"是获得客体信息的感觉器官，"心"则是对客体信息进行分析的心理活动中心，此二者都是二元境界层面上的世俗心即主体自我的表现。正确的方法是"听之以气"，气即本性心，它与世界浑然一体，超越了物我的对立，没有能听的主体，也没有所听的客体，"虚而待物""是高度修养境界的空灵明觉之心"②，是"空心""无心"的虚静状态。

---

①《老子·十六章》。
②陈鼓应：《庄子今注今译》，中华书局1983年版，第117页。

在《庄子》中,这种本体境界的心灵状态被反复强调。如《庄子·达生》篇中,子列子问至人为何"潜行不窒,蹈火不热,行乎万物之上而不慄"。关尹曰:"是纯气之守也,非知巧果敢之列。……壹其性,养其气,合其德,以通乎物之所造。夫若是者,其天守全,其神无郤,物奚自入焉!"①这里的"纯气之守"与"心斋"相同,指绝待的本性心,而与此相对的"智巧果敢之列"则是指对待性、二元性的世俗心,守住"纯气",排除"知巧果敢",才能与天地合一,成为与本体合一的"至人"。在《庄子·大宗师》中,颜回还把这种心性状态称为"坐忘",它"忘礼乐""忘仁义","忘掉"了对象性世界,也就"忘掉"了与世界对立的"自我","堕肢体,黜聪明,离形去知,同于大通,此谓坐忘"。"聪明"和"知"属世俗心,是指向现成之物的对象意识,超越这种意识,则能物我两忘,"同于大通",整个"世界"就是我,我就是整个"世界",二者只是"一气"。在《庄子·天地》篇中,这种虚静心本被称为"象罔","黄帝游乎赤水之北,登乎昆仑之丘而南望。还归,遗其玄珠。使知索之而不得,使离朱索之而不得,使吃诟索之而不得也。乃使象罔,象罔得之。黄帝曰:'异哉,象罔乃可以得之乎?'"这里的"玄珠"比世界的本体,它是化育万物的生生之气,即天人合一的生命世界,它是"玄之又玄"的"众妙之门"。"知"即对象性的认知之心,"离朱"喻明察形物秋毫的视觉,"吃诟"则指高超的言辩能力,此三者,都是二元境界中世俗心的表现,只能指向与主体相对应的外在形物,而不能"反身而诚",这种状态的心灵不能进入气韵生动的生命世界。而"象罔"即无象之意,它是虚静的本性心,只有它才能进入"大象无形"的本体境界,从而发现天人一气的生命世界。

---

① 《庄子·达生》。

在《庄子》看来，这种本性心虽然非常重要，但是却很容易丧失。《庄子·应帝王》中的"混沌之死"正说明了这个问题："南海之帝为儵，北海之帝为忽，中央之帝为混沌。儵与忽时相遇于混沌之地，混沌待之甚善，儵与忽谋报混沌之德，曰：'人皆有七窍以视听食息，此独无有，尝试凿之。'日凿一窍，七日而混沌死。""混沌"即人的本性心，"七窍"则指二元性的世俗心，它指向客体世界，极易"物于物"，从而使本性心迷失。当人的虚静的本性心失落后，就会失去作为天地本体的"玄珠"，就会成为与客体相对的主体，从而被外物所牵引，故此心是躁动的，"山川之气本静，笔躁动而静气不生"①。当心灵落入二元语境时，很容易被外物牵引而躁动，《乐记》曰"人生而静，天之性也。感于物而动，性之欲也"，心躁则笔躁，就无法表现天地之气了。

从道德层面看，这种虚静的心灵是无我无私的，是德性致纯的境界，只有具备这种品德修养，才能发现气韵生动的世界。这也就意味着，生态之美的境界与完善的道德修养是一体的。郭若虚曾云："窃观自古奇迹，多是轩冕才贤、岩穴上士，依仁游艺、探赜钩深，高雅之情。一寄于画。人品既已高矣，气韵不得不高；气韵既已高矣，生动不得不至。所谓神之又神而能精矣。凡画必周气韵，方号世珍。不尔虽竭巧思，止同众工之事。虽曰画，而非画。故杨氏不能授其师，轮扁不能传其子。系乎得自天机，出于灵府也。"②"人品高"不是一般所谓世间的好人，而是具有存在

---

①（清）笪重光：《画筌》，王伯敏等主编：《画学集成·明—清》，河北美术出版社 2002 年版，第 339 页。

②王伯敏等主编：《画学集成·六朝—元》，河北美术出版社 2002 年版，第316—317 页。

论、本体论意义,是通过德性修养而达到无私无我的境界,得见与世界一体的大我,这种境界也就是虚静的本性心的境界。"灵府"就是本性心,"天机"就是能化生万物气机,也就是气韵生动的世界。人人本有"灵府",每个人都有通达"天机"的可能,所以"人品既已高矣,气韵不得不高;气韵既已高矣,生动不得不至",这是必然的事情。

通过以上生态审美心灵的分析可知,一切生态问题产生的根源在于对世界的二元态度。只要这种二元态度占据文化语境的主导地位,人与自然、社会及自我之间生态问题的产生就不可避免。所以生态问题的根本解决,在于对二元态度的超越,虚静的生态审美心灵使人们进入生态之美的境界,对解决生态问题提供了有力的心灵保障。

第十五章　择地而居

　　"择地而居"是中国传统生态审美智慧的重要范畴,它是人类"场所意识"的具体表现。在人类的生存活动中,居所的选择从来都是一个重大问题,中国传统文化对此有深刻的认识。《黄帝宅经·序》曰:"夫宅者,乃是阴阳之枢纽,人伦之轨模。非夫博物明贤,未能悟斯道也。……故宅者人之本,人以宅为家,居若安,即家代昌吉,若不安,即门族衰微。"①中国择居文化表现了古人对自身与生态的关系认知及处理方式,具有深刻的人与生态共生共荣的生态美学观。

　　生态美学认为,生态之美不是静态的,人与生态之美不是观赏与被观赏的关系,人不只是对生态之美进行所谓的审美静观。生态之美并不是先验地独存于人的生存之外,而是生成并存在于人与生态的"交互"过程。在这一过程中,人与生态构成了因缘性的、物我合一的生命体,并且这种生命体处在生生不息、浑灏流转的变易过程,因而生态之美本质上就是人的"在世"方式。人类的居住场所就是这种"在世"方式的重要体现之一,是生态之美的集中表现。在居住场所中,人与万物处在共生共荣的、交互性的亲密无间之中。当代环境美学家阿诺德·伯林特说:"场所是许多

---

① 顾颉主编:《堪舆集成》第 1 册,重庆出版社 1994 年版,第 1 页。

因素在动态过程中形成的产物：居民、充满意义的建筑物、感知的参与和共同的空间……人与场所是相互渗透和连续的。"①他对人与环境的交互性进行了形象刻画："通过身体与处所（Body and place）的相互渗透，我们成为了环境的一部分，环境经验使用了整个人类的感觉系统。因而，我们不仅仅是'看到'我们的活生生的世界，我们还步入其中，与之共同活动，对之产生反应。我们把握场所并不仅仅通过色彩、质地和形状，而且还要通过呼吸，通过味道，通过我们的皮肤，通过我们的肌肉活动和骨骼位置，通过风声、水声和汽车声。环境的主要维度——空间、质量、体积和深度——并不是首先和眼睛遭遇，而是先同我们运动和行为的身体相遇。"②现代社会，由于人类欲望的极度膨胀，由于技术与市场的过度发展，人类的生存被严重异化，人类的居住场所受到极大影响，生态美学越来越引起人们的重视，其中的择居问题也引起了广泛而深刻的讨论③。其实，中国文化史上早就对择居问题具有深入思考，这就是所谓的风水文化，它是中国文化对人类文明的独特贡献，其中包含着深刻的生态美学思想，值得认真清理与研究，以使其为现代生态美学乃至生态文明的建设作出应有的贡献。当然，我们也要注意剔除其中的糟粕。

学术界一般认为，"风水"一词最早出现于假托晋代郭璞所撰的《葬经》一书，其中有云："夫阴阳之气，噫而为风，升而为云，降

①［美］阿诺德·伯林特：《环境美学》，张敏、周雨译，湖南科学技术出版社 2006 年版，第 135 页。

②［美］阿诺德·伯林特：《环境与艺术：环境美学的多维视角》，刘悦笛等译，重庆出版社 2007 年版，第 10 页。

③参见曾繁仁：《生态美学导论》，商务印书馆 2010 年版，第 335 页。

而为雨,行乎地中而为生气。生气行乎地中,发而生乎万物……气乘风则散,界水则止,古人聚之使不散,行之使有止,故谓之风水。"①风水也称堪舆,是中国人关于建筑选址的文化体系,是建立在天人合一基础之上的"择居观念"和"场所意识"。它以天人合一为思想背景,以气为本体基础,以阴阳、五行、八卦、天干、地支等观念为理论构架,以选择藏风得水、凝聚生气的生态优美的居所为主要目的。其中包含着对天文、人文、水文、气候、地质、地貌、植被、道路等要素的正确认识,也包含着自然崇拜、巫术等非科学成分,内容十分复杂。它对中国文化具有深刻而普遍的影响,上自帝王,下至百姓,都或多或少地受这种观念的影响。经过两千多年的文化积淀,它已经成为中华民族的集体无意识,成为深层民族心理结构的重要内容,直到今天,影响仍然很大。风水文化中的居所包括阳宅与阴宅,二者在操作层面有着较大区别,但其理论原则却是一致的,都是以选择生态优美的处所为目标,表现了中国传统的生态择居意识,本节将一并进行论述。

早在先秦,中国人已经具有了很强的择居意识,但那时系统的择居理论尚没有形成,只是通过占卜判定居所的吉凶。古代筮卜文化盛行,其中关于择居的占卜称为"卜宅",《诗经·文王有声》中就有此类记载,如:"文王有声……考卜维王,宅是镐京,维龟正之,武王成之。武王烝哉。"此诗反映了周初迁都镐京的占卜活动;《定之方中》:"定之方中,作于楚宫,揆之以日,作于楚室……卜云其吉,终然允臧。"这是卫文公迁都楚丘时的卜宅活动。又《史记·卷四·周本纪》"成王在丰,使召公复营洛邑,如武王之意。周公复卜申视,卒营筑,居九鼎焉。曰:'此天下之中,四

---

① 顾颉主编:《堪舆集成》第 1 册,重庆出版社 1994 年版,第 340 页。

方入贡道里均。'"到汉代时,风水观念已经非常流行。如《史记·淮阴侯列传》载:"太史公曰:……韩信虽为布衣时,其志与众异。其母死,贫无以葬,然乃行营高敞地,令其旁可置万家。余视其母冢,良然。"《后汉书·袁安传》载,东汉成武令袁安葬父时经异人指点,选择了一块风水宝地,从此"累世隆盛"。值得注意的是,汉代已经出现了"堪舆"一词,特别是出现了专门的风水学著作,这标志着中国风水文化的正式诞生。"堪舆"最早见于《史记·日者列传》:"孝武帝时,聚会占家问之,某日可取妇乎? 五行家曰可,堪舆家曰不可……辩讼不决。"堪舆的本义为天地,《文选·甘泉赋注》曰:"淮南子曰:堪舆行雄以知雌。许慎曰:堪,天道也。舆,地道也。"由此可见,风水文化在其刚刚产生的汉代,就意识到了居所生态的系统性,天地、时空都进入了择居视野。汉代的风水学著作见于《汉书·艺文志》,其中有《堪舆金匮》(十四卷)、《宫宅地形》(二十卷)等,现均已亡佚。王充《论衡·诘术》还记载了当时盛行的"五音姓利"的风水活动:"图宅术曰:宅有八术,以六甲之名数而第之,第定名立,宫商殊别。宅有五音,姓有五声,宅不宜其姓,姓与宅相贼,则疾病死亡,犯罪遇祸。"这种理论以五行为基础,把居者姓氏所属的五音与居所的方位相配,由此决定居所的选择。它具有比较完备的理论体系与操作方法,唐宋时期还一直流行,著名的巩义市宋陵就是依此建筑的。风水文化发展到魏晋南北朝时期,已经比较成熟,众多文人参与其中,出现了许多著名的风水家,如魏时管辂、晋代郭璞等。他们在风水史上的影响非常大,郭璞被后代的风水家们称为鼻祖,后代一些重要的风水著作也都假托他们所作。风水学在唐代以后开始全面繁荣,不仅风水家众多,而且风水著作大量出现,并形成了不同的风水学派。风水史上的重要著作如《葬经》《管氏地理指蒙》《宅经》《青囊海角经》等都是唐代的著作。到晚唐时，风水的专用工具——罗盘也被发明出来。到宋代，风水学的两大体系——江西派与福建派也已经形成，这是风水学史上具有重要学术意义的事件，标志着风水学发展到了鼎盛时期。江西派又称为"形法"派，重视山脉、河流、土地的形势及方位在择居中的作用；福建派又称"理气"派，重视阴阳、五行、天星、八卦、干支理论在择居中的作用。在后来的不断发展过程中，影响较大的风水家与著作不断出现，成为中国社会的重要文化现象，其影响之大，以至历代政府对此非常重视。如元代在各地设立阴阳学，其中包括风水、天文等；明代各级政府则设阴阳学官，管理风水事务；清代也承袭了这种设置。

　　风水文化在漫长的发展过程中，浸透了中国文化精神，虽然其中杂有糟粕，却体现了中国文化天地人有机统一的生态美学观。这种生态观认为人与天地宇宙共处统一的生命体中，人与世界不是对立的主客二元关系，人是天地生态系统的一部分，天地生态系统是人的存在方式。这种思想在当代建设生态文明的背景下，显现出特别的生态美学意义。正如有的学者所指出的："古代的风水理论有其合理的部分。它注重协调人类生存与生态环境的关系，通过对天地人三者之间的关系的协调，选择一种适宜人类生存与繁衍的生态环境。尤其是选择阳宅和修建房屋的理论，合理的成分更大，它格外看重地形、地势、地理、地貌，看重山、水、路、地质、丘陵、林木等自然环境的和谐统一，追求建筑物与周围环境的和谐融洽，浑然一体，自然天成。这是中国古代建筑文化的基础。"①这种体现人与自然相协调的天人合一的风水文化

---

① 于希贤、于涌：《中国古代风水的理论与实践》，光明日报出版社 2005 年版，第 158 页。

是中国文化对人类文明的独特贡献,是西方文化所缺乏的,体现了中国文化的生态美学思想,值得我们深入研究。英国科学史家李约瑟在《中国科技与文明》中对此给予很高评价:"在许多方面,风水对中国人是恩物,如劝种树和竹以作防风物,强调流水靠近屋址……我初从中国回到欧洲,最强烈的印象之一是与天气失去密切的感觉。在中国,木格子窗糊以纸张,单薄的抹灰墙壁,每一房间外的空廊走廊,雨水落在庭院和小天井内的淅沥之声音,使个人温暖的皮袍和木炭——再有令人觉得自然的意境,雨、雷、风、日,等等,而在欧洲人的房屋中,人完全孤立在这种境界之外……就整体而言,我相信风水包含显著的美学成分,遍及中国农田、屋宇、乡村,不可胜收,皆可借此得以说明。"[1]西方传统文化以二元语境为主,故其择居文化中无不显现着主客分立、物我二元的特点,其居所"孤立"于天地生态系统之外;而中国文化则以天人合一为基础,择居文化处处显示着人与自然相互交融、物我一体的诗意之美,显现出中国传统文化本然所具的生态美学意蕴。

一、择居的本体基础

风水作为中国传统的择居文化体系,内容非常丰富,其中包括不同的学派、观点,具体的观念差异巨大,甚至相互对立。但是,从根本上看,它们的本体基础却是相同的,这就是气。清代张凤藻《地理穿透真传》曰:"凡看地……总以气为主。"《绘图地理五诀》亦云:"地理之道,首重龙。龙者,地之气也。"[2]现代学

---

[1]转引自何晓昕、罗隽:《中国风水史》,九州出版社2008年版,第195页。

[2](清)赵玉材:《绘图地理五诀》,华龄出版社2006年版,第23页。

者们对此也有着共同的认识:"相地术的理论是建立在古代中国哲学'气'的概念之上的。"①"风水的核心是生气。"②无论什么学派、什么观点、什么操作方法,其世界观与方法论的基础都是体现天人合一观念的气,而风水活动的最终目的,无非是选择天造地设、具有生生之气的"风水宝地"作为居所。因此,研究中国传统的择居文化,必须重视对作为其本体基础的气的探讨,从而揭示出其超越主客二元思维模式的生态美学意义。

　　气是中国文化中少有的几个具有本体意义的概念之一。气作为本体概念,在根本的意义上,它不属于"什么"的问题,因为"什么"属现象界,只有当一个东西是"存在者"时,我们才能对其进行"是什么"的追问。然而气作为本体范畴,是使存在者成为存在者的"东西",它本来就不是"什么"。所以,任何对气进行实体性、物质性的解释,都是不恰当的,因为这是自然科学的思路,无法到达本体领域。诚然,风水文化中涉及大量的自然科学问题,但是这些问题只有技术性的意义,并不涉及其本体问题。因此,如果把本体之气现象化、实证化,就会落入西式的主客二元文化模式,从而失落风水文化中特有的一元的、天人合一思想基础,更无从揭示其人与生态共生共荣的生态美学思想。但是,这种主客二元思维模式在当代风水文化的研究中普遍存在,如有的学者认为:"这个气不同于空气之气。近年来,射电天文学家研究结果提示,它属于宇宙创生时宇宙背景微波辐射,也包括星体的电磁辐射。这是风水学中最基本而又最神秘的内容,以往是个空白,今

---

① 程建军、孙尚朴:《风水与建筑》,江西科学技术出版社 2005 年版,第 2 页。
② 王玉德:《神秘的风水》,广西人民出版社 2009 年版,第 3 页。

天科学揭开了风水的神秘面纱。"①这是在存在者层面上对气进行界定。我们认为，从学理上看，这种具体的物质性的东西并不是风水中"气"的真正意义。气作为本体概念，它使得万物成为如此地显示出来的万物，现象界的一切，都是它的显示方式。气是具有源始性的造物力量，它不但使万物涌现出来，它还赋予万物以生命与灵魂，从而使物持存。同时，与万物一样，人的生命也源于气，气凝聚而成人。这样，人与自然万物就有了共同的本体基础，万物之间、人与万物之间虽然在现象界层面上具有不同的存在形态，但其内在的本性却是一致的、相通的，是同源共生的。因此，气也就具有了生态美学的意义，正是以气为基础，人与自然才同属共生共荣的生命整体。在这样的本体基础上，中国文化才具有了人与自然相亲的观念。人生在世，只要更多地得到这种本体之气，与这种源始性的"宇宙能量"相沟通，生命质量就会不断提升。风水作为择居文化，就是为了在大自然中选择生气比较集中的场所居住，而这种场所，也正是典型地表现了天人合一的生态之美。

气早在先秦就已经成为中国文化的重要概念，从那时起，它就具有天人合一的维度。如《左传·昭公元年》提出了"六气"的观念："天有六气，降生五味，发为五色，征为五声，淫生六疾。六气曰阴、阳、风、雨、晦、明也。分为四时，序为五节，过则为灾。"天之"六气"生成了万物，并且决定着人的健康状况，可见，此"六气"具有统摄人和万物于一体的特点。《左传》还认为，人的思想、情感也生于"六气"："民有好恶喜怒哀乐，生于六气。是故审则宜

---

① 于希贤、于涌：《中国古代风水的理论与实践》，光明日报出版社 2005 年版，第 242 页。

类,以制六志。……哀乐不失,乃能协于天地之性,是以长久。"①
从《左传》的论述看,"六气"说虽然比较简单,但初步具有了本体
意义,因为它是一切自然现象、人的生理及精神现象之本源,因
此,从生态美学意义看,它是天人一体的生态之美的本体。同时,
这种具有本体意义的"六气"说,也是中国风水择居文化的理论源
头之一。《国语》中气的思想更加深刻,"夫山,土之聚也;薮,物之
归也;川,气之导也;泽,水之钟也。夫天地成而聚于高,归物於
下,疏为川谷,以导其气;陂塘污庳,以钟其美。是故聚不阤崩,而
物有所归;气不沈滞,而亦不散越。是以民生有财用,而死有所
葬。"②天地有着和谐的秩序,其中气起着非常重要的作用,而当
天地之气发生变乱时,大自然会产生异相,人的生存也会随之发
生变化。"夫天地之气,不失其序;若过其序,民乱之也。阳伏而
不能出,阴迫而不能烝,于是有地震。今三川实震,是阳失其所而
镇阴也。阳失而在阴,川源必塞;原塞,国必亡。"③这段论述表现
出了对气的深刻认识:首先,天地万物的秩序是天地之气的秩序
的外在表现,当天地之气秩序混乱时,自然现象也表现出秩序的
混乱;其次,天地之气的秩序具体表现为阴气与阳气的运动,它们
各自变化的规律,由此决定着自然现象的变化;最后,这种天地之
气也决定着人的生存状况,当它失序时,社会也会发生动乱,反之,
天地之气正常运转时,社会生活也会平稳,"故天无伏阴,地无散阳,
水无沈气,火无灾,神无间行,民无淫心,时无逆数,物无害生"④。

---

①《左传·昭公二十五年》。
②《国语·周语下》。
③《国语·周语上》。
④《国语·周语下》。

　　这种气的天人合一的维度具有重要意义。《国语》对天地之气与人的生存活动的密切关系有着比较深入的把握,体现了这种天人合一的思想。它认为人的生理、心理都是由气决定的,"气在口为言,在目为明。言以信名,明以时动。名以成政,动以殖生。政成生殖,乐之至也。若视听不和,而有震眩,则味入不精,不精则气佚,气佚则不和。于是乎有狂悖之言,有眩惑之明,有转易之名,有过慝之度"①。《管子》也有同样的观点,它把气称为"精气","精也者,气之精者也"②,并认为天地万物及人类都是由这种精气所生成,"凡物之精,此则为生,下生五谷,上为列星。流于天地之间,谓之鬼神。藏于胸中,谓之圣人。是故此气,杲乎如登于天,杳乎如入于渊,淖乎如在于海,卒乎如在于山。是故此气也,不可止以力,而可安以德;不可呼以声,而可迎以意。敬守勿失,是谓成德。德成而智出,万物毕得"③。由此论述可知,此气不是现象性、物理性的存在者,对其进行实证科学的追问是无效的,它是本体性、人文性的"存在",因为只能通过"德""意"等方法才能得到它,也就是通过身心的修养,方能得此气。只要得此本体之气,就会"万物毕得",因为万物都由此气而生。但此"得"不是功利性的占有,而是指"浑然与物同体"的美学之境,是天人合一、物我一体的生态美学境界。《庄子》在解释气的本体意义时,特别强调人与万物在气的层次上的浑然合一的特点,并特别提出"一"作为这种合一的范畴:"人之生,气之聚也。聚则为生,散则为死。若死生为徒,吾又何患! 故万物一也。是其所美者为神

---

① 《国语·周语下》。
② 《管子·内业》。
③ 《管子·内业》。

奇,其所恶者为臭腐。臭腐复化为神奇,神奇复化为臭腐。故曰:
'通天下一气耳。'圣人故贵一。"①整个宇宙人生在气的层面上是
一体的,若人只能存心于主客对立的二元世界,或者只看到世界
的差别与相状而不懂得世界在本质上是一气,则人的生命就只能
飘浮在现象界而不能通达世界的本体,他的生命就沉沦于物的层
面而极易发生"物化"。所以中国人强调生命的大化与通透,从而
真切地体验到生命的真相是"天地与我并生,而万物与我为一"的
生态美学境界。

　　由上可见,早在先秦,气论本体思想已经形成,成为中国人思
考宇宙人生的本体基础。尤其值得注意的是,它在产生期,已经
具备了天人合一、物我一体的生态美学维度。气论本体观在中国
思想史上不断发展丰富,这种思想探讨一直延续到清代,形成了
中国特有的本体论思想,并以此为基础,形成了庞大的气的文化
系统,中国的历史、政治、军事、伦理、宗教、艺术、医学、武术等都
离不开气,其中风水文化也属于这种气文化。

　　先秦气论本体思想为汉代风水文化的产生打下了坚实的理
论基础。风水文化自产生时就建立在气本论基础之上,它在后来
的发展过程中不断从气论文化中吸取营养,终成为体现中国生态
美学思想的择居文化。

　　魏晋是风水文化比较成熟的时期,出现了影响比较大的风水
学家,这种现象与当时的气论本体思想是相应的。这一时期的气
论本体思想引人瞩目,其中影响较大的有杨泉、《列子》、葛洪等。
杨泉首先认为自然万物本质都是气,其《物理论》曰:"元气皓大,
则称皓天。皓天,元气也,皓然而已,无他物也。"也就是说天只是

―――――――――――
① 《庄子·知北游》。

元气,而这种元气又生成了万物,所以又说:"成天地者,气也","星者,元气之英也","风者,阴阳乱气,激发而起者也","气积自然,怒则飞沙扬砾,发屋拔树,喜则不摇枝动草,顺物布气,天下之性,自然之理也。"其次,他进一步认为人的生命也源于气,"人含气而生,精尽而死"。也就是说,人与万物是一体的,气是这种合一的本体基础。《列子》及张湛注中的气论本体思想也很深刻。首先,整个宇宙都是一气而成:"有太易,有太初,有太始,有太素。太易者,未见气也;太初者,气之始也;太始者,形之始也;太素者,质之始也。气形质具而未相离,故曰浑沦。……清轻者上为天,浊重者下为地,冲和气者为人;故天地含精,万物化生。"①气之清者为天,气之浊者为地,冲和之气则成为人,"冲和"之气生成人的观念对风水学说的影响很大,凡是宜人居住的"宝地"都具有"冲和"之气,都具有典型的生态之美。张湛注曰:"夫混然未判,则天地一气,万物一形。分而为天地,散而为万物。此盖离合之殊异,形气之虚实。"在本体意义上,万物来源于气;在现象界层面,万物在结构上是虚实的结合体,实即形,而虚即气。"虹霓也,云雾也,风雨也,四时也,此积气之成乎天者也。山岳也,河海也,金石也,火木也,此积形之成乎地者也。"②张湛注曰:"天积气耳,亡处亡气。""日月星宿,亦积气中之有光耀者。"万物的实质都是气,这种思想反映在风水学中,必然会把天象也考虑在内,因为天象也是气,与大地之气是一体的,当然对居所、对居所中的人都有无形的影响。其次,张湛还认为人的生命的本质也是气,是气的凝聚,"夫生者,一气之暂聚,一物之暂灵。暂聚者

---

① 《列子·天瑞》。
② 《列子·天瑞》。

终散，暂灵者归虚"①。人的生死只是形的变化，而这种形却是来源于气。他说："夫生死变化，胡可测哉？生于此者，或死于彼；死于彼者，或生于此。而形生之主，未尝暂无。是以圣人知生不常存，死不永灭，一气之变，所适万形。"②由此看来，他认为由于气的存在，人的生命并不是断灭的，这种灵魂不死的观点在传统社会影响极大，并成为阴宅风水的思想基础。东晋道教人物葛洪也非常重视气论本体论，他认为人与物都在气之中，其《抱朴子》说："人在气中，气在人中，自天地至于万物，无不须以生者也。"③他还说："万物感气，并亦自然，与彼天地，各为一物，但成有先后，体有巨细。"④人与天地万物都是由气生成，只是生成的时间及具体形态有所不同。

综上所述，从生态美学角度看，气论本体论在以下两个方面对中国择居文化具有重要的意义：

第一，气是天地万物的本体，万物皆是气之所生。大千世界事物繁多，上自昊天，下至九渊，不可数穷，但其本质却是一致的，都是由气凝聚而成。《管氏地理指蒙》认为，气之"轻清者上为天，重浊者下为地，中和为万物"⑤。明代缪希雍《葬经翼》云："山川本乎一气。"⑥明末清初风水学家蒋平阶《秘传水龙经》曰："斗星漠乎一气。"⑦万物莫不内蕴着这种气，所以，现象诸物虽有不同

---

①《列子·杨朱篇》注。
②《列子·天瑞篇》注。
③《抱朴子·至理》。
④《抱朴子·塞难》。
⑤顾颉主编：《堪舆集成》第1册，重庆出版社1994年版，第114页。
⑥顾颉主编：《堪舆集成》第2册，重庆出版社1994年版，第118页。
⑦蒋平阶：《秘传水龙经》，商务印书馆1939年版，第35页。

的形态,但在气的层面上都是一致的,是共生共荣的一体关系。宋代思想家张载认为气有两种形态,一是虚的状态,是万物之祖:"虚者天地之祖,天地从虚中来。"①但此"虚"不是别的什么东西,它就是气,"太虚者,气之体。"②"虚空即气。""太虚无形,气之本体,其聚其散,变化之客形尔。"③也就是说,宇宙本体只是一气。气的另一种状态就是万物,它是由气凝聚而生成的。"太虚不能无气,气不能不聚而为万物。"④"凡可状皆有也,凡有皆象也,凡象皆气也。"⑤明代思想家王道也说:"盈天地间,本一气而已矣。方其混沦而未判也,名之曰太极。迨夫酝酿既久,升降始分,动而发用者,谓之阳,静而收敛者,谓之阴,流行往来而不已,即谓之道。因道之脉络分明而不紊也,则谓之理。数者名虽不同,本一气而已矣。"⑥也就是说,万物都是由气所化生,而气有许多名称,如太极、阳、阴、道、理等,名称虽异,其本却相同。黄宗羲认为:"通天地,亘古今,无非一气而已。"⑦中国人看天地万物的最高境界,就是要看出这本体之气,因为这气才是天地万物的生命所在,是真正的美,所以气本论思想也成为中国艺术的本体基础。清代艺术家沈宗骞说:"天下之物,本气之所积而成。即如山水,自重岗复岭,以至一木一石,无不有生气贯乎其间。是以繁而不乱,少而不枯,合之则统相联属,分之

---

① 《张子语录》。
② 《正蒙·乾称》。
③ 《正蒙·太和》。
④ 《正蒙·太和》。
⑤ 《正蒙·乾称》。
⑥ (清)黄宗羲:《明儒学案》,中华书局 2008 年版,第 1036 页。
⑦ (清)黄宗羲:《宋元学案》,中华书局 1986 年版,第 499 页。

又各自成形。"①中国择居文化的目的，就是要选择生气旺盛的地方，这样的地方具有天人合一的生态之美，最宜人居。

第二，气不但是天地万物的本体，也是人的生命的本体，人的生命也源于气。正因如此，人与万物才能成为有机的生命整体，生态之美才能存在，天人才是合一的，而不是主客二元对立的。《论衡·论死》说："气之生人，犹水之为冰也。水凝为冰，气凝为人。"《管氏地理指蒙》曰："人处天地之中，合天地之神气以成形。"②黄宗羲认为："四时行，百物生，其间主宰谓之天。所谓主宰者，纯是一团虚灵之气，流行于人物。"③他还说："天地间只有一气充周，生人生物。人禀是气以生，心即气之灵处。"④明代魏校认为本体之气分为精英与渣滓两种，精英部分形成人的精神，渣滓部分形成人的肉体，"气之渣滓，滞而为形，其精英为神。"⑤他还认为，人的五脏也是由精英之气生成的："人身浑是一团气，那渣滓结为躯壳，在上为耳目，在下为手足之类。其精英之气，又结为五脏于中，肝属木，肺属金，脾属土，肾属水，各得气之一偏，……"⑥

第三，由以上两点，自然顺理成章地得出这样的结论：人与万物都由是气所生，其本质都是相通的，"观于人身及万物动植，皆全是气所鼓荡。气才绝，即腐败臭恶不可近"。⑦ 所以，人与整个

---

① 王伯敏等主编：《画学集成·明—清》，河北美术出版社 2002 年版，第604 页。
② 顾颉主编：《堪舆集成》第 1 册，重庆出版社 1994 年版，第 116 页。
③（清）黄宗羲：《宋元学案》，第 123 页。
④（清）黄宗羲：《黄宗羲全集》第 1 册，浙江古籍出版社 1985 年版，第 60 页。
⑤（清）黄宗羲：《明儒学案》，沈芝盈点校，中华书局 2008 年版，第 52 页。
⑥（清）黄宗羲：《明儒学案》，沈芝盈点校，中华书局 2008 年版，第 55 页。
⑦ 方东树：《昭昧詹言》，人民文学出版社 1961 年版，第 25 页。

宇宙是一体的,都是浑然一气。生态的美,就存在于这种自然与人的浑然一体中。择居作为生态美学的范畴,就是建立在万物与人浑然一气的基础上,表现了人与自然共生共荣的有机整体关系。

二、择居的要素

生态美学认为,人的本质是一种"在世"状态,即人"在"世界中,而居所则是人的"在世"方式的具体显现,表征着人的存在,人与居所是一体不二的。现代人一般认为,居所就是生活起居的房子,择居的核心要素,当然也就是房子。但是,中国择居文化所说的居所不仅仅是房子,而是一个与天地万物融为一体的巨大生态系统,这个系统是以气为本体的活的生命体系,房子只是其中很小的一个要素。中国人认为,人居住在天地之间,居所是与天地之气往来的处所,居住是获得天地之气,从而达到天人合一的方式。由此,居所才显现着极大的生态美学意义。

在中国文化中,人是居于天地之间的。如,"世界"一词就包含着这种意义,"世界"是充满人生意义的"生活世界",而非实体性的物理世界。在汉语中,"世界"一词原本就是人生性而非物理性的。"世"本写作"卋"或"丗",本义是三十年,《说文解字》曰:"三十年为一世。"为何以三十年为世? 按古礼,男子三十结婚,所以三十年就是一代人,是人生的一个轮回。从这里还延伸出"世"的另一个意义:指人的一生、一辈子,人们常说的"人活一世"之"世"就是这种意思。而"界"原本指田地的边畔,后引申为一切事物间的界限。所以,"世界"一词按本义解当为"人生之域"或"生活之域",它是人存在的基本方式,是人的存在之所。这样理解,则"世界"就是人生,人生就是"世界",天与人是一体不二的。同样,"宇宙"一词也具有强烈的人生意义,"宇"和"宙"都有"家"字头,皆与房屋有关。"宇"的本义为"房檐",《说文解字》云:"宇,屋边也。"《诗经·豳风·七月》中有"八月在宇"之句,高亨先生注曰:"宇,屋檐。"①"宙"的本义则是房屋的"栋梁",《淮南子·览冥训》:"凤凰之翔至德也,……而燕雀佼之,以为不能与之争于宇宙之间。"高诱注曰:"宇,屋檐也。宙,栋梁也。"②这样,"宇宙"一词的意义当为房屋,而对古人来说,房屋就是居所,就是人的"家"。从静态的、经验的意义上看,"家"只是一些实物,如房子、家具等;但从本源意义上看,"家"是动态的,"家"之所以成为"家",是因为有人"在生活"。是人在生活中创造了"家",正因为有人"在",家才成为家。也就是说,"宇宙"作为"家",是人的存在的表征,宇宙和人是一体的。由此看来,无论是"世界"还是"宇宙",无不内蕴着强烈的人生意义。在最本源、最根本的意义上,"世界"和"宇宙"都是人的居所,是人的存在的显明方式。也就是说,在本源意义上,天与人不是二元对立的,而是一个合一不二的生命整体,这正是生态之美的本质所在。

所以,中国人的择居要素中不仅包括房子,更重要的是还包括居地周围的山脉、水流、土壤、植被、光照、风向、天象等各种要素。中国气本论认为,世界的本体并不能脱离现象而独自存在,它就在现象界之中。本体之气凝聚而成为天地万物,气就在万物之中。万物就是本体之气的现身方式,就是本体的家,人们通过现象界、通过与万物打交道即可通达本体之气,从而获得无限的

---

① 高亨:《诗经今注》,上海古籍出版社1980年版,第202页。
② 刘文典:《淮南鸿烈集解》,冯逸、乔华点校,中华书局2013年版,第242页。

生命力。但是，气在万物中的分布并不是平均的，而是有着偏正、厚薄的不同，并且对居住在此地的人产生相应的影响。清代沈宗骞《芥舟学画编》曰："天地之气，各以方殊，而人亦因之。南方山水蕴藉而萦纡，人生其间，得气之正者，为温润和雅，其偏者则轻佻浮薄。北方山水奇杰而雄厚，人生其间，得气之正者，为刚健爽直，其偏者则粗厉强横。此自然之理也。"①气是择居文化的核心价值所在，中国人往往通过居所的各构成要素来判定居地的气的状况，从而判断居地的吉凶。因此，中国择居文化中对居所的各要素有着严格的要求与选择标准。

第一，水。

水是中国择居文化的核心要素之一，一个具有生态之美的居所往往离不开水，无水不成居。郭璞《葬经》说："风水之法，得水为上。"②《地学简明》亦言："有山无水休寻地，寻龙点穴须仔细，先须观水势。"③也就是说，只有根据水势、水形，才能找到真正的龙脉，并确定具体的居住地点。所以，《青囊海角经》曰："穴虽在山，祸福在水。点穴之法，以水定之。"④"穴"指具体的居住点，如果没有水，择居活动就失去了依据与标准，从而无法进行。水为什么会如此重要呢？有以下几点理由：

首先，水最能体现天地之气。中国文化认为，天地万物都是由气生成，但在所有的事物之中，只有水与天地本体之气的关系

①王伯敏等主编：《画学集成·明—清》，河北美术出版社2002年版，第567页。

②顾颉主编：《堪舆集成》第1册，重庆出版社1994年版，第340页。

③（清）汪志伊：《地学简明》，"国立中央图书馆"藏嘉庆7年桐城汪氏手稿本复印件，第16卷。

④顾颉主编：《堪舆集成》第1册，重庆出版社1994年版，第83页。

最直接。明代缪希雍《葬经翼》曰:"气者,水之母,有气斯有水,观水深浅,可以卜气盛衰矣。"①如是观之,水的本质不是自然科学视野中的物理的存在,不是 H_2O,而是天地之气,很显然,这是一种人文的视角。中国择居活动的核心目标是选择天地之气最为凝聚的"风水宝地"作为居所,无水则无气,所以居处不能无水。明末清初蒋平阶《秘传水龙经》对水与气的关系有着非常深刻的论述:"太始惟一气耳。究其所先,莫先于水。水中滓浊,积而成土。水土震荡,水落土出,山川以成。是以山有耸翠之观,而水遂有波浪之势。《经》云:'气者水之母,水者气之子。气行则水随,水止则气畜。子母同情,水气相逐,犹影之随形也。'夫气一也,溢于地外而有迹者为水,行于地中而无形者为气。水其表也,气其里也。内外同流,表里同运,此造化自然之妙用。故欲知地气之趋东趋西,即水之或来或去,可以得其概矣。故观气机之运者,必观诸水。"②水在择居文化中的独特地位由此可见一斑。水源于气,而土又源于水,山则由土积成。水是一个特殊的"存在者",在万物之中,它与本体之气的关系具最为直接,是"母子同情"的亲密关系。或者可以说,它介于气与万物之间,表征着气的存在。气行于地中为地气,行于地外则为水,地气不可见,以水见之。择居的目标是寻气,而寻水也就等于寻气,得水则必得气,所以,寻水就成了择居活动中非常重要的因素。或曰:风水中的首要因素为什么不是山呢? 一般而言,山在风水中的地位也是很重要的,但是平原地区没有山,如何择居呢? 那就

---

① 顾颉主编:《堪舆集成》第 2 册,重庆出版社 1994 年版,第 117 页。
② 蒋平阶:《秘传水龙经》,商务印书馆 1939 年版,第 2 页。

要根据水。《秘传水龙经》曰："行到平阳莫问龙,只看水绕是真龙。"[1]又说:"凡寻平地与山龙不同,只要水来抱卫,其左右前后总宜。"[2]也就是说,平原地区只要有水环抱,就是生气凝聚之处,是生态优美的吉地。因此,《青囊海角经》曰:"如中原万里无山,英雄迭出,何故? 其贵在水。"[3]所以,山是次要的,只要有水,就能得气。

其次,水还能起到聚气的作用。择居作为生态美学的范畴,其核心是以生气聚集的"宝地"作为居所,从而使居住者更好地处于与天地一气的生态之中。风水学认为,水就具有聚结天地之气的作用。郭璞《葬书》说:"气乘风则散,界水则止。"[4]清人范宜宾《葬经注》解释说:"无水则风到气散,有水则气止而风无,故风水二字为地学之最重。而其中以得水之地为上等,以藏风之地为次等。"气运行的特点是随风飘散,但遇水则能停止聚集,是风也吹不散的。所以,凡是风水宝地都具有"藏风得水"的重要特征。藏风就是避风。若只得水而不能藏风,也可为上等之地,因为只要有水,气就能聚集。但若只能藏风而不能得水,即使有气,也会随风飘散,更谈不上聚气,故为下等地。若既能藏风又能得水,则为上上地。水之所以如此重要,是因为人与所有生物都需要水,水是一切生命的源泉,"水者,地之血气,如筋脉之流通者……万物莫不以生。"(《管子·水地》)水是整个生态系统的基础,一个地区如果缺失了水,生态之美也就无从谈起。

---

[1]蒋平阶:《秘传水龙经》,商务印书馆1939年版,"序"第1页。
[2]蒋平阶:《秘传水龙经》,商务印书馆1939年版,第34页。
[3]顾颉主编:《堪舆集成》第1册,重庆出版社1994年版,第84页。
[4]顾颉主编:《堪舆集成》第1册,重庆出版社1994年版,第340页。

　　最后，水的形势也很重要。择居文化认为，并不是所有的水都是美的，由于水形、水势、水情之不同，水也有美恶、吉凶之不同。风水家认为，"水有大小，有远近，有浅深，不可贸然见水便为吉"，所以，择居时应详察。水有河水、湖水、沼泽水、沟溪水、池塘水等，又有各种不同的具体形态，表征着不同的气象。有的水有利于聚气，而有的水则散气。凡是有利于生态健康的，则为吉水，反之，则为凶水。风水学对此有着非常深入的研究。首先，择居文化崇尚自然形态的水，而不提倡人工水。如果不得已采用人工水，也要合乎自然规律，"随时化裁，尽人合天之道也。善作者能尽其所当然，不害其所自然。"（《地理大全·裁成之妙》）因为水由天地之气所生，一个地方的水及其形态只是一种表面现象，而其本质则是此处天地之气的状况。人力虽然能改变作为现象的水，却无力改变作为其本质的天地之气。《管氏地理指蒙》云："虽方尺之地，其气上通于天，不可以人为为之增益者。人第知日月星辰之为天，而不知山川夷险之形皆天也。"[1]"当知形虽可成，其在天之度数不能改。"[2]"天之度数"即作为本源的天地之气。《管氏地理指蒙》又云："阴阳之气出于天造，非人力所能成。一有增损，不但无益，且所以伤之也。"[3]"强为之掘凿，丧其天真，不但有害于人，并失造化生成之意，故其罪为莫大。"[4]依据这个原则，择居文化不主张挖山开塘，以免伤害天地阴阳之气。这里的天地阴阳之气不是什么玄虚的东西，它是生态系统的根本，具体表现为大

---

①顾颉主编：《堪舆集成》第1册，重庆出版社1994年版，第255页。
②顾颉主编：《堪舆集成》第1册，重庆出版社1994年版，第214页。
③顾颉主编：《堪舆集成》第1册，重庆出版社1994年版，第268页。
④顾颉主编：《堪舆集成》第1册，重庆出版社1994年版，第215页。

自然生态系统自身的稳定性、平衡性。当人们对山川进行改造时,必然会对生态造成影响。如现代社会修建的大型水库、水坝等会扰乱天地之气的稳定,从而造成了严重的生态后果,所以有的水坝在建成后不得不炸掉①,有的水坝如三门峡大坝等建成后一直存在争议,也有些水库溃坝后造成大量人员伤亡②。现代人只把水作为一种物理现象,不懂得水是天人合一的有机生态整体的一部分,不懂得从生态有机体的全局的观点看待水,因此非常有必要学习古人的智慧。其次,就最为常见的河水而言,其形态尚曲不尚直,水的形势应当绕抱盘桓,顾恋有情,不可一泻而去,"眷、恋、回、环、交、锁、织、结,皆气之所在也。"(《山洋指迷》)风水重视曲水,是因为曲水有重要的生态美学意义。所谓"气之所在",即生态之美之所在。河流因为受到地球旋转与地形的影响,都会发生弯曲,所以弯曲是河流的自然形态。笔直的河流往往不稳定,容易发生改道变形,最后趋向弯曲。所以风水学认为直水散气,曲水聚气。"凡见直来硬过、不顾当局者,皆为大凶。虽有支水勾弯,亦不可轻为指点。经云:'荡然直去无关阑,其内岂有真龙穴?'凡弯曲回绕者,界生气水也;荡直不顾者,散气水也。经云:'生气尽从流水去。'正谓去水不宜直也。"③其实,中国文化一向重视曲线,如戏剧、武术、绘画等都以曲为美。与直线相比较,

①2009年9月,美国耗费652万美元,炸掉了桑迪河上运行了一百多年的马莫特大坝。(详见木梅:《炸掉百年大坝为鱼让路》,《羊城晚报》2011年4月29日。)

②此类事故在世界水利史上屡见不鲜,如河南驻马店1975年8月大洪水造成几十座水库溃坝,超过23万人死亡,1100万人受灾,财产损失不可计数。

③蒋平阶:《秘传水龙经》,商务印书馆1939年版,第34页。

曲线更能体现生态之美。直线往往是人工的，大自然中并不存在直线，它是概念思维的产物；而曲线则是宇宙造化万物的密码，它在自然中处处存在，一切生命的形式都趋向于圆，植物、动物的形态处处与曲线相关，天体、星系的形态及其运行轨迹也趋向于圆，微观世界中也处处可见圆的存在。风水学还认为，弯曲的河水虽然能聚气，但是河两侧也有吉凶之别，河水凹岸一侧为吉，凸岸一侧为凶。因为河水对凸岸的冲刷比较严重，特别是出现大洪水时，凸岸往往会崩塌，所以在凸岸居住是不安全的，而凹岸则无冲刷之忧，最为吉祥。再次，对水质也有严格的要求，黄妙应《博山篇》曰："寻龙认气，认气尝水，其色碧，其味甘，其气香，主上贵。其色白，其味清，其气温，主中贵。其色淡，其味辛，其气烈，主下贵。若酸涩，若发馊，不足论。"水的本质是气，水的差别是由气的不同而造成，《地理或问》曰："夫水无味，因土而变味。土有燥湿刚柔，由气有阴阳盛衰。气以变土，土以变味。地有气而后水有味，……此亦可以卜地气矣。"从自然科学的角度看，水的味道不同，是由其中所含的矿物质差异而造成的，当水中含有硫酸镁时就有苦味，含有氯化钠时则有咸味，含有铁盐及锰时则发涩，若含有藻类则有腥味。这些含有不同物质的水会对生态造成不同的影响，从而产生各种不同的生态景观。或问，这里的矿物质就是气吗？我们认为，气与矿物质是中西两种不同文化中的概念，中国的风水学不是西方的地理学，很难进行互释。就像中医那样，中药的本质是气而不是什么分子结构或化学成分。如果全面套用西方的理论解释中国文化，最后的结局就是取消中国文化。这是世界观与方法论的差异，我们必须注意。

第二，山。

山又称山脉，在择居文化中具有重要地位。与水一样，它的本质也是气,是气的表现。《葬经翼》云:"山岗,体魂也;气色,神理也。故知山川为两仪之巨迹,气质之根蒂,世界依之而建立,万物所出入者也。然则气,其形之本乎。"①《青囊海角经》亦云:"夫五行之气,行乎地中。堆阜有起伏,气亦随之。"②生态美学认为,人与生态系统是共生共荣的生命整体,其共同的基础就是气。天地之气在人身上的表现就是中医学所说的气脉经络,古人认为大地与人一样,也有气脉,由大地气脉而形成山脉。《国语·周语上》曰:"农祥晨正,日月底于天庙,土乃脉发。"《史记·蒙恬传》:"(长城)起临洮,属之辽东,成堑万余里,此其中不能无绝地脉哉?"《吴越春秋·越王无余外传》:"行到名山大泽,召其神而问之山川脉理。"可见,中国文化中很早就具有大地气脉的观点,这种思想在择居文化中得到继承与发展,《人子须知》:"曰脉者何也? 人身脉络,气血所由运行,而一身之禀赋系焉。凡人之脉,清者贵,浊者贱,吉者安,凶者危。地脉亦然。善医者,察人之脉而知其安危寿夭;善地理者,审山之脉而识其吉凶美恶,此不易之论也。"有的现代学者也认为,"大地内部有生气,生气是阴阳结合之果,生气聚集的地方是理想的宝地。'生气'沿大地的经络而运行聚焦于穴位,并沿经络而展布。"③

在择居文化中,山还被常称为龙、龙脉,《管氏地理指蒙》说:"指山为龙兮,象形势之腾伏。……借龙之全体,以喻夫山之形。"④由于山脉变化起伏不定,状态万千,因而以龙名之,《人子

①顾颉主编:《堪舆集成》第2册,重庆出版社1994年版,第104页。
②顾颉主编:《堪舆集成》第1册,重庆出版社1994年版,第87页。
③于希贤、于涌:《中国古代风水的理论与实践》,光明日报出版社2005年版,第218页。
④顾颉主编:《堪舆集成》第1册,重庆出版社1994年版,第134页。

须知》："地理家以山名龙,何也? 山之变态千形万状,或大或小,或起或伏,或逆或顺,或隐或显。支垄之体段不常,咫尺之转移顿异。验之于物,惟龙为然,故以名之,取其潜、见、飞、跃,变化莫测云尔。"总之,山脉、龙脉都是由地气而形成的,生气旺盛的地方往往会发育出雄山大川,"气不自成,必依脉而立。盖脉则有迹,而气本无形,所以,乘气之法又以认脉为先"(清·张凤藻《地理穿透真传·序言》)。由于山脉是气的表征,所以寻找生气旺盛的山脉就成了择居活动的重要目标。

择居文化认为龙脉有真假之别,凡是生态优美的山脉,必定气旺势大,它主要有下列特点:其一,山脉远长,连绵不断,山势或雄伟或秀丽。典型的龙脉有着旺盛的地气,必能够发育出理想的风水宝地。"山雄健者,气旺盛;山柔弱者,气微细。故曰龙行十里,气高一丈。"(《儒门崇理折衷堪舆完孝录·论气运通塞》)"地有吉气,土随而起,……气雄则地随之而高耸,气弱则地随之而平伏,气清则地随之而秀美,气浊则地随之而凶恶,此可以得地之说也。"(《罗经透解》)①风水学中有所谓"天下山脉,祖于昆仑"之说,认为中国所有的山脉皆发源于昆仑山,昆仑之气脉又孕育"三龙入中国"。"三龙"指的是源于昆仑的三大山系,黄河以北的山系为北干系,黄河长江之间的山系为中干系,长江以南的山系为南干系,三大干系中又分别发育出许多山脉。所以择居文化认为,理想的龙脉都跟昆仑有密切关系。正如刘基《堪舆漫兴》所说:"昆仑山祖势高雄,三大行龙南北中,分布九州多态度,精细美恶产穷通。"②其二,真正的龙脉都具有良好的生态景观,体现着

①王道亨:《罗经透解》,中州古籍出版社1995年版,第65页。
②顾颉主编:《堪舆集成》第2册,重庆出版社1994年版,第64页。

生态之美。龙脉的本质是气,气具有化育万物的能力,也是一切生命的源头,因而真正的龙脉必定生物繁茂,宜人居住。"树木荣盛,可征山有气至。"[(宋)李思聪《堪舆杂著》]①"……凡山紫气如盖,苍烟若浮,云蒸蔼蔼,四时弥留,皮无崩蚀,色泽油油,草木繁茂,流泉甘冽,土香而腻,石润而明。如是者,气方钟而未休。"(《葬经翼》)②具备这种生态景观的山脉就是真正的龙脉,反之就是无气的:"云气不腾,色泽暗淡,崩摧破裂,石枯土燥,草木零落,水泉干涸。如是者,非山冈之断绝于掘凿,则生气之行乎他方。"(同上)其三,典型的龙脉往往有河水相伴随,"小水夹左右,大水横其前。是以山者,龙之骨肉。水者,龙之气血。气血调宁而荣卫敷畅,骨肉强壮而精神发越。寻龙至此,而能事已毕。"(《管氏地理指蒙》)③择居文化认为,只有这种山、水相伴的地方才有阴阳中和之气,"山水之静为阴,山水之动为阳,阳动则喜乎静,阴静则喜乎动,动静之道,山水而已。合而言之,总名曰气。……有龙无水,则阴盛阳枯而气无以资。有水无龙,则阳盛而阴弱而气无以生。"④(《青囊海角经》)所以古人有"有龙无水不寻地"之说,往往以水审定龙脉的优劣,"审辨之法,以水源为定。故大干龙则以大江大河夹送,小干龙则以大溪大涧夹送。枝龙则以小溪小涧夹送,小枝龙则惟田源沟洫夹送而已。……故观水源长短而枝干之大小见矣。"(《人子须知》)最后,择居文化还认为要特别注意分辨无气的山脉,

①顾颉主编:《堪舆集成》第2册,重庆出版社1994年版,第88页。
②顾颉主编:《堪舆集成》第2册,重庆出版社1994年版,第104页。
③顾颉主编:《堪舆集成》第1册,重庆出版社1994年版,第155页。
④顾颉主编:《堪舆集成》第1册,重庆出版社1994年版,第65页。

这种龙脉称为"病龙"，《管氏地理指蒙》曰："盖有脉无气者有矣"①，古人认为童山、断山、石山、过山、独山五种山没有气，都是不宜择居的"病龙"。《青乌先生葬经（金丞相兀钦仄注）》曰："不生草木曰童，崩陷坑堑曰断。童山无衣，断山无气。石则土不滋，过则势不住，独山则无雌雄。"②童山即草木不生的秃山，这种山气缺乏生气；断山即山脊有断层的山，地层不稳定，气脉因而不能相续；石山即岩石山，石为山之骨，土为山之肉，无肉之山也是无气的，不能养育生物；过山即山脉从居处横亘穿过的山，因为生气往往凝聚在龙脉之尾，故过山也非择居之处；独山即孤立的山，生气一般聚结在群山环绕交会之处，故独山也无气。由以上分析可见，真正的龙脉都有良好的生态景观，表现出生态之美。

第三，穴。

如果说居所是一个天、地、人一体的生态关系之美的大系统，那么，穴则是这个系统中具体的居住点，是房子地基所在之处，是这个生态系统的中心。择居文化把寻穴看得非常重要，犹如画龙之点睛。如果穴找得不准确，整个择居活动就会失败。《地理穿透真传·扈言》曰："凡看地，先看穴情。"但看穴又有相当的难度，《青囊海角经》云："点穴之法，如人之有窍，当细审阴阳，熟辨形势，若差毫厘，谬诸千里，……可不慎欤！"③可见，寻穴并非易事，既要懂理论，又要有实践经验，故有"三年寻龙，十年点穴"之说。因为龙脉很长，往往延绵几十、几百里甚至上千里，比较容易寻找。但是穴却很小，只有方圆数十丈或数丈，寻之确非易事。

---

① 顾颉主编：《堪舆集成》第 1 册，重庆出版社 1994 年版，第 218 页。
② 顾颉主编：《堪舆集成》第 1 册，重庆出版社 1994 年版，第 110 页。
③ 顾颉主编：《堪舆集成》第 1 册，重庆出版社 1994 年版，第 72 页。

在生态美学看来,如果说居所是一个以气为基础的生态之美的气场,则穴就是气场的气眼。穴是气场的核心,它如天地之根,与天地元气相通,具有生生不息的化育万物的能力,居住在此处的人会得到天地宇宙的生命能量,身心健康。它具有如下特点:首先,它与龙脉密切相关,是龙脉之气停止、凝结之处。《秘传水龙经》:"夫相地要察来龙,点穴必迎真脉。"①缪希雍《葬经翼》云:"夫山止气聚,名之曰穴。"又说:"穴以藏聚为主,盖藏聚则精气翕集。"②山是气脉运行的形迹,山脉终止的地方也就是气脉聚结处,也就是穴之所在,因此,穴又被称为龙穴。或问,难道无山的平原就没有穴吗?平原地区也一样有龙脉,不过已经转入地下,虽不像山区那么明显,但仍然可以通过地形的高低、水流的形势判断龙脉的走向,从而确定穴之所在。其次,龙穴之处的气往往是阴阳中和之气,亦名"真气",最具有化育生物力量,是居住地生态系统的生命源泉所在,正如《葬经翼》所云,"穴者,山水相交,阴阳融凝,情之所钟处也。"③"阴阳融凝"即中和之气。静为阴,动为阳,动静双得则阴阳相和。《青乌先生葬经》也说:"内气萌生,外气成形,内外相乘,风水自成。……内气萌生,言穴暖而生万物也。外气成形,言山川融结而成形象也。生气萌于内,形象成于外,实相乘也。"④所谓"穴暖而生万物",是指穴中源源不断地发出阴阳中和之气,最能养育万物,这是居地生态系统的生命源泉。再次,穴还体现了天人合一的观念。穴的本义是土室,《说

---

① 蒋平阶:《秘传水龙经》,商务印书馆1939年版,第77页。
② 顾颉主编:《堪舆集成》第2册,重庆出版社1994年版,第100页。
③ 顾颉主编:《堪舆集成》第2册,重庆出版社1994年版,第99页。
④ 顾颉主编:《堪舆集成》第1册,重庆出版社1994年版,第112页。

文》:"穴,土室也。"当原始先民还没有学会筑室时,便穴地而居。《墨子·辞过》:"古之民未知为宫室时,就陵阜而居,穴而处。"在中医学中,穴是脏腑经络之气输注于体表的部位。择居文化认为,大地与人体一样,不仅有脉络,也有穴。"风水中提出的'大地有如人体'的说法,是中国古代大地有机说的重要组成部分。风水把大地看作是一个有机体,认为大地各部分之间是通过类似于人体的经络穴位相贯通的,'生气'是沿经络而运行的,风水穴就是一种穴位的表现。这在许多风水著作中都能证据。"①《人子须知》曰:"穴者盖犹人身之穴,取义至精。杨公云:'譬如铜人针灸穴,穴穴宛然方始当。'朱子云:'定穴之法,譬如针灸,自有一定之穴,而不可有毫厘之差。'此皆善状穴之名义也。"地气沿龙脉运行,并通过穴散射出来,与天气相交,天气为阳气,地气为阴气,故穴作为阴阳之气中和的交汇处,最富有生机。有的现代学者认为:"穴位的概念起源甚早,首先来自地理。……人体的经络、穴位概念是从地学上来的。根据《黄帝·灵枢经》和杨继洲《针灸大成》上的穴位名称,亦可看出经络穴位名称多与山川丘陵河谷等地学上的名词有关。其中有海(照海、小海等),河(四渎),溪(太溪、后溪等),沟(支沟),地(地仓),井(天井),泉(涌泉、阴陵泉、阳陵泉等),池(阳池、曲池等),泽(尺泽、少泽),渊(太渊),渚(中渚),山(承山、昆仑),丘(商丘、丘墟等),陵(大陵、下陵等),谷(合谷、然谷等)等等地理和地貌名称。"②人体有经络,大地也有经

---

① 于希贤、于涌:《中国古代风水的理论与实践》,光明日报出版社 2005 年版,第 113 页。

② 于希贤、于涌:《中国古代风水的理论与实践》,光明日报出版社 2005 年版,第 312 页。

络;人体有穴位,大地也有穴位。这是因为人与大地皆源于气,都以气为本体,是共生共荣的生态整体。

由于人与自然是共生共荣的有机整体关系,所以,也有人认为穴是女性生殖器或胎的象征,代表了天地生机勃勃的造化力量。《老子》把道比喻为"玄牝":"谷神不死,是谓玄牝。玄牝之门,是谓天地根,绵绵若存,用之不勤。""牝"即雌性动物或雌性动物的生殖器官,以此比喻道能化育万物。黄妙应《博山篇》以"圈"喻穴:"这一圈,天地圈。圆不圆,方不方,扁不扁,长不长,短不短,窄不窄,阔不阔,尖不尖,秃不秃,在人意见,似有似无,自然圈也。阴阳此立,五行此出。圈内微凹,似水非水。圈外微起,似砂非砂,分阴分阳,妙哉至理!"有的学者认为,这是"含蓄地用'圈'来指代女性外阴部"①。清代孟浩《雪心赋正解》卷二画有两幅穴形图,颇似女性外阴②。《雪心赋正解》则称穴为胎,"脉尽处化而为胎"。也就是说,气在龙脉终止的地方聚结,成为胎。"夫山之结穴为胎,有脉气为息,气之藏聚为孕,气之生动为育,犹如妇人有胎、有息、有孕、有育。"③孟浩还把穴形比喻为妇人生产的形态:"孕者,气之聚,融结土肉之内,如妇人之怀孕也。育者,气之生动,分阴分阳,开口吐唇,如妇人之生产也。"(同上)又说:"真龙落脉,必顿成星体,开面展肩,挺胸突背,有大势降下,如妇人生产,努力向前推送,但对面正看不见其形,左右睨视方见其势,此为阴体阳落之地。"④无论是女阴还是胎的比喻,都是天人合一的

①高友谦:《中国风水文化》,团结出版社2004年版,第42页。
②详见高友谦:《中国风水文化》,团结出版社2004年版,第44—45页。
③(唐)卜应天:《雪心赋正解》,清孟浩注,康熙庚申云林四美堂刊。
④孟浩:《辩论篇》,与《雪心赋正解》合刊一集。

观念的产物,如《周易·说卦传》所言:"坤,地也,故称乎母。""坤为地,为母。"大地是人类的母亲,她养育了一切生命。这大地不应简单理解为一般的土地,而应当是生态良好的天人一体的生命系统。只有生态系统健康,包括人在内的一切生命才能得到孕育、生长。在人类实践能力日趋强大的今天,应保护好大地母亲,使生态之美长存。

三、居所的结构

在择居文化中,居所的结构是一个重大问题,它充分体现了中国文化天人合一的有机生态观。气是择居文化的本体基础,居所的结构则是本体之气的显现,所以,从根本上说,居所的结构不是来自人为的设计,而是来自天地宇宙,是大自然生态系统内在结构的显现。这种结构把人与生态置于浑然一体的有机整体中,而不是如西方主客二元文化那样人与自然相对立。中国择居文化把人与自然、时间与空间、天与地、人文与地理等整合在一个有机的生态结构之中。其理论模式非常复杂,包括太极、阴阳、五行、八卦、四象、星宿、天干、地支等。这里,主要以五行、四象为例,分析居所结构中的生态美学思想。

五行最早出现于《尚书·洪范》:"五行:一曰水,二曰火,三曰木,四曰金,五曰土。"五行观念在后来的发展过程中,逐渐成为包容天地人一体的宏大理论模式,也成为择居文化的核心理论之一。在中国文化中,气是世界的本体,而气分为阴阳,又进一步分为五行,由此而生出人与万物,所以,人与万物都存在于由五行而构架起来的一体的生命结构之中。五行也是气,是本体之气更为具体的表现。《白虎通·五行》曰:"五行者,何谓也?谓金木水火土也。言行者,欲言为天行气之义也。"宋代周敦颐《太极图说》曰:"无极而太极。太极动而生阳,动极而静,静而生阴,……分阴分阳,两仪立焉。阳变阴合,而生水火木金土。五气顺布,四时行焉。"五行是中国人天人合一智慧的产物,是中国文化对宇宙生命规律与真理的认知。它是本体之气显现为现象界的基本结构方式,是宇宙造化万物的基本模式,万物莫不以此为结构,包括自然、人文在内的所有现象皆统摄在五行当中。天有五行,地有五行,人亦有五行。如自然现象中有五时(秋、春、冬、夏、长夏)、五色(白、青、黑、赤、黄)、五方(西、东、北、南、中)、五星(太白、岁星、辰星、荧惑、镇星)、五虫(毛、鳞、介、羽、倮)、五声(商、角、羽、徵、宫)、五味(辛、酸、咸、苦、甘)等,人的生理则有五脏(肺、肝、肾、心、脾)、五窍(鼻、目、耳、舌、口)、五体(皮、筋、骨、脉、肉)等,在人文方面则有五情(忧、怒、恐、喜、思)、五常(义、仁、智、礼、信)、五毒(恼、怒、烦、恨、怨)、五事(言、貌、听、视、思)等。可以说,五行如一张巨大的天网,囊括了所有万物。五行之间具有相生、相克的辩证关系,相生的关系即为金生水、水生木、木生火、火生土、土生金;相克的关系即为金克木、木克土、土克水、水克火、火克金。这种相生相济的关系,使其具有了稳定的结构。

五行及其相生相克的结构模式对生态美学具有极其生要的意义。首先,它意味整个生态系统是相互依存、相互依靠的生命整体。当一个部分出现问题时,整个全局也会相应地出现问题。人类是生态系统的一部分,人类应当建立起对生态的敬畏感,对生态的负责就是对人类自身的负责,西方主客二元文化语境中那种人与自然对立的观点是有缺限的。其次,在整个生态系统中,没有主体与客体之别,没有主要与次要之分,一切生态要素都是平等的间性关系,每一个要素对其他要素都具有制约作用。人类应当具有与大自然相平等的观念,应当尊重自然的内在价值,生态伦理应当成为当代社会的共识。最后,任何一个小的生态体系与其他生态体系及更大的生态系统之间,是全息同构关系,它们都是由五行建构起来的。部分即是整体,整个生态系统的问题,会在子系统中表现出来;同理,子系统的问题,也会对母系统产生影响。正如有的学者所指出的,五行观念"隐含了某种具有深刻意味的思想:宇宙间,万物同理,万物同等,万物间存在着某种互动和制约的关系,所有的现象都是互相关联的。只有意识到,并处理好这种关系,方能昌盛富强。这正是当代生态保护的核心"。①

在择居理论中,五行也有很多种,如正五行、八卦五行、洪范五行、四经五行、三合五行、四生五行、双山五行、玄空五行、星度五行、浑天五行、天干五行、地支五行等,不一而足。五行对于择居的重要性,犹如五行在中医中的地位,如果没有五行理论,择居理论就难以确立。随便翻开一部风水学著作,几乎都会看到五行的观念。择居文化认为,天地人统一于五行之中,都是由五行之气所生,《管氏地理指蒙》曰:"盖五行运于天,而其气寓于上,人物皆禀是以生也。"又曰:"人禀五行之气而生。"②黄石公《青囊经》曰:"天有五星,地有五行;天分星宿,地列山川;气行于地,形丽于天;因形察气,以立人纪。""天有五星"也即天有五行,地当然也有五行,而人与天地合一,也是有五行的。所以,清代刘杰《地理小补》曰:"天有五气,凝精于上者,曰星。……地有五气,流结于下者,曰行。……人有五性,混合于中者,曰常。五星之精,在天分

---

① 何晓昕、罗隽:《中国风水史》,九州出版社 2008 年版,第 69 页。
② 顾颉主编:《堪舆集成》第 1 册,重庆出版社 1994 年版,第 121、140 页。

光列象,而星宿由是周罗。五行之质,在地成形列体,而山川由是布满。仁义之德,在人植纪整纲而秀灵,由是钟毓。……天气地形,两相交感,而人寓乎形气交感之间,则钟灵毓秀以无穷矣。"于是天、地、人文皆统一于五行之结构之中。又元赵坊《葬书问对》曰:"五行阴阳,天地之化育。在天成象,在地成形。声色貌相,各以其类。盖无物不然,无微不著,而况山阜有形之最大者。……人有五脏,外应天地,流精布气以养形也。……天有五气,行乎地中,流润滋生,草木荣也。"①综上所述,人与天地不但同一本体,而且也是同构的,皆同一于五行的结构之中。

五行作为择居文化的理论基础,必然在居所的结构中反映出来。居所构成要素除了前面分析过的山、水、穴外,还有很多其他要素,如明堂、青龙山、白虎山、护山、水口山、案山、朝山、朝向等。无论要素如何多,都要按五行原则进行结构。由于中国处在北半球,为了避开冬季寒冷的北风,典型居所的结构方式都是坐北朝南,背靠较为高大的龙脉,左右两侧有较低的护山,前有曲水环抱,稍远的前方则是较低的案山及朝山;中间是作为具体居住点的龙穴,龙穴一般都紧靠龙脉,穴前面则是作为明堂的比较平坦、开阔的平地。这是最为常见的居所五行结构,也即南为火、北为水、东为木、西为金、中央为土。只有五行俱全,此地的天地之气才会中和、平衡,成为一个完整生态系统。只有在五气齐备的居所结构中,才能得天地之全气。这样,居住在此处的人的内在的五行之气与居所的外在五行之气相互配合,内外合一,构成一个天人合一的完整的生命系统。相反,如果居所五行不全,则居住在此地的人就会受到相应的影响,难以具备中和之气,从而产生

①顾颉主编:《堪舆集成》第2册,重庆出版社1994年版,第336页。

偏性、偏气。正如《管氏地理指蒙》所言,"山林之民得木之气多,故毛而方。毛者,木之气;方者,曲直之义。川泽之民,得水之气多,故黑而津。黑者,水之色;津者,润下之义。丘陵之民得火之气多,故专而长。专者,团聚也,火之象也;长者,炎上之义。得金之气者为坎衍之民,故晳而瘠。晳,白也,金之色也;瘠者,坚瘦之义。得土之气者,为原隰之土,故丰肉而痹。丰者,土之体;痹者,下之义。"①居所五行之气的状况,不但对人的生理有影响,对人的心理与精神也有影响,从而形成不同的人文风土。即所谓一方水土养一方人,人文与地理之间有着血肉一体的关系,绝不是二元对立的。

在中国择居文化中,居所的五行结构,不仅仅是大地上的五行,它还与天上的五行相应,天上与地上的五行成为一体。这充分表现在居所结构中所包含的四象观念之中。《葬经》曰:"地有四势,气从八方。夫葬以左为青龙,右为白虎,前为朱雀,后为元武。元武垂头,朱雀翔舞,青龙蜿蜒,白虎驯俯。"②这是关于居所结构的比较典型的论述,它把四象观念整合进五行理论,这里虽然讲的是阴宅,但与阳宅的结构原则是一致的。元武(又称玄武)、青龙、白虎、朱雀是中国文化中的"四象",据考古发掘,这种观念早在战国初期就已经存在,学者们认为它们与二十八星宿具有对应关系。③ 古人为了观测天象,把天空分为二十八个星宿,每星宿包括若干颗恒星。二十八星按东西南北四向分为四组,每

---

①顾颉主编:《堪舆集成》第 1 册,重庆出版社 1994 年版,第 121 页。

②顾颉主编:《堪舆集成》第 1 册,重庆出版社 1994 年版,第 342 页。

③参见王健民等:《曾侯乙墓出土的二十八宿青龙白虎图像》,《文物》1979 年第 7 期。

组七宿，并且每组用不同的动物表示，即东方青龙包括角、亢、氐、房、心、尾、箕；南方朱雀包括井、鬼、柳、星、张、翼、轸；西方白虎包括奎、娄、胃、昴、毕、觜、参；北方玄武包括斗、牛、女、虚、危、室、壁。四象在中国文化中的影响非常广泛，它体现了中国天人合一的观念，天地人三者是同质（气）同构（五行）的一体，宇宙、自然与人共同构成了共生共荣的生态有机体。五行俱全的"风水宝地"是天造地设而成，非人力能为，只有在天地五行之气齐备的地区，才会出现这种结构完美的生态区域。

在居所结构中，五行的各要素发挥着不同的作用，相互配合，缺一不可。作为玄武的龙脉起着非常重要的作用，有穴方能择居，而穴又是因龙脉而成。前已经有述，龙脉本身并不是一般的山脉，而是生气旺盛的山脉，它连绵起伏，蜿蜒而来，并由太祖山、太宗山、少祖山、少宗山、父母山等构成。太祖山即居所所在地区山脉的总发源地，它是群山之首，气势雄伟，高俊挺拔；太宗等山则是从祖山发育出来的支脉上的星峰，山势一个比一个低，都具有良好的生态景观；父母山又称主山、来龙山、坐山，它是龙脉的尽头，也是结穴聚气的山，是居所背靠的山峰，它一般都是坐北朝南。择居文化认为，龙脉两边都有大江、大河夹送，支脉则有小河相送。河溪伴龙脉，并在穴前成为环抱之势，起到聚气的作用。

择居文化还认为，龙脉自身也是以五行为结构的。《葬经翼》曰："山川之状，不出五行，……究其大略，五星尽之矣。"①所谓"五星"，即山的形状因所属的五行不同而呈现出的不同的五种形状。正如《葬经翼》所云，"气之积而成体也，厥状有五：火言其锐也，水言其波也，木言其直也，金言其圆也，土言其方也。五体咸

---

① 顾颉主编：《堪舆集成》第2册，重庆出版社1994年版，第118页。

备,气之至盛者也"。① 如果龙脉上的诸山是以五行相生的顺序排列,则此山即为"生龙",生气最旺。这种观点的意义在于,龙脉作为居所中的重要构成要素,它自身的结构与居所、人、天地都是全息同构的,都内在地具有五行结构,是天地生命系统的有机组成部分。

作为青龙、白虎的左右护山在穴的东西两侧,在五行中分别属木与金,呈南北走向,护卫着穴与明堂。理想的风水宝地的护山不只一列,而是两列甚至更多。由于生气具有随风而散的特点,所以护山能起到避风聚气的作用。《葬经》认为,"青龙蜿蜒,白虎驯俯。"也就是东边的青龙山应当呈蜿蜒灵动之势,这是生气充足的表现;西边的白虎山则应具有"驯俯"之势,即山势较低,有利于温暖的西南风进入居地。

作为朱雀的朝山与案山在明堂远的正南方向,与玄武遥遥相对。玄武的山势应"垂头",朱雀的山势为"翔舞"。之所以如此要求,是与它们代表的水与火的特性有关,水势欲下,火势欲上。同时,还因为玄武山是居所诸山中最高的山,又是结穴的山,从气脉及美学上皆要求呈"垂头"之势,如果呈奔腾或高拔挺峻之势,则非为结穴之相,并且对明堂有逼迫之感。朱雀山则比较低,只有呈现出向上的"翔舞"之势,才能与山势较高的玄武及左右护山相称,从而产生较好的审美效果。朱雀离穴的距离比青龙白虎都远,从而使得居地内的视野非常开阔。

明堂是居地内人的活动的主要区域,其基本要求是平坦开阔,土质良好,生态景观优美。廖瑀《地理泄天机·明堂入式歌》曰:"凡是穴前坦夷处,便是明堂位。……明堂光明照万方,宽阔

---

① 顾颉主编:《堪舆集成》第 2 册,重庆出版社 1994 年版,第 96 页。

始为良。"①《人子须知》:"明堂欲其平正、开畅、团聚。"另外,明堂的南边流过的河水必须对其呈环抱之势,缪希雍《葬经翼》说:"明堂者,穴前水聚处也。"②因为只有这种水形才能起到聚气作用。明堂在五行中属土。中国文化认为,土在五行当中的地位较为特殊,所以与五方相配时居于中央,"土在中央,中央者土。土主吐含万物,土之为言吐也"(《白虎通·五行》)。这应当由农业社会的生活方式所决定的。明堂又分小、中、大三个部分:"小明堂,穴前是。中明堂,龙虎里。大明堂,案内是。此三堂,聚四水。水上堂,穴即是。低平洼,方是处。要藏风,要聚气,良可喜。气不聚,空坦夷。其中最重惟中明堂。锁结要备,纽会要全。山脚田岑,关插重重,气不走泄,福自兴隆。"(《博山篇》)有四面山的遮挡以及河水的界止作用,穴与明堂内的气便能聚而不散,正如廖瑀《地理泄天机·明堂入式歌》所言,"明堂气聚始为奇,不聚即非宜"。

这样,由玄武、青龙、朱雀、白虎、明堂等要素构成了一个结构完整的居所,此结构融天、人、地于一体,内蕴着相生相济的稳定结构,聚合宇宙生生之气。人居此处,身心和谐,与天地之气往来,是生态之美的最佳境界。五行不是简单比附,不是人为的概念设定与理论假设,而是中国古人智慧的体现。中国人有独特的不同于逻辑思维的内省式生存智慧,正是这种智慧发现了天人合一的宇宙规律,发现了天人一体的五行结构方式。五行不是像西方文化那样来自逻辑推演,而是来自于实践经验的总结。如,中医就是以五行为理论基础的,没有五行就没有中医,几千年来的中医实践证明了五行理论的正确性。我们应当超越西方主体二

①廖瑀:《地理泄天机》,中州古籍出版社2002年版,第65页。
②顾颉主编:《堪舆集成》第2册,重庆出版社1994年版,第102页。

元语境,在现代视野中重新认识、阐释五行理论,进一步发掘其学术意义与实践价值,使其为建设现代生态文明做出应有的贡献。

　　同时,需要注意的是,中国风水学说中不可避免地包含有一些封建迷信与神秘主义思想,这是文化糟粕,应当进行必要的批判与鉴别。比如,认为只要居住在"风水宝地",就会有好的命运;祖坟的风水好,子孙也会兴旺发达;等等。这些观念至今还存在。地理环境怎么能决定人的命运呢? 其实古人对此有十分清楚的认识,"宋人倪思父有云:'住场好不如肚肠好,坟地好不如心地好。'又宋壶山谦父《赠地理师》云:'世人尽知穴在山,岂知穴在方寸间……'钱水部仁夫诗云:'……肯信人间好风水,山头不在在心头。'"①祸福无门,唯人自召,正确的思想才有正确的人生,这是人生的基本常识。明末莲池大师也说:"嗟乎! 穴在人心不在山。妇人、小子无不知之,而若罔闻,吾不知其何为而然也。"②民国高僧印光法师对风水迷信也进行过批评:"世人不在心上求福田,而在外境上求福田,每每丧天良以谋人之吉宅吉地,弄至家败人亡,子孙灭绝者,皆堪舆师所惑而致也。若堪舆师知祸福皆由心造,亦由心转,则便为有益于世之风鉴矣。又堪舆家人各异见,凡古人今人所看者,彼必不全见许,以显彼知见高超。实则多半是小人之用心,欲借此以欺世盗名耳。试看堪舆之家谁大发达? 彼能为人谋,何不为己谋乎?"③家族是否兴旺、子孙是否发达,与祖坟的风水也毫无关系。中国择居文化中的"阴宅"观念几乎全

---

① 李诩:《戒庵老人漫笔》,中华书局1982年版,第244—245页。
② 莲池大师:《莲池大师全集·直道录》,福建莆田广化寺印(影印《云栖法汇》),第4140—4141页。
③ 印光法师:《印光法师文钞续编》卷上,苏州报国寺弘化社,第190页。

是糟粕,它只是古人的殡葬习俗。一切习俗当随着时代的变化而变化,现代社会经济飞速发展,中国的耕地越来越紧张,殡葬改革势在必行,"阴宅"观念已经大大落伍了。伴随着社会主义市场经济的快速发展与中国社会的转型,生活节奏越来越快,生活压力增大,一些人在心理出现了某些不适应,在此背景下,风水迷信观念也在一定程度上有所泛滥。在目前的新闻报道中,此类事情时有披露,一些官员甚至边搞腐败,边搞风水迷信,妄认"风水宝地"能保佑自己平安。人的命运是由人的思想、性格与行为决定的,而不是由什么风水所决定。通过本章的分析可知,风水也不是什么神秘的东西,其核心是中国传统文化"天人合一"的生态观、美学观,这才是我们应当加以吸收与继承的。

第十六章 众 生 平 等

众生平等是佛教的基本观念之一,是以其教理为基础的生命伦理观。从本质上看,佛教是关于生命解脱的理论体系与修证方法。在断烦恼、证菩提的解脱过程中,修行者会涉及与自我、社会以及自然的关系,只有处理得当,才能实现生命的自由。从生态美学角度看,佛教在这些关系的处理中,包含着许多重要的生态美学思想,众生平等就是其中之一。生态美学认为,人与世界是交互相通的、共生共荣的生命整体;在这个大生命体中,所有的生命都是平等的,人与万物也是平等的。佛教众生平等思想对生态美学的建设具有重要的启发意义,应当深入挖掘。

一、众生平等的观念

众生平等的主张是释迦牟尼在 2500 多年前提出的。在古代印度,能产生这样的思想是一个奇迹。因为那时的印度社会实行种姓制度,婆罗门、刹帝利、吠舍、首陀罗四种姓之间有着严格的界限。这种制度根深蒂固,直到今天,在已经建立了民主制度的印度,其影响仍然存在。众生平等的提出,不但冲击了当时的种姓制度,也是人类文明史上第一次产生这样的平等思想,而且就其彻底性、广泛性和包容性来说,直到现在也是少见的。正如宋代高僧清远所说:"若论平等,无过佛法,唯佛法最平等。"①

"众生"一词有狭义与广义两种意思。狭义的"众生",梵语为萨埵(Sattva),在佛教进入中国初期译为"众生",后译为"有情",又称"含识""含生"等,其基本含义是集众缘而生的、含有情识的一切生命,也称为"有情众生"。广义的众生则包括自然万物,如草木土石等一切有机与无机物,这类众生称为"无情众生"。

有情众生是佛教关注的重点,有情众生有两个重要特点:第一个特点是含有情识。《大乘义章》曰:"依于五阴和合而生,故名众生。"②《杂阿含经》:"佛告罗陀:于色染着缠绵,名曰众生;于受、想、行、识染着缠绵,名曰众生。"五阴又称五蕴,即色、受、想、行、识。色泛指一切物质,受、想、行、识即所有的心理活动与精神活动。也就是说,有情众生是由众多因缘和合而构成的生命体,具有情感与意识。第二个特点是生死轮转不休。《大乘义章》曰:"多生相续,名曰众生。"《俱舍论记》曰:"受众多生死,故名众生。夫生必死,言生可以摄死,故言众生。死不必生,如入涅槃,是故不言众死。"也就是说,有情众生的生命是通过去、现在、未来三世的,其生命结束后,由于被业力、烦恼所牵引,还会有来生。有生必有死,如此轮转不休。生死有两类:一是分段生死。三界六道中的凡夫,其寿命被自己所造的业力所决定,因而都是有限的。二是变易生死。指通过修行而出离三界的阿罗汉、辟支佛、菩萨,他们已经出离分段生死,但在断烦恼的过程中,由于心念的生灭

①(宋)赜藏主编集:《古尊宿语录》,萧萐父、吕有祥点校,中华书局1994年版,第620页。
②本章下引佛教经论,除另注明外,均据中华佛典宝库 For Reader 2.0 版,仅注篇名。

变化，从而造成精神上的生死，这与三界内凡夫肉体的分段生死有极大不同。

有情众生按烦恼、业力的轻重程度分为九类：即地狱、饿鬼、畜生、阿修罗、人、天、声闻、缘觉、菩萨等九法界。其中前六种为凡夫，在欲界、色界、无色界三界之中，生死轮回不休，为分段生死所逼恼，也称为三界众生；后三种为圣人，是已经出离三界轮回的众生，但仍有变易生死的烦恼没有断尽。佛教认为，九法界的众生都是平等的，佛已经入涅槃，出离了两种生死，属佛法界，不能称为众生，但是佛与九法界的所有众生是平等的，《大般若经》云："上从诸佛，下至傍生，平等无所分别。"《指月录》亦曰："众生与佛平等。"作为佛的释迦牟尼当时在僧团中也不搞特殊化，与大众平等，从《金刚经》可见，他与大众过着同样的朴素生活，"佛像普通印度人一样，光脚走路，踩了泥巴还要洗脚，非常平凡，也非常平淡，老老实实的就像是一个人"。①

"平等"的梵文为 Upeksa，丁福保《佛学大辞典》曰："对于差别之称。无高下浅深等之别曰平等。"②任继愈主编的《宗教辞典》认为，平等"意谓无差别，或等同。指一切现象在共性或空性、唯识性、心真如性等上没有差别"。③ 也就是说，平等是一切现象在本质、本性上的平等。

从生态美学角度来看，佛教的众生平等可大致分为三个方

①南怀瑾：《金刚经说什么》，《南怀瑾选集》第 8 卷，复旦大学出版社 2003 年版，第 27 页。

②本章下引佛教辞典条目及解说，除另注明外，均据中华佛典宝库 For Reader 2.0 版，仅注辞典名称。

③任继愈：《宗教辞典》，上海辞书出版社 1981 年版，第 249 页。

面：第一，人与人之间的平等。这是一种大平等观，各不同国家、种族、家庭的人，各不同政治、经济、文化阶层的人，各不同肤色、性别、年龄的人都是平等的。释迦牟尼早在创立佛教的初期，就针对当时等级森严的种姓制度提出了"一切众生，悉皆平等"的思想，他说："不应问生处，宜问其所行。微木能生火，卑贱生贤达。"（《别译阿含经》）他还说："今我无上正真道中不须种姓，不恃吾我慢之心，俗法须此，我法不尔。"（《长阿含经》）释迦牟尼还以此为原则建立僧团，不论什么种姓，只要出家进入僧团，都是平等的。"有四种姓于我法中作沙门，不录前名，更作余字，犹如彼海，四大江河皆投于海而同一味，更无余名。"（《增一阿含经》）人与人之间的平等是生态美学中的基本问题，只有在人与人平等的基础上，才能确立人的生态地位、生态权利的平等，才有可能进一步提升到人与自然的平等。所以，人与人之间的平等是生态之美的坚实的人文基础。第二，人与有情众生的平等。佛教认为，十法界所有生命都是平等的，佛与九法界的所有众生是平等的，九法界的所有众生也都是平等的，一切众生在本性上都是佛，连烦恼最重的地狱法界的众生也不例外。其中，对生态美学具有重要意义的，是人与动物之间的平等。动物是生态有机体的重要组成部分，人与动物的平等观念，有利于改变人类中心主义的世界观，而人类中心主义是生态问题的根本原因之一。蕾切尔·卡逊《寂静的春天》所揭示的正是人与动物的不平等而造成的生态丑。在人类所有的文化形态中，就人与动物的平等观念的深度来说，以佛教为最。佛教不杀生戒中就包括不许杀害动物，即使对蚂蚁、飞蛾等小生命也不得故意杀害。人与动物的平等是人与人平等的扩大与延伸，是生态平等的体现，是生态之美的重要组成部分。第三，人与花草树木等植物，与山河土石等无生命之物的平等。

佛教认为，有情众生与无情众生也是平等的，即十法界所有的生命与无情识的自然之物是平等的。这种平等观为佛教所独有，是从其教理中产生的平等观。佛教认为，人对植物等无情众生应当充分呵护，如《楞严经》云："清净比丘及诸菩萨，于歧路行不踏生草，况以手拔。"大乘佛教认为，无情众生与有情众生之所以平等，是因为它们也具有佛性，这一点我们在后文中将进一步论述。人与无情众生的平等也是生态美学的基本思想，在西方传统的主客二元世界观中，人是世界的中心、主体，无情众生是世界的边缘、客体，是被动的，为人类所消费的对象，这种观念是生态问题产生的根本原因。但在生态美学的世界观中，人与无情众生是存在论意义上的共生共荣关系，是相互含摄的、缘构性的生命整体。

佛教众生平等的概念对生态美学的生命平等观有极大的建设性意义。同时，也要看到，二者的平等观是有差异的。佛教的平等是一种彻底的、绝对的平等，它是针对众生的烦恼而提出的，其目的是生命的解脱。而生态美学的平等则是相对的平等，"它的意思是说，包括人在内的生物环链之上的所有存在物，既享有在自己所处生物环链位置上的生存发展权利，同时也不应超越这样的权利。"①生态美学的平等观有其鲜明的针对性，它是针对着对生态之美有危害的人类中心主义而提出的，其根本目的是保护包括人在内的整个生态系统的平衡美与和谐美。

佛教的众生平等观是一个思想内容非常丰富的体系，它与众生皆有佛性、缘起性空、因果法则、依正不二、戒杀护生等观念均有内在关联，这些内涵对生态美学有多方面的意义。

---

① 曾繁仁：《生态美学导论》，商务印书馆 2010 年版，第 309 页。

二、众生平等与佛性

在世俗观念中,佛教众生平等的思想并不容易理解。众生的差别是巨大的,怎么会平等呢? 平等的根据何在? 这个根据就是大乘佛教的基本理念:众生皆有佛性。佛性是众生的本质、体性,众生的平等,是在佛性层面上的平等。

"佛性"在梵文中为 Buddhata,也译为"如来性""觉性"等,在各种经典中,其名称不一,又称为真如、如来藏性、如来、本体、自性、法性、法身、实际、真谛等。丁福保《佛学大辞典》:"佛者觉悟也,一切众生皆有觉悟之性,名为佛性。性者不改之义也,通因果而不改自体是云性,如麦之因,麦之果,麦之性不改。"

大乘佛教认为,一切众生的本质皆是佛性,《大般涅盘经》曰:"善男子,今日如来所说真我,名曰佛性。"这里的"真我"即生命的本质。又曰:"一切众生悉有佛性,如来常住无有变异。"《究竟一乘宝性论》曰:"'佛法身遍满,真如无差别。皆实有佛性,是故说常有。'此偈明何义? 有三种义。是故如来说一切时、一切众生有如来藏。何等为三。一者如来法身遍在一切诸众生身。偈言佛法身遍满故。二者如来真如无差别。偈言真如无差别故。三者一切众生皆悉实有真如佛性。偈言皆实有佛性故。"众生生命的具体存在形式有很大的差别——从圣人到凡夫,从人到动物,从有情到无情,其差别何止天壤。但佛教认为,这些差别相是次要的,并不影响其本性的平等,就好像各种金器虽然形状不同,但其本质都是金子;又如水的波纹有各种各样,但其本质仍是水。《六祖坛经》中,五祖对惠能说:"汝是岭南人,又是獦獠,若为堪作佛?"惠能曰:"人虽有南北,佛性本无南北;獦獠身与和尚不同,佛性有何差别？"

众生虽然本有佛性，但由于烦恼、迷惑而不能自知，由其业力不同而显现为各种凡夫相。《华严经》曰："无一众生而不具有如来智慧，但以妄想颠倒执着，而不证得。若离妄想，一切智、自然智、无碍智，则得现前。"正因为众生皆有佛性，所以每一位众生的本质就是佛，将来都有成佛的可能。只要断除烦恼，就可恢复本有的佛性。《大法鼓经》曰："一切众生悉有佛性，无量相好，庄严照明，以彼性故，一切众生得般涅槃。如彼眼翳是可治病，未遇良医，其目常冥；既遇良医，疾得见色。""佛教认为，佛性是宇宙万物普遍具有的本性，是向上提升成佛的可能性；佛性对万物来说，并非此有彼无，也无高下之分。"①如《法华经》中的常不轻菩萨，其修行方式不是诵经念佛，而是对佛教四众（比丘、比丘尼、男居士、女居士）行礼拜，并赞叹说："我不敢轻于汝等，汝等皆当作佛。"

每位众生的佛性都是相同的，都具有常、乐、我、净四种特性，也称涅盘四德。《大般若经》曰："唯有涅盘寂静微妙，具足种种常、乐、我、净真实功德。"诸佛如来出世的目的，无非是欲众生断除烦恼，"消灭一切众生无明大闇，得智慧宝，令诸众生明见佛性，得见如来常、乐、我、净。"所谓常德，是指佛性恒常不变，不生不灭，不增不减。性体虚融，湛然常住，历过去、现在、未来三世而不迁，混然与万法同流而不变。所谓乐德，即没有烦恼，离开了苦乐对立的境界，永处寂灭烦恼的安乐之境。众生的乐都是暂时的，而此乐则是永恒的；众生的乐是依他（诸条件）而起的，而此乐则是自性本具的。我德则是佛性本有的大自在，《涅槃经·高贵德王品》曰："有大我故名大涅槃，涅槃无我大自在，故名为大我。"此

---

① 方立天：《佛教生态哲学的现代启示》，《绿叶》2008年第12期。

"大我"非众生所谓的"我",众生的"我"是色、受、想、行、识五阴的聚合体,是坚固执着而成的妄我,而此"大我"则"五蕴皆空,无色受想行识"。净德则是指佛性离一切垢染,如明镜止水,了无纤尘,湛然清净,但又能随一切染缘生起万法而不变。应当指出的是,佛性又名空性,在其最究竟的意义上,一法不立。它离我执,所以它不是什么主体;又离法执,也不是什么客体。主客双遣,但又能生起万法,为诸法本体,是绝待圆融的。

　　众生虽然本具常乐我净的佛性,但沉沦于烦恼迷惑而不能体证。佛教在本质上是通过修行的功夫实证这种自性,其理论与学说都是建立在实证基础上并为实证服务的。佛教的宗派很多,其学说与实践功夫也各不相同,在中国大乘佛法中,除净土宗外,其他宗派修行的方法首先是要明心见性。这在天台、法相、华严等宗派称为大开圆解,它是通过研究教理而实现的;在禅宗则称为大彻大悟,它一般是通过参禅而实现的。在佛法的修行体系中,明心见性的意义非常重大,"悟人顿修,自识本心,自见本性。悟即元无差别,不悟即长劫轮回"(《坛经》)。虚云和尚也强调:"学佛当以明心见性为本。"①明心见性即见到了自己本有的佛性,具备了正法眼,了知生命本来的真相,知一切生死烦恼幻相不实,而佛性则是永恒的。明心见性是需要验证的,"禅师们使用机锋转语,辨别学人悟或未悟;勘验他是真悟还是假悟"②。明代莲池大师《竹窗二笔·勘验》说:"参学人有悟,必经明眼宗师勘验过始得。"但是,明心见性虽然见到了佛性,其修行却还不到家,印光法

---

①净慧主编:《虚云和尚全集·第七分册·年谱》,河北禅学研究所2008年版,第273页。

②释传印:《〈宗教不宜混滥论〉讲记》,苏州灵岩山寺佛经流通处,第56页。

师说："见性是悟，不是证。证则可了生死。若唯悟未证，纵然悟处高深，奈何见思二惑不能顿断，则三界轮回，决定莫由出离矣。"①开悟只是见性，见性后才能真正开始断烦恼的修行，这叫作"悟后起修"。大乘圆教认为，整个修行过程要经历十信、十住、十行、十回向、十地、等觉菩萨、佛共五十二个阶段，在此过程中要把烦恼一点点断除。其中，在十信的第七信位，就可断除见思两种烦恼，出离分断生死，成为阿罗汉，超越了三界的生死轮回；从十住的初住位开始，渐渐破无明烦恼、分证佛性，一直到最后成佛。

佛性是众生的本质，也是众生平等的本体基础，当然也是生态平等的基础。这种思想具有极大的生态美学意义：

第一，对我们理解生态之美的本质具有重要启发意义。生态之美是生态有机体的美，这种有机体是人与世界合一的、共同构成的有机的生命整体，它的美在于平衡性、可持续性、和谐性等。生态之美存在于人与世界共生共荣的一体性的关系，当这种关系被打破时，就会由生态之美走向生态丑。这种共生共荣的关系就是生态之美的本质，也是人与自然万物"共在"的生态本质，在此基础上，生态平等才能建立起来；同时，也只有生态平等才能使生态之美的本质得以显现，如果没有生态平等，这种本质也不能面世。众生皆有佛性的观点与这种共生共荣的关系也是相通的。由于众生皆有佛性，佛教遂有"心、佛及众生，是三无差别"（《大方广佛华严经》）的观点，宇宙间所有生命的"心"的本质都是佛性，同时无情众生也具有佛性，所以整个世界在本质上就是一个生命整体。佛、菩萨之所以出世度众生，是因为他们对众生的苦难

---

①《增广印光法师文钞·复戚智周居士书二》，苏州报国寺弘化社。

感同身受,"于诸众生,视之若己"(《佛说无量寿经》)。因而,从众生皆有佛性的角度看,包括所有生命在内的万法就是共生共荣的一体关系。同时,这种关系也可给予存在论与实践论的理解:从存在论的角度看,人与世界的关系是一种"在世"关系,即人与世界是不分彼此的一体,人并不外在于世界,而是"在"世界之中,海德格尔说:"某个'在世界之内的'存在者在世界之中,或说这个存在者在世;它能够领会到自己在它的'天命'中已经同那些在它自己的世界之内同它照面的存在者的存在缚在一起了。"①从实践论的角度说,人与世界的关系首先是在实践基础上的一体共生的关系。因为世界之所以成为如此显示出来的世界,是由于人的实践活动的结果,而这个如此地显现出来的世界正是人的存在方式,人并不是这个世界的外在对象,而是内在地与世界一体,就"在"这个世界之中。这世界原本就是一个"天地与我并生,而万物与我为一"(《庄子·齐物论》)的世界,整个世界都是人的活动的结果,世界本然就是人的存在方式,人就"存在于自己生存的这些自然无机条件之中"②。这是一个充满诗意的人文性的世界,也就是生态之美的世界。人这种与世界共生共荣的一体关系就是生态之美的本质,它就像众生皆有的佛性一样,存在于所有事物之中,所有事物都显现着这种关系,所有事物也都因这种关系而平等。这种关系使整个世界内在地具有了生态之美。人类保护生态,也就是保护了人类自身,保护了生态之美。

---

① [德]马丁·海德格尔:《存在与时间》,陈嘉映、王庆节译,生活·读书·新知三联书店1987年版,第64页。
②《马克思恩格斯全集》第46卷上,人民出版社1979年版,第491页。

　　第二，众生皆有佛性的思想，对理解人与人之间的生态平等具有很大的意义。人与人之间的生态平等是所有生态平等中最核心的问题，它是人的生态权利与生态地位的平等，如果没有人与人之间的生态平等，也就不可能有人与自然之间的生态平等，生态之美就会面临很大问题。人与人之间的和谐是生态之美的重要内容，而这种和谐只有建立在平等基础上才会成为可能。人的平等的内在根据与理论基础是什么呢？中国文化认为，这个基础就是人的本性，人在本性层面上是平等的。儒家认为，人的本性即圣人之性，如《中庸》曰："天命之谓性，率性之谓道，修道之谓教。"此天命之性具有先验性、绝对性、永恒性，是人人本然具有的，并不会随着现象世界的改变而改变，是具有普遍性的立法原则。《孟子·告子上》曰："仁义礼智，非由外铄我也，我固有之也。"正因为有这样的本性，所以人人都有成为圣人的可能。唐代李翱《复性书》也说："人之所以为圣人者，性也；人之所以惑其性者，情也。"正是这种内在的"性"，人与人的平等才有了坚实的理论基础。佛教众生皆有佛性的思想，与儒家人性思想具有许多的相通之处，印光法师甚至认二者在根本上是一致的："若究其本，则灵山泗水，同居一地。东鲁西竺，实无二天。"①"儒佛之本体，固无二致。"②中国文化的这种人性观具有非常重要的普世性价值，具有世界性的意义，对于当代生态之美的建设具有很强的现实意义。当代世界生态建设过程中，发达国家与发展中国家尚存在很大的不平等，生态民主与生态平等是当代面临的世界性的重大问题。当代国际战略格局表明，现代战争已经表现为生态战

---

①《增广印光法师文钞·济南净居寺重兴碑记》，苏州报国寺弘化社。
②《增广印光法师文钞·复汤昌宏居士书》，苏州报国寺弘化社。

争——为争夺生态资源而进行的战争。西方霸权国家为了掠夺战略资源,寻找种种借口对主权国家发动侵略战争,为了本国的利益,置他国人民的生死于不顾,致使生灵涂炭,造成了巨大的生态灾难。随着现代化、全球化进程的加快,人与人的生态平等将成为世界性的问题。美国前总统奥巴马曾说过:"如果10多亿中国人口也过上与美国和澳大利亚同样的生活,那将是人类的悲剧和灾难,地球根本承受不了,全世界将陷入非常悲惨的境地。"早在1995年,在由西方上流社会"精英"们组织的旧金山会议上,有人认为21世纪"世界的模式将遵循'20比80'的公式,五分之一的社会即将到来",即只需20%的人就可以维持世界经济的繁荣。"这20%的人将因此而积极地参与生活、挣钱和消费",其他80%的人只能靠救济生活,"越来越多的劳动力将被弃置不用","你是吃饭的还是变成餐点被别人吞吃"将成为现实。① 布热津斯基提出了所谓的"喂奶主义":"弃置和隔绝那此无用而穷困的垃圾人口,不让他们参与地球文明生活的主流,仅由20%的精英将一些消费残渣供给他们苟延残喘。"② 这都是一些非常危险的观念,在这样的大背景下,现代社会的生存理念必须进行调整,生态平等应当成为当代人文思想的基础,并成为国际社会的基本准则。"一部分人统治另一部分人的现象是一种罪恶"③,人人都有平等的、享用生态资源的权利,只有这样,人类才会有一个美好的未

---

① 参见马丁等:《全球化陷阱》,张世鹏等译,中央编译出版社2001年版,第5—6页。
② 前方、东源:《西方的"影子政府"以及相关资料》,参见何新编著:《统治世界:神秘共济会揭秘》,中国书籍出版社2011年5月版,"序"第53页。
③ [英]汤因比、[日]池田大作:《展望二十一世纪》,荀春生等译,国际文化出版公司1985年版,"序言"第2页。

来,地球村的生态才会越来越美。而这一切,必须以人性的平等为理论支撑,正如史学家汤因比博士所期待的那样,中国的儒家学说与大乘佛教在这方面将会大有作为,能够对人类文明的提升、对解决新时代面临的问题做出巨大贡献。"平等是佛教最殊胜的教义之一。……外在的世界或许有诸多不平等的地方,但是我们内在的佛性却是在圣不增,在凡不减,如果人人都能从根本上认识众生平等的真谛,以平等心来接引十方,则世界和平将指日可待。"①

第三,佛教众生皆有佛性的思想,特别是无情众生也有佛性的思想,为人与自然万物的有机和谐的关系奠定了坚实的本体基础。以主客二元文化理念为基础的人类中心主义缺乏人与自然平等的生态观,只是单方面地把自然万物当作人类的消费对象,随着人类欲望的膨胀和科技能力的不断提高,生态的破坏日益严重,生态灾害越来越多。在这种背景下,人与自然万物平等的观念就显现出了独特的价值。首先,动物作为有情众生,也是具有佛性的。佛教许多经典中把动物称为旁生,丁福保《佛学大辞典》曰:"佛家称畜生曰旁生。上自龙兽禽畜,下及水陆昆虫,皆是业轮恶趣,非人天之正道,故曰旁生。"《阿毗达磨大毗婆沙论》云:"彼诸有情由造作增长增上愚痴身语意恶行,往彼生彼,令彼生相续,故名傍生趣。有说彼趣闇钝故名傍生,闇钝者即是无智,一切趣中无有无智如彼趣者。"动物虽然愚痴闇钝,但对它们的佛性并无丝毫影响,它们与其他众生的佛性、与十方诸佛的佛性都是相同的,它们将来也能成佛。《大方等如来藏经》云:"我以佛眼观一切众生,贪欲恚痴诸烦恼中,有如来智如来眼如来身,结跏趺坐俨

①星云大师:《规矩的修行》,上海人民出版社2010年版,第126页。

然不动。善男子,一切众生,虽在诸趣烦恼身中,有如来藏常无染污,德相备足如我无异。"在佛看来,包括旁生在内的所有众生都具备佛的智慧与相好。在《法华经》(卷四)中,有龙女八岁成佛的故事,她本是娑婆竭罗龙王之女,属于旁生,但因发菩提心,在南方无垢世界坐宝莲华中成佛,现显出诸佛具有的三十二相、八十种好,广为众生说法。其次,中国大乘佛教认为无情众生也具有佛性。隋唐之际的吉藏《大乘玄论》云:"唯识论云,唯识无境界,明山河草木皆是心想,心外无别法,此明理内一切诸法依正不二。以依正不二故,众生有佛性,则草木有佛性。"唯识学认为一切境界都是心识所变现,由于众生皆有佛性,则其心中所显现出的草木当然也有佛性。唐代天台宗湛然则从真如体性角度论述无情具有佛性:"万法是真如,由不变故;真如是万法,由随缘故。子信无情无佛性者,岂非万法无真如耶? 故万法之称宁隔于纤尘,真如之体何专于彼我? ……若许随缘不变,复云无情有无,岂非自语相违耶?"(《金刚錍》)真如能生起万法,是万法本体,当它生起万法时,它就在万法之中,但其体性永不改变,即所谓随缘不变,不变随缘。无情属于万法,当然一定具有佛性。他又说:"我及众生皆有此性,故名佛性,其性遍造、遍变、遍摄,世人不了大教之体,唯云无情不云有性,是故须云无情有性。"(《金刚錍》)禅宗也认同这种观点,故曰:"青青翠竹尽是法身,郁郁黄花无非般若。"(《竺仙和尚语录》)这里的法身与般若也都是佛性。在明心见性的开悟者看来,无情众生不仅具有佛性,而且能演讲佛法:"雾锁长空,风生大野,百草树木作大狮子吼,演说摩诃大般若,三世诸佛,在尔诸人脚跟下转大法轮,若也会得,功不浪施。"(《列祖提纲录》)苏轼也有诗曰:"溪声尽是广长舌,山色无非清净身。夜来八万四千偈,他日如何举似人?"(《佛祖统纪》)修行人明心见性后,便不再是以凡夫的执着、分别的眼光看待世界,而是以佛性观照世界,于是便发现世界的真相是另外一番景象,一切境界皆是真如之境,山河大地皆是清净的法身,大自然的所有的声音都像是从佛的口里发出的一样,在演说佛法。正如虚云和尚开悟时的偈言:"春到花香处处秀,山河大地是如来。"

　　综上所述,包括动物植物、山河土石在内的自然万物的本质都是佛性,也就是说,人与大自然在本质上是相同的。僧肇大师《肇论》有言:"物不异我,我不异物,物我元会,归乎无极。"人性与物性同为一性,万物与人同为一体。儒家也有类似的观点,《礼记·中庸》曰:"唯天下之至诚,为能尽其性,能尽其性则能尽人之性,能尽人之性则能尽物之性,能尽物之性则可以赞天地之化育,可以赞天地之化育则可以与天地参矣。"又程颢的"仁者,浑然与物同体"①、陆九渊的"宇宙便是吾心,吾心即是宇宙"②等都指出人与万物是一个共同的生命体。这是一种超越主客二元的境界,也是通过心灵修养后所达到的生命境界。在这种境界中,人与物是浑然一体的。

　　生态美学的本质就在于人与世界的有机的一体关系,自然万物皆有佛性的思想为这种关系奠定了可靠的本体基础。在这种思想语境下,人与世界的关系就不是外在的、二元的关系,而是内在的、一体的关系,人应当像对待自己那样对待世界,大自然、社会、他人都是我生命的有机组成部分,都与我同呼吸、共命运,正如马克思所说的:"自然界……是人的无机的身体。人靠自然界生活。这就是说,自然界是人为了不致死亡而必须与之处于持续

————————
① (宋)程颢、程颐:《二程集》上,王孝鱼点校,中华书局1981年版,第16页。
② (宋)陆象山:《陆九渊集》,钟哲点校,中华书局1980年版,第483页。

不断地交互作用过程的、人的身体。"①自然界是人的无机的生命体，须知这不是精神性的主观想象，而是人的生存的真相，只是当我们执着于主客二元态度时，便不能发现这一本质性的事实。正如英国学者汤因比所指出的："宇宙全体，还有其中的万物都有尊严性。它是这种意义上的存在。就是说，自然界的无生物和无机物也都有尊严性。大地、空气、水、岩石、泉、河流、海，这一切都有尊严性。如果人侵犯了它的尊严性，就等于侵犯了我们本身的尊严性。"②大自然的尊严也就是人自身的尊严，众生皆有佛性的思想正是这种尊严的理论基础。对这种尊严的认知以及建基于这种观念的人类活动，标志着人对生命的觉悟程度，也标志着生态的文明的程度。这种人与自然一体的生命尊严正是生态之美的重要内容。所以，人与世界的最基本的、最源始的关系是建立在人与世界一体基础之上的生态审美关系，而不是认识与被认识的关系，更不是利用与被利用的功利性的关系。这种生态审美关系具有自由、自在的特征，所谓自由，是指它超越了二元性的认识关系与功利关系；所谓自在，是指它具有本体性与本源性，它自本自根，决不是被其他力量所决定的。人对世界的第一态度是这种本源性的生态审美情感，正如大地伦理学的倡导者利奥波德指出的："我不能想像，在没有对土地的热爱、尊敬和赞美，以及高度认识它的价值的情况下，能有一种对土地的伦理关系。"③这种对世

---

①《马克思恩格斯选集》第 1 卷，人民出版社 1972 年版，第 45 页。

②［英］汤因比、［日］池田大作：《展望二十一世纪》，荀春生等译，国际文化出版公司 1985 年版，第 429 页。

③［美］奥尔多·利奥波德：《沙乡年鉴》，侯文蕙译，吉林人民出版社 1993 年版，第 212 页。

界的情感，也就是对人类自身的感情。

三、众生平等与缘起

　　前面从佛性角度分析了众生平等的内在本体根据，从佛法的圆融性来说，还必须论及另外一个角度，即从现象角度审视众生的平等问题。佛法虽然非常复杂，但简言之，其基本原理则不离"性相"二字。《大智度论》曰："性言其体，相言可识。"丁福保《佛学大辞典》曰："性者法之自体，在内不可改易也。相者相貌，现于外可分别也。"陈义孝《佛学常见辞汇》亦云："性就是诸法永恒不变的本性，相就是诸法显现于外可资分别的形相。"可见，性就是作为万法本体的佛性，相则是佛性显现为万法的相状。在佛教诸宗派中，从性的角度把握宇宙人生的，称为"性宗"或"法性宗"，如天台、华严等诸宗，从相的角度契入宇宙人生的则称为"相宗"或"法相宗"，如俱舍、唯识等宗。性、相虽然是分析问题的两个不同角度，但从根本上看，性相是一体不二的，这是由佛性的特性决定的：佛性从体性上说寂静的、空性的，但又具有照用功能从而生起万法。六祖惠能在《坛经》中曰："何期自性本无动摇，何期自性能生万法。""自性本无动摇"即寂，也就是性，"自性能生万法"即照，也就是相。"寂而常用，用而常寂；即用即寂，离相名寂，寂照照寂。寂照者，因性起相；照寂者，摄相归性。"（《大乘无生方便门》）性相不二，寂照不离；即体即用，体用不二。所以，从佛性谈众生平等是性、寂的角度，从现象谈众生平等则是相、照的角度，二者合一，方为圆满。

　　从现象维度论众生平等，就必须涉及佛教的缘起思想。缘起是众生平等思想的现象论基础，同时也具有很重要的生态美学意义。缘起是关于现象诸法生成的理论,是佛教的基本思想,"缘起或缘生的思想散见于佛教种种经论,不论是对佛教的哲学理论,还是对佛教的社会实践,其影响都是首屈一指,无与伦比,所以也有学者把佛教的思想特色就归结为'缘起'说"①。在所有的宗教中,都有一个创造世界的造物主,虽然这种"造物主"类型的宗教也都宣称一切生命都是平等的,但其平等是有限的,最大的问题就在于人与造物主不可能平等。佛教在世界起源问题上主张无神论,认为现象界的诸法都是缘起的,不是由造物主创造的。

"缘起"的梵文为 Pratityasamutpady,其基本意思是"由彼此关涉而生起",缘起"是佛教的基本理论,是佛陀对于生命、存在的基本看法。佛陀认为,现象界中,没有永恒存在的事物,也没有孤立存在的事物,一切都是关涉对待的生起、存在,也就是一切的生起、存在,都是彼此关涉对待而有的"。正如《杂阿含经》所解释的:"此有故彼有,此生故彼生","此无故彼无,此灭故彼灭"。也就是说,世间任何生命、任何事物都不是独立自存的,而是通过相互依靠、相互作用才出现、存在,当一个事物赖以存在的条件消失时,此事物就会消失,因而,所有事物都是由于众缘和合而生起的。佛教又把事物生起的条件分为两类:一是主因,即事物生起的主要条件;二是助缘,即事物生起的辅助条件。"有因有缘集世间,有因有缘世间集;有因有缘灭世间,有因有缘世间灭"(《杂阿含经》)。如一棵树的存在,其主因是种子,其助缘则是合适的土壤、水分、温度、阳光、空气等;而当此树被山火烧掉时,则火种就是主因,其助缘也是合适的空气、阳光、水分、温度等。总之,万物

---

① 杜继文:《汉译佛教经典哲学》上,江苏人民出版社 2008 年版,第 19—20 页。

都在众缘和合的关系中或产生或消失。这种缘起关系又分为两个方面：一是时间性的，二是空间性的。时间性的缘起是事物之间在历时性的时间流程中存在前后因果关系，万法存在于时间性的因果链条之中，即"此生故彼生""此灭故彼灭"。空间性的缘起是事物之间在共时性的同一空间内存在着彼此的依存关系，即"此有故彼有""此无故彼无"。整个世界的事物在横向的空间与纵向的时间中都存在着相互依存关系，所以，世界的本质不是实体性的，而是非常复杂的因缘关系网络。

　　佛教认为，由于现象界是由缘起而生成的，因此万物的本质是空性的，这是众生平等的现象论基础。缘起与性空是一回事，是一个问题的两面，龙树《中论》曰："众因缘生法，我说即是无，亦为是假名，亦是中道义。未曾有一法，不从因缘生，是故一切法，无不是空者。"这里的"空"，不是指现象之物不存在，而是说诸物由于都是缘起的，只是众多关系的聚合体，因而没有永恒不变的、独立自存的"自性"，其"自性"是空的。"是物属众因缘，故无自性，无自性故空。"比如一座房子，由砖瓦土石木等因素和合而建成，而当这些因素分离时，房子也就不存在了。如果房子不是空性的，而是具有永恒不变的"自性"，那么它的存在就与其他因素无关。它既不能被造出来，也永远不会消失掉。房子如此，其他事物也都如此，正如《金刚经》云："一切有为法，如梦幻泡影，如露亦如电，应作如是观。"一切众生的生命当然也是缘起而性空的，《维摩诘所说经》中言，菩萨观一切众生"如智者见水中月，如镜中见其面像，如热时焰，如呼声响，如空中云，如水聚沫，如水上泡，如芭蕉坚，如电久住"。总之，诸法都在缘起中生生灭灭、浮浮沉沉。所以，佛教虽然认为事物是缘起性空的，但并不否认现象界的存在，只是认为这种存在是处在相续不断的生灭过程中，是没有自性的,是一种"假有","云何即空,并从缘生,缘生即无主,无主即空。云何即假,无主而生即是假"(《摩诃止观》)。也就是说,现象界是"非有非无"的,"非有"是指其没有永恒的自性,"非无"是指它是一种缘起性、现象性的"假有"。那种把"性空"理解为否定一切的观点是偏颇的,同时,从缘起性空的观点出发,佛家也反对执着万有的观点。

在唯识学中,缘起也称为依他起性。"依他起性"是指万法都是缘起性空的,"诸法是众多因缘和合而生起,如以水、土和泥而成瓶钵,这是因缘和合的假有,本身没有体性,所以是依他(因缘)起性。"(于凌波《唯识名词白话新解》)诸法是不能自己单独生起的,要依靠众缘备齐,才能生起,所以称为依他起性。依他起性的事物是假有,是"有而非真"之幻有,"有"是指有现象,"非真"是指无自性,即没有恒常不变的实体与本性。但众生常常对依他起性的现象深生执着,认为其中有不变的自性,这就产生了"遍计所执性"。"遍计所执性"是指"凡夫妄情之所执著,或者说是依于语言与分别之妄执,决定非有,唯名,所谓纯虚妄者也。如兔角、龟毛、石女之儿等。"①遍计所执性是对世界的错误认识造成的,它来自于众生生命深层的坚固妄想与执着,是生命无明的表现。它最常见的表现就是认为依他起性(即缘起)的事物都有独立自存的实质,如认为现象之物的本质是永恒不变的"理念",再如人类中心主义把人类当作世界的中心与主体,等等,这都是遍计所执性的。从唯识学的角度来说,生态问题的根源就在于不能如实地了知世界是依他起性的。

在缘起的思想视野中,佛与众生是平等的。佛家认为缘起是

---

① 周贵华:《唯识通论》,中国社会科学出版社 2009 年版,第 302 页。

世界的真理,它不是佛创造出来的,而是佛所发现并利用这一真理而成佛。所以,佛也不能违背这一真理,众生也只有遵循这一真理修行,才能转凡成圣。佛陀说:"缘起法者,非我所作,亦非余人作。然彼如来出世及未出世,法界常住。彼如来自觉此法,成等正觉,为诸众生分别演说,开发显示。"(《杂阿含经》)也就是说,在佛家看来,缘起是不依人或佛的意志为转移的"客观"真理。所以,缘起在佛教中具有非常重要的地位,《阿含经》反复强调:"若见缘起即见法性,若见法性即见诸佛。"(《佛地经论》)方立天先生说:"缘起论是佛教理论的基石和核心。佛学全体的基本精神都奠定在缘起论的基础上,换句话说,佛教其他各种理论都是缘起论的展开。缘起论也是佛教区别于其他流派的基本思想特征,是与当时印度流行的无因论、偶然论和一因论(神我的转化)等理论根本对立的。佛教大小乘各派都以缘起论作为自己全部世界观和宗教实践的基础理论,各派的思想分化、理论分歧,都是出自对缘起的看法的不同。"①

　　众生的生命现象当然也是缘起的,都属依他起性。缘起面前众生平等,任何众生都不能独立自存,都必须依众缘才能存在。就人与人的关系来说,人不是实体性的存在,而是在相互结成的社会关系中才能存在,也就说,人的本质是社会关系的总和。他人的存在是我的存在的依缘,由于众多他人存在,我才能够如此地存在;同理,如果众多他人的生命消失,则我的生命也不能持存。你是我存在的理由,我是你存在的理由;我离不开你,你也离不开我,不论你是否认识到,事实总是如此。"生态论的观点认为个人都彼此内在地联系着;因而每个人都内在由他与其他人的关

---

①方立天:《佛教哲学》,中国人民大学出版社1986年版,第154页。

系以及他所做出的反映所构成。"①人与人之间结成一个大网,在这个生命相依的大网中,人与人是平等的。同理,就人与动物及无情众生的关系来说,人与它们都在互为依他起的缘起关系中结成生命共同体,在这个共同体中,所有的众生也是平等的。

显然,缘起论及其所揭示的众生平等观念具有非常重要的生态美学意义。

首先,缘起论与生态美学的基本思想——生态整体原则是一致的,"生态美学观最重要的理论原则是生态整体主义原则,它是对'人类中心主义'原则的突破和超越。"②在生态整体原则看来,人与自然是平等的、共生共荣的一体的关系,而不是人类中心主义世界观的主客二分关系。西方文化在文艺复兴后,伴随着工具理性与资本主义生产方式的发展,人类中心主义世界观也随之产生、壮大,并产生了深远影响。从培根的"新工具论"到笛卡尔的"我思故我在",再到康德的"人为自然立法",人类中心主义成为西方近代文化的主流。人与自然的关系本来是相互依存的,但这种人类中心主义片面夸大了人的地位与作用,一切以人的标准为标准,一切以人的利益为中心,这实则是人类的盲目自大,是遍计所执所产生的错觉。这种文化观念在工业文明时代对大自然造成了严重侵害,产生了大量生态丑的现象。特别是进入后工业文明时代,面临日益突出的生态问题,这种观点已经不能解决人类所面临的问题,因而"非人类中心主义"思想的产生就成了必然。其实,尼采的"上帝死了",福柯所谓的"人的终结",所揭示的就是

---

① [美]大卫·雷·格里芬:《后现代精神》,中央编译出版社1998年版,第224页。

② 曾繁仁:《生态存在论美学论稿》,吉林人民出版社2009年版,第103页。

人类中心主义神话的终结。米歇尔·福柯在《词与物》中说："我们易于认为：自从人发现自己并不处于创造的中心，并不处于空间的中间，甚至也许并非生命的顶端和最后阶段以来，人已从自身之中解放出来了。当然，人不再是世界王国的主人，人不再在存在的中心处进行统治。"①由此，人类转向了一种全新的生态整体主义世界观，"现代机械论世界观，正逐渐让位于另一种世界观。谁知道未来的史学家会如何称呼它——有机世界观、生态世界观、系统世界观"。②

在生态美学的生态整体世界观中，人与世界的关系不再是人类中心义世界观的主客二分关系，而是相互依存的、平等的关系，我们称之为缘起生态关系。这样，"由于'因缘而生'，世界便显现为森罗万象——在佛法中，这森罗万象也叫森罗三千、诸法、万法，它们全部都得依据各种机缘而生、而灭。这是万物以及所有存在的事物的根本特征"。③ 由于这种依他起性的因缘而生，整个世界便结成了一张共生共荣的生命网络。在这个生态网络之中，人与自然之间、自然各种事物之间处于我中有你、你中有我、彼此相互依存的一体关系。从现象上看，任何事物都呈现为个体，都是一个相对独立的自组织；但在本质上，却是相互渗透，相互依赖，人与所有的事物都处在一个关系密切的组织结构之中。正如罗尔斯顿所说："人类的生命是浮于以光合作用和食物链为

---

① ［法］米歇尔·福柯：《词与物》，莫伟民译，上海三联书店 2001 年版，第454 页。
② ［美］J.B.科利考特：《罗尔斯顿内在价值：一种解构》，《哲学译丛》1999 年第2 期。
③ ［日］池田大作：《我的释尊观》，四川人民出版社 2001 年版，第 123 页。

基础的生物生命之上而向前流动的,而生物生命又依赖于水文、气象和地质循环。在这里,生命同样也并非只限于个体的自我,而是与自然资源息息相关。我们及我们所拥有的一切都是在自然中生长和积累起来的。"①马克思从实践角度揭示了这种人与自然的一体关系:"在实践上,人的普遍性正表现为这样的普遍性,它把整个自然界——首先作为人的直接的生活资料,其次作为人的生命活动的对象(材料)和工具——变成人的无机的身体。自然界,就它自身不是人的身体而言,是人的无机的身体。人靠自然界生活。这就是说,自然界是人为了不致死亡而必须与之处于持续不断地交互作用过程的、人的身体。所谓人的肉体生活和精神生活同自然界相联系,不外是说自然界同自身相联系,因为人是自然界的一部分。"②在这种人与自然相互依存的生态整体关系中,人与包括有情众生与无情众生在内的大自然形成了平等关系,这种建立在生态整体原则基础上的生态平等,是生态美学的重要内涵。

其次,缘起论与生态美学的另一个重要思想——生态复杂性也是一致的。生态之美一方面存在于缘起性的生态整体性之中,另一方面还存在于以这种生态整体性为基础的生态复杂性中,生态复杂性表现出了生态之美的易变性、多层次性和非线性等特点。从生态学角度看,"生态复杂性是指生态系统内不同层次上的结构和功能的多样性、自组织性、适应性及有序性",具体表现为三个方面:一是生态系统中存在大量的非线性因素,从而使生

---

① [美]霍乐姆斯·罗尔斯顿:《哲学走向荒野》,吉林人民出版社 2000 年版,第 104 页。
② 《马克思恩格斯选集》第 1 卷,人民出版社 1972 年版,第 45 页。

态系统表现出复杂的演化特征。二是生态系统的非线性导致其演化具有高度的不确定性。三是生态系统相互作用涉及多种时空尺度，在不同层次和尺度上，系统的运行方式和机制存在着很大的差异。① 生态之美的复杂性来自于依他起性的缘起关系，这种复杂性在佛家的因陀罗网的比喻中论述非常形象。因陀罗也称释提桓因，又称帝释，是第二层天即忉利天的天主，《五教章通路记》载："忉利天王帝释宫殿，张网覆上，悬网饰殿。彼网皆以宝珠作之，每目悬珠，光明赫赫，照触明朗。珠珠交悬，皎皎廓尔。珠玉无量，出数算表。网珠玲玲，各现珠影。一珠之中，现诸珠影。珠珠皆尔，互相影现。无所隐影，了了分明。相貌朗然，此是一重各各影现。珠中所现一切珠影，亦现诸珠影像形体，此是二重各各影现。二重所现珠影之中，亦现一切。所悬珠影，如是举喻。释殿珠网，互相影现，交皎形伏。……如是交皎，重重影现。隐映互彰，重重无尽。"从生态美学看，整个世界就像因陀罗网一样的一张大网，在这个网络中，万物都是全息性的、互容互摄的，人并不是世界之网的中心，只是大网的一个小分子，复杂的生态关系由此而构成。

　　在生态的整体性与复杂性基础上，形成了生态的易变性，因为任何一个事物的变化，都会影响到世界之网中的其他事物。"宇宙的所有部分都处在一个有机整体中互相联系、互相作用。从'自然的亲和力'导出的所有的东西通过相互吸引或爱而联结在一起。自然界的所有部分都互相依赖，每一部分都反映出宇宙其余部分的变化。世界各个部分的紧密结合不仅含有共同滋养

①李百炼：《理论生态学与生态复杂性》，伍业钢、樊江文主编：《生态复杂性与生态学未来之展望》，高等教育出版社 2010 年版，第 16—17 页。

和成长的意思,也含有共同承受痛苦的意思。"①在这个世界上,所有的自然之物都依其自然本性活动,而人类却超出了自己的自然本性,具有强大的影响生态系统的能力。因此,人类要对自己的行为负责,对整个生态系统负责。人类对大自然并不能为所欲为,而是应当充满敬畏感,"我们是世界的一部分,而不是在自然之上;我们赖以进行交流的一切群众性机构以及生命本身,取决于我们和生物圈之间的明智的、毕恭毕敬的相互作用。忽视这个原则,任何政府或经济制度,最终都会导致人类的自杀"。② 近几十年来,自然界的种种异变已经向人类敲响了警钟,人类已经受到了大自然的惩罚,人类应当平等地对待大自然,必须重建对大自然的"毕恭毕敬的"生态敬畏感,注意自己的行为可能引发的生态后果,这就是我们下面要谈的因果法则。

四、众生平等与因果法则

因果也是佛教的基本观念,是众生平等思想的重要表现,同时,它对生态美学有重要的启示意义。佛家认为因果法则是普遍的宇宙法则,近代印光法师说:"因果一法乃世出世间圣人,烹凡炼圣之大冶洪炉。……且勿谓此理浅近而忽之。如来成正觉,众生堕三途,皆不出因果之外。"③世间的一切都是依因果法则而变

---

① [美]卡洛琳·麦茜特:《自然之死——妇女、生态和科学革命》,吴国盛等译,吉林人民出版社 1999 年版,第 111 页。
② [美]弗·卡普拉、查·斯普雷纳克:《绿色政治——全球的希望》,石音译,东方出版社 1988 年版,第 57 页。
③《增广印光法师文钞·复四川谢诚明居士书》,苏州报国寺弘化社。

化生灭，因果面前一切生命都是平等的，一切生命现象都在因果之中，佛、菩萨也不出因果法则之外。众生在六道中轮回，佛、菩萨、声闻、缘觉四圣出离轮回成为圣贤，莫不是遵循因果法则；一切圣贤都是认识并利用了因果法则修行才成为圣贤的。

因果是缘起理论的组成部分。"因果就是指因果律，也指因果报应，是佛教用以说明世界一切关系并支持其宗教体系的基本理论。"①佛教缘起论认为，一切现象皆由因缘而生，都是有因有果的。隋代智顗《摩诃止观》（卷五）谓："招果为因，克获为果。""因"即能引生果的所有因素，"果"即由因所生的一切现象。"因果，简略言之，亦可说是原因与结果。能够使诸法（某些事物、现象）生起的是因，被生起的是果。因者是能生，果者是所生，有因必有果，有果必有因。"②世界上的一切现象皆不外于因果法则，既没有无果之因，也没有无因之果。

在唯识学中，因果是由阿赖耶识缘起的理论阐释的。唯识学认为，世间万法都是唯识所变，即"万法唯识"，"世界一切现象都是内心所变现，心外无独立的客观存在"③。唯识学所说的"心"也称"心识"，有其非常独特的内涵，在天亲菩萨所著的《大乘百法明门论》中，心分为"心王"与"心所"。"宇宙万有都是由心而生而起的，心就是万法之王，故称'心王'。"④心王可理解为心的结构，又称八识心王，它包括眼识、耳识、鼻识、舌识、身识、意识、末那识、阿赖耶识8个心识，是精神活动的主体，其中阿赖耶识最为关

---

① 方立天：《佛教哲学》，中国人民大学出版社1986年版，第155页。
② 于凌波：《唯识名词白话新解》。
③ 任继愈：《宗教大词典》，上海辞书出版社1998年版，第839页。
④ 陈义孝：《佛学常见辞汇》。

键，其他7个心识都是它生起的。而心所则是心的内容，它包括51种，其中善心所11种，烦恼心所26种，另外还有遍行心所5种，别境心所5种，不定心所4种，它们都属心理活动的内容。由此可见，我们一般所说的"心"在唯识学中有非常丰富的内涵。此心与佛心是什么关系呢？是不一不异、二而一、一而二的关系。如在《大乘起信论》中，心分为真如门与生灭门，即所谓"一心开二门"。真如门即佛心，它是纯净而无染的，不生不灭；而生灭门即包括心王、心所在内的"心"，它是杂染的，处在刹那刹那的生灭中，也称生灭心或虚妄心。佛心具有生起万法的功能，"何期自性能生万法"，但它又有随缘的特点，遇净随净，遇染随染。所以，当佛心生起万法时，能生起什么样的法界，是由与之一体的生灭心的杂染程度所决定的。当生灭心的杂染处于最严重状态时，就会生起地狱法界，但地狱法界的体性仍然是佛性，故从理论上说，地狱界的众生也能成佛。而当生灭心没有任何杂染，清净至极时，即它转化为清净心时，此心就成了佛心，此时就显现为佛法界。其他8个法界也是依生灭心的杂染程度的不同而生起的。

在8个心王中，阿赖耶识最为关键，一切杂染都源自它。它不但能生出前7识，还能生出根身与器界，即众生的身体与外在环境都是由它所生起。阿赖耶识的梵语为 alaya，又译为阿黎耶识、阿梨耶识等，也称无没识、藏识、第八识、本识、宅识、无没识等。它能够"执持诸法种子而不失不坏。此识为宇宙万有之本，含藏万有，故称藏识。又因其能含藏生起万法的种子，故亦称种子识"[1]。"阿赖耶识作为种子识，能含藏产生一切法的种子，以

---

[1] 于凌波：《唯识名词白话新解》。

种子为因,在不同的时间里,经熏习而产生诸法,这就叫种子生现行。"①这种生起现行的作用是通过刹那刹那的生灭而实现的,所谓"种子如瀑流"。但所生起的现行并无实体,而只是"假有",是依他起的"影子",这种"影子"处在恒常的刹那生灭之中。

阿赖耶识能够被称为宇宙人生之本源,是由于在俗谛层面上,它能摄藏诸法的种子,并能生起一切有为法。"唯识认为,一切显现的现行法,都是由阿赖耶识中所收藏的种子来生起的,此乃诸法生起的根源。"②所谓"种子"只是一种形象的说法,唯识学认为,人的念头、言语、行为中的一切善恶,都会被第八识所记录,并留下相应的习气,也就是留下了"种子",也就是种下了"因"。此种子永远不会消失,将来因缘俱足时,它能生起现行,产生同类之果,善因生出善果,恶因生出恶果。所以,阿赖耶识是非常重要的,"由若远离如是安立阿赖耶识,杂染清净皆不得成。谓烦恼杂染,若业杂染,若生杂染,皆不成故。世间清净,出世清净,亦不成故"③。

唯识学还认为,阿赖耶识等8个识都能生起见分与相分。见分即能见的主体,相分是所见的对象,二者都是由心识所生起的。"见分即指诸识的能缘作用,为认识事物的主体;亦即能照知所缘对境(即相分,为认识的对象)之主体作用。'见'即见照、心性明了之义,谓能照烛一切诸法及解了诸法义理,如镜中之明,能照万象。换个方式说见分即心识的缘虑作用,亦即主观的认识主体。

----

①夏金华:《缘起佛性成佛》,宗教文化出版社2003年版,第22页。
②释正刚:《唯识学讲义》,宗教文化出版社2006年版,第13页。
③《大正新修大藏经》第31册,NO.1594,《摄大乘论本》卷上,中华佛典宝库 For Reader 2.0版。

心识生起,自其自体变现相、见二分,相分是色法,概括世间的一切物质现象;见分是心法,有缘虑作用,是认识的主体。不过此见分与相分,都是识体之所变现,摄物归心,所以成其唯识。"①"感觉中所感一方面,谓之相分;能感一方面谓之见分,合相见二分为识自体。……五识生时——感觉出现时——所有其色声等相分,实为自识之所变生。"②也就是说,在唯识学看来,具有认识作用的主体及其所认识的客观对象,都是由心识所变现,生态系统当然也都是唯识所变。"'依他起'的存在是由阿赖耶识的相分变现而来的,或者说,识自身转变为外境,境以识及其种子为根。这些种子潜藏于阿赖耶识中,等到它活动的条件成熟(异熟),即起现行,变为人们的经验对象,此在唯识学中称为'识变'或'识转化'。但是,种子的变为现行,也是由条件(因缘)决定的,因此转化出来的存在,也是缘起的,亦即为'依他起性',或者说赖耶缘起。"③

唯识学还以"四缘"的理论解释因果法则。缘是指所有物事之间的一种互相交涉的关系,由于这种交涉关系,事物才能生起,这种关系共有四种,叫作"四缘"。一是因缘,是指事物生起的主要原因,如草木之生,其种子就是因缘。二是所缘缘,又称缘缘,即所缘之缘。所缘就是心王及心所认识的对象,如声音使耳识生起,则声音就是所缘缘。从广义上讲,现象界诸法皆能成为所缘缘。三是等无间缘,指心王、心所的生起是由前念引生后念,前念为后念生起之缘,念念不断,念灭念生,刹那相续,并且前念和后念的体用都是平等的,故称等无间缘。四是增上缘,指上述三缘

①于凌波:《唯识名词白话新解》。
②梁漱溟:《人心与人生》,学林出版社1984年年版,第202页。
③夏金华:《缘起佛性成佛》,宗教文化出版社2003年版,第26—27页。

以外的,能助一个事物生起、增上的条件,此缘范围非常宽广。在上述四缘中,色法也即客观事物的生起,只需因缘和增上缘,而心法的生起,则须四缘具足。①

需要说明的是,唯识学的理论是以其修行经验为基础的,是瑜伽行者的经验总结,只有俱备相当的禅定功夫,才能真正明了。《解深密经》指出禅定中的境界即"三摩地所行影像""彼影像唯是识",又指出一般人面对的客观世界也是"唯识所现"。《阿毗达摩大乘经》就把禅修实践作为"万法唯识"的依据。梁漱溟先生说:"唯识学盖出于瑜伽师(修瑜伽功夫者)之所宣说。"②"唯识家所说的识自体变生相分者,其为修瑜伽者静中发见的事实,而非同哲学家的那种思想议论。"③太虚大师也说:"故此唯识变,是大乘地上菩萨后得智所了知境,唯佛之一切种智乃能圆满了知。若未证得法空,则于唯识变义所依之阿赖耶识、阿陀那多误执为实我、实法。"④

由以上唯识学关于阿赖耶识的理论可知,一切生命现象与物质现象都是由阿赖耶识所变现,生命表现出什么样的主体素质与能力,此主体能够面对什么样的经验世界,其主要原因来自于阿赖耶识,其中,阿赖耶识的种子具有根本性的作用。由此可见,因果律具有以下特点:第一,因果相符,善因生善果,恶因生恶果。《法句经》偈言:"行恶得恶,如种苦种,恶自受罪,善自受福。……习善得善,亦如种甜,自利利人,益而不费。"《出曜经》中佛言:"害

①参见《佛学电子辞典》3.0 版本"四缘"条,中国佛典宝库 2002 年。
②梁漱溟:《人心与人生》,学林出版社 1984 年版,第 202 页。
③梁漱溟:《人心与人生》,学林出版社 1984 年版,第 205 页。
④太虚大师:《真现实论》,人民大学出版社 2004 年版,第 426 页。

人得害,行怨得怨,骂人得骂,击人得击。"所以,人们应当"诸恶莫作,众善奉行",以便得到善果。第二,因果通过去、现在、未来三世。阿赖耶识能生起根身并执持它使之不坏,当人的寿命结束时,阿赖耶识便不再执持身体,此世的生命随之结束。但阿赖耶识却不会随身体的解体而解体,而是被自识中的业力牵引再去投胎,开始下一期的生命,如是往复无穷。在轮回过程中,阿赖耶识能执持种子不失,当因缘成熟时,就会生起现行,使众生受报。《大宝积经》曰:"假令经百劫,所作业不亡,因缘会遇时,果报还自受。"《涅盘经》:"善恶之报,如影随形。三世因果,循环不失。"①东晋慧远法师《三报论》:"业有三报:一曰现报,二曰生报,三曰后报。现报者,善恶始于此身即此身受。生报者,来生便受。后报者,或经二生三生百生千生。然后乃受。"佛经载,释迦牟尼成佛后,还曾因过去世的因缘,受过金枪一刺、马麦三月、头痛三日等业报。第三,自作自受,无可替代。《般泥洹经》中佛言:"父作不善,子不代受;子作不善,父不代受。善自获福,恶自受殃。"《无量寿经》说:"善恶报应,祸福相承,身自当之,无谁代者。"这是因为,果报是从自己的阿赖耶识中的种子生出来的,只能自受,别人无法代受。正如《楞严经》所说:"如是恶业,本自发明,非从天降,亦非地出,亦非人与,自妄所招,还来自受。"这种自作自受的观念,使众生成了自己命运的制造者与承担者,所以佛家是反对有神论的。第四,业由心所造,心转则业转,反对命定论、宿命论的消极人生观。人在命运面前并不是消极被动的,而是能够发挥自己的主体能动性,利用因果律来改造自己的命运,小则可以避祸得福,大则可以成圣成贤,佛和菩萨也是利用因果法则而成为圣人的。

①《大般涅槃经后分》。

由"四缘"理论可知,因转化为果需要众缘。阿赖耶识中有各种各样的种子,也就是说,生命的深层中有各种各样的习气,有善也有恶,只要不为恶种子提供助缘,则恶果就不会生起。同理,如果给善种子提供助缘,则善果就会生起;给成佛的种子(佛性)提供助缘,就能成佛。汤因比先生说:"我想生命的法则就是前世报应。行动必然要产生结果,谁也逃脱不了这个结果。然而,这种结果并不是不能改变的。通过以后的行动,可以改好,也可以变坏。所有生物都在累积着前世报应的欠债。"①所以,正是在这种意义上,佛家才有反对宿命论的观念。如一个贪心很重的人,由于阿赖耶识中贪的习气强大,就会对钱财恋恋不舍,这就是所谓的等无间缘,如果他懂得"果需众缘"因果法则,就会时时警惕,加强自律,远离违缘,不给贪心创造所缘缘、增上缘,则贪心就不会生起现行,从而使自己的人生平安。正如现代高僧太虚大师《真现实论》所说:"从六生杂居地(即五趣杂居地)以至佛界,莫非因果律之所范持者,虽佛亦不能超越及改变于因果律。然若了知于因果律,则能创造善因,和集善缘,生于善果。因不值缘,终不生果,故因亦非必能生果。或远其助缘,或别造强因,皆可使此因之果暂不生起或终不生起。"②如果说众生皆有佛性是众生平等的本体基础,那么因果法则是众生平等的现象论依据。不论遵守还是不遵守它,因果法则总是客观地发生作用,每一个生命都要承担自己行为的后果。

　　显然,佛教的因果观念对生态美学中的生态敬畏观念的建立

①［英］汤因比、［日］池田大作:《展望二十一世纪》,荀春生等译,国际文化出版公司 1985 年版,第 359 页。
②太虚大师:《真现实论》,中国人民大学出版社 2004 年,第 216 页。

具有很大的启示意义。作为生态美学范畴,生态敬畏包含两方面的意思:一是敬,即对生态的尊重。由于人与生态是共生共荣的一体关系,因而对生态的尊重也就是对人类自身的尊重,其哲学基础是存在论视域中人与生态的一体关系;二是畏,此畏不是原始蒙昧时代人们对大自然的莫名恐惧,而是指现代社会人类对大自然的利用和改造过程中的审慎态度。因为人类对大自然的认识总是有限的,人类的行为往往会导致生态问题甚至生态灾难,从而对人类的生存造成伤害,工业革命以来,这方面的教训太多了。生态敬畏是生态之美的基础,只有在生态敬畏的基础上,生态之美才有可能产生出来,人与自然源始性的一体的生命关系才能显现,生态问题才能得到切实改善。

从理论层面看,因果理论及见分、相分的观念对理解生态敬畏有很大理论意义。在二元语境下,人类中心主义认为人类自身与世界是二元对立的关系,人类是世界的主人,一切都是为人而存在的,人无须敬畏自然。前几年,关于人类是否需要敬畏自然,国内曾发生过论争①,这场论争的实质,是工业文明与生态文明、人类中心主义与非人类中心主义的论争,是两种生态观、价值观、世界观的论争。在生态美学看来,人类对大自然的敬畏是不言而喻的,因为在最根本的意义上,人类与世界是一体的,人与自然处在同一生命体中。由阿赖耶识缘起可知,二元语境下的主客关系相当于见、相二分的关系,见分与相分都是由阿赖耶识的种子生起的,见分与相分由同一种子所生。也就是说,在唯识学的观念中,主观世界与客观世界本是"同根所生",具有共同的本源与本

---

① 参见田松、刘芙:《从生态伦理学视角看"敬畏自然"之争》,《云南师范大学学报》2009 年第 6 期。

质。所以,不但主观世界是人的生命,客观世界也是人的生命,而且二者是血肉联系的一体。所以,东晋僧肇《肇论》曰:"天地与我同根,万物与我一体。"又曰:"物不异我,我不异物。"如果超越了人类中心主义的狭隘视野,则物我合一的生命境界就会显现出来,这正是生态之美的基础,正如禅宗所说的:"好诸禅德,来来去去山中人,识得青山便是身,青山是身身是我,更于何处着根尘。"①儒道两家也都有类似的观点,如"民胞物与""仁者与物同体""天地与我并生,而万物与我为一"等。人类中心主义认为,人的生命是与客观世界无关的自我。其实,这只是对生命的浮浅认识,或者说这只是生命的表层现象。在本质上,人的生命是自我与客观世界的统一体,不但自我是我的生命,客观世界也是我的生命,就如同见分与相分都属阿赖耶识一样。与此相似的是,西方深层生态学开创者奈斯有所谓"生态大我"(Ecological Self)的观念,他重新界定了"自我"概念,认为西方社会中的"自我"只是一个"小我",是小写的自我(self),它导致了人与世界的对立;而真正的"自我"则是形而上的大写的"大我"(Self),它是对二元语境的超越。在它的视野中,生态系统是它的一部分,所以这个大我也叫作"生态大我"。这种人类与世界的一体关系,已是当今生态文明时代的共识,"要了解个人是自然的一个部分,而不是一个孤立于环境之外的,如同一个体内细胞不可能孤立于身体器官之外一样。""在我存在之最深层,我是与你、与宇宙的其余部分,具有同样的本质的。"②所以,人类与自然之间本然地具有亲密与友

---

① 《宏德法则广录》。
② [英]彼德·罗素:《地球脑的觉醒:进化的下一次飞跃》,张文毅、贾晓光译,黑龙江人民出版社 2004 年版,第 119、114 页。

好的关系,人类具有一种亲生命性(biophilia),即"人类关注其他生命形式并期望融入自然生命系统的天性"。①

由于人与生态体系在本源意义上是一体性的关系,因而人对生态的敬畏是必需的。在生态美学看来,人类对生态的敬畏,就是对人类自身的敬畏;生态就是人类的自身,人类应当对生态负完全的责任。因果法则是生态敬畏不可缺少的前提与基础,如果人类种下了伤害生态系统的因,就会受到伤害人类自身的果报;反之,如果种下了保护生态系统的因,则会得到保护自身的果报。种善因得善果,种恶因得恶果,一切都是人类自作自受。因果律是生态系统的基本法则之一,"我们对自然、对和自然的关系所作的任何削弱,其结果不可避免地等于是削弱了自己"。② 恩格斯早就明确指出:"我们不要过分陶醉于我们对自然界的胜利,对于每一次这样的胜利,自然界都报复了我们。每一次胜利,在第一步都确实取得了我们预期的效果,但是在第二步和第三步却有了完全不同的、出乎意料的影响,常常把第一个结果又取消了。美索不达米亚、希腊、小亚细亚以及其它各地的居民,为了得到耕地,把森林都砍光了,但是他们梦想不到,这些地方今天竟因此成为荒芜不毛之地,因为他们使这些地方失去了森林,也失去了积聚和贮存水分的中心。"③他还说:"我们就愈来愈能够认识到,因而也学会支配至少是我们最普通的生产行为所引起的比较远的

---

① [美]爱德华·威尔逊:《生命的未来》,陈家宽等译校,上海人民出版社2005版,第222页。

② [日]池田大作等:《二十一世纪的警钟》,卞立强译,中国国际广播出版社1988年版,第11页。

③ 恩格斯:《自然辩证法》,人民出版社1971版,第158页。

自然影响。但是这种事情发生得愈多,人们愈会重新地不仅再次感觉到,而且也认识到自身和自然界的一致性,而那种把精神和物质、人类和自然、灵魂和肉体对立的荒谬的、反自然的观点,也就越不可能存在了。"①人类与生态间的因果关联,已得到广泛认同,"谁习惯于把随便哪种生命看作没有价值的,他就会陷于认为人的生命也是没有价值的危险之中"②。

　　生态美学有别于传统美学的审美静观,它具有本然的实践性、参与性。因而,作为生态美学的生态敬畏也不仅仅是一种态度,只有在改变世界观、价值观的基础上,进一步落实在人们的日常生活中,它才能真正得以实现。否则,它就只是一种理论形态,从而远离生态美学的实践本性。

　　从实践层面看,佛教因果法则的生态美学意义是非常巨大的,它可使生态敬畏成为人们生活的无意识,体现在生活的方方面面。因果观念作为佛教的基本理念,很好地落实在了佛教徒的日常生活中。佛教中有很多戒律,如在家人可持五戒、八关斋戒、菩萨戒等,出家人在此基础上还有沙弥戒、沙弥尼戒、比丘戒、比丘尼戒等。戒律是佛陀根据法界的因果法则所制定,是大修者悟证了世间与出世间的因果法则以后所讲出的实相。也就是说,在佛教看来,戒律是宇宙间客观存在的因果法则的体现,因果面前众生平等,同理,戒律面前也是众生平等的。比如,故意杀人是犯根本戒即破戒的行为,不论是什么人,不论他具有何种身份,不论是否有人发现,当被害者命断时,杀人者随即失去了戒体,他必将

---

① 恩格斯:《自然辩证法》,人民出版社 1971 版,第 159 页。

② 陈泽环、朱林:《天才博士与非洲丛林——诺贝尔和平奖获得者阿尔贝特·施韦泽传》,江西人民出版社 1995 年版,第 161 页。

要承担这种杀人破戒的果报。"戒的功能是在断绝生死道中的业缘业因"①,从而保障修行者顺利解脱。对因果法则的敬畏而使戒律具有了无上的重要性,"佛灭度后,佛子以戒为师,戒为佛制,尊重戒律,即是尊重佛陀;凡为佛子,自皆尊重戒律。所以只要一犯根本大戒,势必舍戒还俗"②。戒律的具体条文非常多,如《梵网经》菩萨戒有十条重戒、四十八条轻戒,《优婆塞戒经》菩萨戒则有六条重戒、二十八条轻戒,比丘戒则有二百五十条戒律,比丘尼戒则有三百四十八条戒律,等等。虽然"佛教的戒律很多,但皆不离五戒的基本原则,一切戒都由五戒中分支开出,一切戒的目的,也都是为了保护五戒的清净。五戒是做人的根本道德,也是伦理的基本德目"。③

戒律的生态美学意义是非常丰富的。不杀生在佛教中具有非常重要的地位,所有戒律都是以不杀生为第一条根本戒。《大智度论》说:"诸余罪中,杀罪最重。诸功德中,不杀第一。世间中惜命为第一。"不杀生之所以这么重要,有许多原因:佛教认为,所有的众生将来都会成佛,杀众生就是杀未来佛;佛教以慈悲为怀,大乘佛教以普度众生为宗旨,因而不能杀害众生;一切众生都是过去世的六亲眷属。《心地观经》云:"无始来,一切众生轮转五道,经百千劫,于多生中互为父母。……以是因缘,诸众生类,于一切时亦有大恩,实为难报。"众生为过去父母,报恩尚且来不及,何以杀之? 杀生就是杀过去世的六亲眷属;从因果法则说,杀生一定会得到被杀报的果报;更有生态意义的观点是,佛教认为,杀

①圣严法师:《戒律学纲要》,宗教文化出版社 2006 年版,第 10 页。
②圣严法师:《戒律学纲要》,宗教文化出版社 2006 年版,第 6 页。
③圣严法师:《戒律学纲要》,宗教文化出版社 2006 年版,第 10 页。

生不但自己会受恶报，还会导致生态后果："一切众生，因杀生故……令外一切五谷果蔬，悉皆减少，是人殃流及一天下。"也就是说，杀生不仅伤害有情众生，也会影响无情众生，从而破坏生态。因为佛家有"依正不二"的观点，正报即人的身心，依报则是人的生存环境，"世间国土房屋器具等，为身之所依，叫做'依报'；众生五蕴假合之身，乃过去造业之所感，叫做'正报'"。当人的身心杂染加重时，会造作更多的不善业，比如贪心的鼓胀会导致对自然的破坏，其所生存的环境也会随之变坏。反之，当人们造作善业，特别是修行出世间的善法时，环境也会随之慢慢变好，这就是所谓的"心净则国土净"。极乐世界作为净土，就是从阿弥陀佛的清净心所流现出来的，也就是说，极乐世界作为依报，与作为正报的阿弥陀佛是相应的。这与因果观念都是一脉相承的。日本著名思想家池田大作对此作了极高评价："'依正不二'原理即立足于这种自然观，明确主张人和自然不是相互对立的关系，而是相互依存的。如果把主体与环境的关系分开对立起来考察，就不可能掌握双方的真谛。……生命主体和其环境是'一体不二'的关系。"①

由于对因果法则的敬畏，中国大乘佛法在不杀生的基础上，从梁武帝时代起，就确立起了素食的传统。佛教以不杀生作为第一条根本戒律，在此基础上又进一步以放生、护生、素食为特色，特别是素食，是中国大乘佛教独有的特色。爱护生命是中国文化的特点，儒、道文化中本来就具有慈悲、仁爱的思想内涵。在佛教传入后，它与大乘佛教的菩萨精神相呼应，构建出素食的优良传

①[英]汤因比、[日]池田大作：《展望二十一世纪》，荀春生等译，国际文化出版公司1985年版，第30页。

统,对中国文化影响深远。从实践层面看,素食与生态之间具有
一系列复杂的因果关系,从而显现出重要的生态意义。由统计可
知,现代人的肉食习惯造成了很严重的生态后果。人类的肉食习
惯加重了温室气体效应,对气候产生了较大影响。"联合国政府
间气候变化专门委员会(IPCC)主席帕乔里近来呼吁:发达国家应
少吃肉类,为减少温室气体排放尽一份心力。他鼓励民众从每星
期选一天不吃肉做起,慢慢减少餐桌上肉类消耗。"帕乔里还说:
"联合国粮农组织(FAO)估计,肉品生产直接造成的温室气体排
放,约占全球总量18%。因此,我要提醒世人,在减缓气候变化的
诸多方法之中,改变饮食习惯是可行之道。"交通运输的温室气体
排放量只占全球总量的13%。可见,肉食对温室气体的影响非常
重大。"芝加哥大学的一份报告则显示,美国民众如果从一般的
饮食习惯转为完全素食,每个人一年将减少排放1485公斤的二
氧化碳。"每生产1公斤肉类,就会排放出36.4公斤的二氧化碳,
相当于开车3小时。除此以外,肉食习惯还会消耗较多的生态资
源,对生态造成巨大压力,加重生态危机。如肉食比素食消耗更
多的水资源,有的研究者认为,生产1公斤谷物只需450公斤水,
而生产1公斤牛肉则需要约31.5吨水,二者相差70倍。养牛的
用水包括:牛吃农作物所需的灌溉用水,牛的饮用水;冲洗牛身及
圈舍用水,粪便处理用水,牛的屠宰用水,肉的冷藏、加工、运输用
水,牲畜在蓄养过程中所产生的大量污水、污物对清洁水源的污
染导致的废弃水,污染治理水……所以,有人形象地说,养一头牛
所需的用水量能浮起一艘驱逐舰。而一个杀鸡场一天要消耗1
亿加仑的水,这足够2.5万人用一天。另外,肉食还会消耗更多
的粮食资源。生产1公斤牛肉需要10公斤粮食,也就是说,在植
物蛋白转化为动物蛋白的过程中,谷物百分之九十的生态效率损

失掉了。肉食还会导致粮价的上涨。美国百分之七十的谷物都用来饲养牲畜,全世界三分之一的谷物用于畜牧业。与此同时,全球有 10 亿人常受饥饿,每年有 4000 万人死于饥荒,肉食对此负有不可推卸的责任。另外,肉食比素食需要更多的土地,一块养活 15 个素食人的土地只能养活 1 个肉食的人。每年有大量的森林被砍伐,以获得用于畜牧业的土地。美国的农业综合企业在南美摧毁大量热带雨林,用以种草喂牛。而森林的减少,则导致许多植物、动物物种的减少与灭绝,从而引起一系列的生态后果。

素食的生态美学意义是不言而喻的。当人类确信肉食与生态之间的一系列的因果关系,重建对大自然的敬畏,并切实承担起生态责任时,餐桌上的肉食才会减少,才会形成生态、环保、健康的绿色饮食习惯。当然,人类完全离开肉食也是不现实的,不可能所有的人都实行素食,但是人们可以尽量减少肉食,从小处做起,从我做起,将生态美学的实践精神贯穿到日常生活中。

根据“因缘生果”的因果理论,人类的命运是由人类自己造成的,其中的“因缘”,即人类的主观能动性起着关键的作用。只有人类进行深刻反省,建立起人类与生态合一的生态文明,生态才会走上良性发展的道路,人类才会有光明的未来。